家装须知的200个奥秘

朱树初　编著

中国建筑工业出版社

图书在版编目（CIP）数据

家装须知的 200 个奥秘 / 朱树初编著. —北京：中国建筑工业出版社，2015.6
ISBN 978-7-112-17848-3

Ⅰ.①家… Ⅱ.①朱… Ⅲ.①住宅—室内装修—基本知识 Ⅳ.①TU767

中国版本图书馆CIP数据核字（2015）第040720号

本书针对广大从业人员和业主及其家人，解读家装实际中诸多认识误区及感到困惑的问题，从11个方面解答了家装中容易遇到的200多个问题。

本书的200个问题围绕着家装的人员组成、设计角度、科学用材、工序合理、工艺技术、施工操作、配饰标准、环保健康、管理要求和合同签订等方面进行解读，既适应于从业人员，更适应于业主及其家人阅读和实践，通俗易懂，是轻松做好家装的难得好书。

责任编辑：毕凤鸣
责任校对：党　蕾　刘梦然

家装须知的200个奥秘
朱树初　编著
*
中国建筑工业出版社出版、发行（北京西郊百万庄）
各地新华书店、建筑书店经销
北京京点图文设计有限公司制版
北京圣夫亚美印刷有限公司印刷
*
开本：787×1092 毫米　1/16　印张：16¼　字数：315 千字
2015 年6月第一版　2015 年6月第一次印刷
定价：39.00 元
ISBN 978-7-112-17848-3
（27055）

- Preface -

前言

时下，家庭装饰装修在九州大地如火如荼地进行着，标志着全国人民在奋力建设中国特色社会主义的同时，也在积极地为改善和提升人民群众的生活水平和居住质量不懈地努力。做家庭装饰装修本是一件大好事，应当为之高兴和叫好。然而，由于处于市场经济不很成熟的阶段，新建立起来的家装行业，难免存在这样或那样的诸多不如人意的方面，尤其是对于这个行业一些还没有认识，或认识偏差和重视不够，以及存在管理滞后的状态，致使不少业主及其家人，在做家庭装饰装修中反映出来的问题，同人们的愿望有着很大的差异，甚至产生出许多牢骚，出现不理解，显然不利于安定团结和建设一个以人为本的和谐社会。因此，有必要查找原因，解决这一同时代进步不相融洽的氛围。

从其根源上看，除了管理不善和滞后及无力的原因外，还有人们对于家装行业认识上的偏差。本来，做家庭装饰装修是在“阳光”下进行的行业，却被某些人看作“唐僧肉”，谋取不正当利益的手段，把公正、公开和公平的新兴行业给搅弄得有些让人难以琢磨透彻。于是，便将自己调查了解和日常积累起来的信息总结归纳出来，还原于广大从业者和家装行业，并公告给众多业主及其家人，好让做家庭装饰装修至今未被认识和让人感到困惑的不成熟、不适宜和不方便的情况，能够得到认识、理解和释惑。同时，也借此机会问计于公众，如何将那些见不得“阳光”，隐藏于“暗处”，或不便多说的做法呈现出来，以便得到广大业主和从业人员的支持和帮助。也企盼随着家装行业的发展，人们对其选材、工序、工艺、施工和人员的了解，以及行业管理的逐步完善，致使诸多“不认识”和“困惑”不再发生，或

不再成为疑虑，这样，“奥秘”也就不存在，便是皆大欢喜。

本书的出版，还要感谢龙自宜、梅玲、朱良恒、谭家利、刘秋平和朱捷的大力帮助，在此向以上同仁表示感谢。

由于写作水平有限，调查不够，书中难免出现缺陷，望广大读者给予斧正。对提供信息和建议者，在此一并表示衷心的谢意。

- Contents -

目　录

一、须知房装把握奥秘篇

住宅装饰装修做得好与不好，最重要的是对房屋建筑和建筑装修必须有一个清楚的了解，不能够糊里糊涂，更不能够一窍不通。不论是从事住宅装饰装修的从业人员，还是业主，都需要弄清楚，搞明白，才不会在做住宅装饰装修施工中，处于被动，甚至出现同房屋建筑商闹纠纷，起争议，给业主造成损失，给装饰装修施工带来不必要的麻烦。

1. 须知房屋适宜的奥秘

什么样的房屋最适宜于装饰装修？对于这样的奥秘，必须是经过“一夏一冬”的时间历练的，使新建的房屋内部结构稳固和水汽散尽后，便利于做装饰装修。如果新建的房屋没有经过“一冬一夏”时间的历练，容易发生装饰装修效果的变化。假若是在新建房屋做装饰装修不能很好地把握，或赶时赶工，或偷工减料，或不按工艺技术要求施工，等等，都会影响到工程质量，或批刮的仿瓷墙面开裂、起壳、起泡、脱落和空鼓等。例如，当年给10月份交工的房屋，要求在40天时间内做完装饰装修，业主准备在元旦期间搬进去居住。由于当时气候条件阴冷，又不想失信于业主，一家家装公司（企业）便组织人员承接施工。在做完水电隐蔽工程时，给予泥、木和涂料等各工序的施工时间，只有32天。于是，便日夜赶工，不顾气温和工艺技术要求，一味地往前赶，将必要的装饰装修材料堆砌上去。在工程将要竣工时，便出现粘贴的壁纸开裂，顶面和墙面批刮的仿瓷开始起壳和脱落。这样，不仅不能满足业主元旦期间搬进居住的心愿，反而延长了装饰装修时间，只能到次年的三、四月份再重新进行施工，浪费了人力、物力和财力。其原因就在于违背了装饰装修的规律。即墙面在砌砖和粉饰后，必须有一个干燥固定和沉降下落的时间；同时，容易出现外干内湿问题，先干即先紧缩，从而形成“外抓力”，将内湿贴材轻而易举地“抓松”，再待内材干燥时，便出现同原贴面发生了空隙问题，引起起壳、脱落便是情理中的事情。

2. 须知多年房屋的奥秘

这里所说的多年房屋，主要指新建房屋3年以上时间的装饰装修状况。虽然其经历了多个冬、夏的时间，建筑墙体内水汽干燥，却因各建筑施工情况不同，需要有针对性地进行具体对待。由于历练的结果，有出现裂缝的，这种裂缝有建筑施工不当引起的；有建筑沉降发生的；也有偷工减料造成的等。无论是哪种情况造成墙面、地面和顶面有裂缝，在进行装饰装修施工前，都必须先将裂缝处理好。裂缝处理，面对多样情况，需做不同处理。针对微小裂缝和大一点的裂缝的处理方法和要求就不一样。针对微小裂缝的处理，要先将微小裂缝的表面掏凿成凹槽，用刷子将松散的灰沙渣清理干净，再用水将须修补的裂缝彻底浸湿。修补时，用配制1份砌筑水泥与3份沙子的稠浆，用以填满缝隙，抹平其表面。不过，填补的浆面一定要比周围面略高1毫米，才能保证裂缝面在养护阴干后，同其表面保持一致。如果修补后的微小裂缝再裂时，便再将裂缝砂浆凿除更深度，重新勾缝，待其阴干后，在其裂缝处表面粘贴上防开裂绷带。然后，在面上批刮仿瓷，以确保这样的墙面、顶面或地面的整洁美观性。

针对墙面、顶面或地面大一点的裂缝，其处理方法相比处理微小裂缝的方法有一些不同。为防止裂缝扩大，需将面上批刮的仿瓷和混凝土表面层全面凿掉，将裂缝凿成颇口，再将配制1份砌筑水泥与3份砂子的稠浆，在清除干净和湿润透彻的裂缝内填满挤平，待养护阴干后，再在其裂缝面上采用钢丝网铺钉牢固，然后,将其表面应用水泥浆抹平待保养晾干。其保养时间则依据气温高低不同确定。假若是气温太高，还要在8小时后，不停顿洒水进行保养。如果保养后出现微小裂缝，便依照微小裂缝的方法进行处理。直到没有了裂缝，就在面上批刮仿瓷或做其他的装饰装修施工。

3. 须知何房需改的奥秘

就是说，何种住宅房屋需要做改变？主要是针对住宅房屋居室直露和简陋型等，必须经过装饰装修的方法进行改变，才能达到理想居住的效果。像进入户门没有玄关的房建和卧室，书房门朝着户门的，容易影响其私密性和安全性，必须得经过家庭装饰装修施工方法，做合情合理的改变。

特别是不少的住宅建筑，打开户门是一个空荡荡的大居室空间，既没有划区域，又没有砌隔墙，更没有室内房门，需要应用装饰装修方法完善居室使用功能。这一类住宅建筑虽然没有分出居室，却给予不同住宅业主灵活运用创立了适合自身不同情况的生活和使用功能的条件。凡有着居室区分的住宅，许多倒不能满足各业主家庭情况的需求，只是给予家庭装饰装修和后期配饰带来了方便，却不能给予业主及其家人更多的方便，对于家庭装饰装修的优势和作用也难以体现出来。

其实，现行的家庭装饰装修优势和作用，最基本、最流行和最热门的是完善和改变住宅居室不适的使用功能。针对现成住宅居室作用和优势的体现还不很明显，照葫芦画瓢，难做出太多的特色装饰装修效果来。然而，对于家庭装饰装修，却是要体现出其特有的优势和作用的。首要的是给予住宅居室能达到实用功能的目的。其次才是实现美观和不出问题的要求。针对现成的住宅居室，其作用是做修修补补，给不适用的使用功能做纠正，而真正体现出其优势和作用的，则是给予“大空间”做装饰装修，按照房建给予的基本功能进行细化，并依据每个业主家庭情况做得更为实用。这种实用，既能让业主及其家人得到实惠，又能按照业主的生活习惯做得适宜，还不犯忌讳，改变入户门对着卧室和卫生间门，一眼看全客厅内部，同人们说的“风水”相得益彰，避免了许多不要太暴露和浪费事情发生。还能防止不少的“破坏性装饰装修”的评说。

4. 须知房建问题的奥秘

做家庭装饰装修，需要解决房建的问题是多方面的。主要针对房型结构和施工粗制滥造等。如果不知房建中存在的问题，做家庭装饰装修是难以保障工程质量，说不定还会带来诸多不必要的麻烦。针对新老住宅房屋不同结构和建筑质量，在做装饰装修前，必须要检查出其结构发生的变化。由于时间的历练，是否有开裂的，间墙是否有下正上歪的，房型是否规范，墙面粉饰面是否有空鼓、起壳、脱落和“烧坏”的，即粉饰的水泥面内成为粉状，一接触便成渣粉地往下成流线形掉落。其水泥面“烧坏”的原因是多方面的。这样的梁面和墙面必须知晓和给予解决，不然是无法做装饰装修施工的。因此，对于住宅房间的各个面，含柱、梁和墙面，都不能存有“烧坏面”的情况。同时，对于建筑装修过的面，即用水泥粉饰后，又用石灰泥批刮过的“六个面”是否有着“墙刺”。这样的“墙刺”，主要是由于生石灰没有泡发好的缘故，再遇水汽则被“爆发”，出现在再批刮的仿瓷面里，致使批刮的仿瓷开裂和起壳，还打磨不平，必须及时地清除干净。最好的方法是在石灰泥装修面上批刮仿瓷前，先洒上水，让其墙面湿润，便能试探出有无“墙刺”。对于干燥的墙面或顶面，先洒上水湿润，也利于批刮仿瓷的质量。

再次是要检查房型是否端正。针对不端正的房间，则要趁早作出打算，作出有效处理和利用。不然，会影响到整个家庭装饰装修的实用效果和美观品位的。

5. 须知饰面烧坏的奥秘

水泥粉饰面被“烧坏”，造成这种情况发生的因素，在于水泥份数兑得太少，砂子过多，水泥和砂子搅拌也不均匀，或是搅拌的水量太少，或是天气太热，气温太高没有养护好，其水分挥发太快，都有可能出现这一状况。水泥粉饰面被“烧坏”，形成粉饰部位面或部位内起粉尘，一层一层地脱落，稍用木棍之类的器具敲一敲，便形成干沙式，从顶面或墙面可似流线式往下掉，若是地面便成为沙层扬起，从而致使粉饰面成空洞，影响到整个粉饰面的结构力。针对顶面、梁面、柱面、墙面或地面出现这种状况，一般处理的方法，先将其掏空清理干净，洒上水湿润，然后，重新给其“烧坏”的部位，应用新搅拌均匀的水泥浆粉饰上，形成一个整体完好的粉饰面，保障其结构力和视觉效果。对于这种“烧坏”面过大或过多，应当由房产开发商组织人员给予粉饰，其用材、用工和发生的费用也应当由其负担，而不是由做家庭装饰装修者负担，更不是业主负担的事情。如果是地面出现了这种状况，除重作水泥浆粉饰外，还可以应用混凝土固化剂进行处理，只需将其涂刷在混凝土地面上，固化剂便会渗透到被“烧坏”的水泥砂浆内，发生反应后，很快就形成一种生硬耐磨的凝胶。这种凝胶填充到被“烧坏”的混凝土每一个毛细孔里，使混凝土地面不再起粉尘成散沙状，而是形成一个坚硬耐磨和耐敲的状态，比较好的混凝土粉饰面没有两样。于是，才能为做装饰装修促成条件，确保工程质量。不然，家庭装饰装修无法施工且不能确保工程质量。

6. 须知“暗室”家装的奥秘

“暗室”多是由高楼和朝向不太好的塔楼形成。所谓塔楼，主要指长高比小于1的建筑。其楼房建筑的各朝向均为长边。塔楼一般指高层建筑。

而板楼，即指朝向建筑长于次要朝向建筑长度2倍以上的建筑。按理说，板楼建筑是很少有“暗室”的。如果板楼建筑不是楼梯直接到户，而是要通过一条长长的走廊，假若是其进深很长，面宽很窄的板楼房屋，其室内的采光和通风条件不是很好，也有成为“暗室”的情况。

无论是塔楼中的“暗室”，还是板楼中的“暗室”，对于其装饰装修都应当作为不一般的情况看待，也不能像其他居室一样地做施工，却是有着其奥秘可言的。所谓“暗室”最大的不足是阳光不能直接照射进来，白天看不到阳光，晚上看不到月亮。其房间虽然有门窗，却是朝南或朝北的，太阳光和月亮光都不能直接照射进来，完全依靠人造光在居室内进行活动。因而其装饰装修风格和色彩的选择就要受到局限，其风格最好不要选择古典式或中式，即使选用现代式和自然式的装饰装修风格特色，其色泽也应当选用浅色，不能选用灰色、黑色和棕色等深色的，不利于居室中人造光的使用。

特别是在中国黄河以北广大区域，阳光强烈照射的时间就不长，一年里有七、八个月时间是阴冷和阳光照射较弱的，如果给予“暗室”的装饰装修采用深色调的，会给人感觉居室的光线显得更暗和阴冷，有着不寒而栗的味道。应用浅颜色，尤其是采用纯白色，奶白色或浅白色的色调，对于“暗室”的使用效果要好一些。千万不要因为个人喜爱某种装饰装修风格特色和色泽，而不顾“暗室”的实际状态，那样，会明显影响到实际使用。显然，不是一种明智之举。

7. 须知别墅家装的奥秘

别墅，从传统的感觉上是在郊区或风景区建造供休养用的园林住宅，是住宅以外用来享受生活的居所，通常为第二居所而非第一居所。到了现代，人们却不这样认为了。除了“居住”这个住宅基本功能外，更主要在于体现生活品质及享用特点的高级住所。

别墅，一般为独立的庄园式居所。

作为别墅，其周围环境比一般住宅要显得好一些，即独立居所，必然要选择依山傍水，或环境比较好的区域，以满足其梦想家园的欲望，追求更高尚居住格调和生活品质，回归纯朴自然生活的体现。这样，给予其居所内的装饰装修，就存有许多奥秘可言。

从一般的理念上，将别墅内外的装饰装修做得豪华别致，融入美丽的自然环境中，便能达到目的。其实不然，针对别墅有着多层楼和多用房，只是单纯地把其装饰得豪华美观，则显得有些“浪费”房源之嫌。其“奥秘”就在于可充分地利用多楼层和多房间的优势，又结合追求更高尚的居住格调和生活品质，完全能根据装饰装修丰富的资源，从一栋别墅中体现出来。在各楼层和不同用途的居室中，可根据居住者不同的喜爱，做到求大同存小异，体现出家庭装饰装修的丰富多彩。

在别墅一层的大厅或居室中，可依据业主的喜爱选用古典式、自然式或简欧式等装饰装修风格特色，而在二层、三层或四层的公共区域和居室内，就不一定要选用同样的装饰装修风格，完全可以选用现代式、和式或澳大利亚式等装饰装修风格特色，而且在各风格特色色彩上可丰富和多样一些。这样，不仅可使得别墅内的装饰装修呈现多样化，以满足不同的欣赏和喜爱，而且使得别墅的装饰装修有着别具一格的意味。

将别墅居室内的装饰装修做出丰富多彩的风格特色，还能经得起在不同时间的时髦感觉和居住兴趣，使其装饰装修能够保持着长盛不衰的效果。

8. 须知大户多房的奥秘

大户型住宅，一般指面积大的复式、跃层式和四室二厅以上的房屋。其装饰装修的要求，通常是做长时间居住的多，或者是做永久性居住的。针对这样的大户型居住的要求，做居室的装饰装修，都是按照当时情况和业主及其家人的生活习惯进行的。一般选择一种风格特色。像中、老年型业主，大多会选用中式或古典式装饰装修风格多，而年轻型业主，则多选择现代式或自然田园式风格。这样的选择，能满足当时情况下业主及其家人的心理要求。然而，随着时间的推移和家庭装饰装修情景的变化，就有可能感觉其装饰装修简单化的嫌疑。

为防止这一类状况的出现，特别是年轻型业主随着其阅历、见识和兴趣的变化，便有可能对自身当时选择的装饰装修风格特色有些“后悔”，责怪自己的“简单”。因而，对于大户型的业主，无论是中、老年型，还是年轻型的，不妨运用选用多风格特色方式来做装饰装修。这样的“奥秘”是经得起时间检验的。如果是对公共区域做简欧式的风格特色装饰装修，那么，给予书房和活动房做业主及其家人喜欢的自然田园式风格特色装饰装修；假若是给公共区域和卧室做中式或古典式风格装饰装修，则给活动房做简欧式风格特色的装饰装修；给书房做中式苏州式的风格特色装饰装修等。一句话，针对大户型的住宅家庭装饰装修，在不影响到主体风格特色的情况下，最好对不同用途的居室依据业主及其家人的喜爱选择多风格特色的，必然会给予这一类户型的装饰装修风格带来持久性的效果，不会因时髦的出现和潮流的变化，给予大户型的装饰装修带来太多的影响。例如，像复式和大跃层式楼房的大户型装饰装修，完全可以依据楼层的分别，给予其做装饰装修的居室选用不一样的风格特色，必定能满足观赏者在不同时间的欣赏兴趣，会带来不一样的感觉的。

9. 须知不同朝向的奥秘

由于受地形地貌的局限，在中国城镇建筑的楼房，其朝向是多个方面的。有朝南坐北型，或朝北坐南型，或朝东坐西型，或朝西坐东型等不同朝向房型的住宅。于是，便出现因不同朝向房型有着不同的装饰装修风格特色的奥秘，切不可不分朝向地一味地按一个式样或个人喜好进行装饰装修，难免会造成诸多意想不到的困惑和麻烦，然后，再花费资金和精力也得不到理想的使用效果，就有些得不偿失。

因为不同的朝向房型，必然会受不同的自然情况的影响。这样，对于家庭装饰装修多多少少便有着“奥秘”。这种“奥秘”就是针对不同情况做针对性的装饰装修，便有可能实现业主及其家人心怡的效果。同时，还会让诸多业主疑难的问题迎刃而解，也不是太难的事情。

按理说，朝南坐北的房型是最好的。如果不是楼梯直接到户，而是要通过一条长长的走廊，不但其楼房式样的安全性、方便性和合理性都不是很好。如果这样的走廊进深很长，面宽很窄的板楼房屋，其室内的采光和通风条件是不好的。其装饰装修选用的风格特色和选择的色彩就不好把握，必须得按照具体情况具体对待，而不能按常规做普通朝南坐北房型的装饰装修。选用古典式或中式风格特色和深色彩，特别是应用冷色调做基本色，显然不是一种好的做法，更谈不上理想选择。应当选用自然田园式或现代式风格特色的浅色调做基本色。例如白色、乳白色、浅白色或浅黄色，才是比较适宜的。

针对朝东坐西的房型，太阳光能从早到晚都直接照射到居室里，其装饰装修就要不同。尤其是在中国黄河以南广大区域的业主，在选择家庭装饰装修风格特色时，最好选择深色泽和冷色泽风格特色的装饰装修，即使选用现代式和自然田园式的装饰装修风格特色的，其基本色最好选用浅灰色、平和色和偏冷的色泽，不要选用暖色和白色调。特别是针对西面方向阳光直接照射到的居室内的装饰装修，在外装配上能遮挡强烈光线的浅蓝色、灰色或咖啡色的玻璃窗等，起到防晒隔热的效果。其居室内多采用淡蓝色、灰色或咖啡色一类基本色，或配饰上这一类色彩的家具和布艺等，对业主及其家人都有着解热防燥的效果。

10. 须知中式户型的奥秘

中式户型房屋，通常是指三室二厅或三室一厅居室面积的。这一类户型在现代住宅建筑中占的比例相当大，几乎占有三分之二以上之多，主要在于其面积适宜，适合现代三至四人的家庭使用，显得很实惠。而对于这一类户型的住宅的装饰装修，同样是有着奥秘的。

虽然中式户型住宅的装饰装修，不像别墅和大户型住宅能在风格特色选用上做文章，然而，是以实用为主，美观为次。要达到这一目的，其“奥秘”是针对不同的家庭使用情况进行有的放矢地做装饰装修。如果是三口之家，通常可采用实际手段做一个风格特色的装饰装修。如果是三口以上的家庭，给予三室二厅或者三室一厅的住宅，做出活跃式和浪漫式的效果来，可采用虚实结合的方法，既不失为一种装饰装修风格特色，做出丰富多彩的内容，又能给予住宅紧张的状况起到缓解的作用。所谓虚，顾名思义，同实相对，是一种很好的装饰装修的做法。例如在一间居室中，为达到多人实用的要求，采用隔断、分割、落差和突出等方式。而这些方式应用的又不完全是装饰装修实物性的，却是采用人们意识或感觉上的差别。像采用色彩和光亮区别等,以利达到实用和方便的目的。将有限的居室面积，变化出不同的使用功能，改变不利条件局限带来的困惑。像一间活动室，应用虚实结合的做法，分出动和静的区域，其方法是应用半隔断或落差实做法和灯光便可以了。在读书、写作或办公时，将其使用的桌椅放在半隔断的台面上，又使用特殊灯光局限起来，让人在其中很安静地读书、写作或办公，让外人一看便知晓其需要安静，不便太喧哗地打扰。或者是完全采用虚的做法，应用色彩和灯光分割出静和动的区域，做不同功能使用。还有给一间客厅，分出会客、休闲和就餐等使用功能，又不方便采用实际装饰装修的手段占去空间面积，也采用虚的做法，既可在顶面应用灯饰分出不同的使用区域，又可以在地面应用铺贴不同色彩或不同形状的瓷砖，或不同的装饰材料的方法，还可以在墙面，应用不同色彩分别出会客区、休闲区和就餐区。这样，既达到区别使用功能的目的，又使得家庭装饰装修形式活跃起来，不再局限于一种形式、一种色彩、一种材料和一种特色，能给住宅业主带来意想不到的效果。

这种虚实结合的方法，也适用于小户型不同需要的家庭装饰装修。

11. 须知不规范居室的奥秘

不规范，即不标准和不规则。不规范居室，则是指不标准和不规则的住宅居室。其情其景是发生墙面斜向，致使居室空间成梯形；居室顶部有大梁横亘，有着压抑的感觉等。针对这样或那样情况的住宅居室装饰装修，从人们的感觉和使用上，都不是很舒服和方便的，应当通过装饰装修施工手段，给予良好的解决，达到实用效果。

解决住宅中不规范居室问题，把坏事变成好事，是有着其"奥秘"的。面对梯形式的居室状态，最重要的是将其变成正规的长方形或正方形的，才有利于实用。如果是原定于主卧室房间出现梯形面，先将梯形面改正，多余的斜面空间可作储藏用，有的在外安装上隐形门，内藏保险箱，将保险嵌入斜向的墙面内，外做掩饰的装饰装修墙，墙内空间还可做挂衣使用。装饰装修墙是用枋木架和大芯板及石膏板组装而成，墙面批刮仿瓷，同原墙面色泽一样，只是梯形面变成方正面，不再使整个居室空间成梯形。安装的墙面可直接做"隐形门"，方便储藏出入使用。或者是依据需要做一个"面正内斜"的衣物储藏柜，上挂衣物，下做嵌入墙内的固定保险箱的储藏，打开柜门，还要拨开衣物，才能看到保险箱面，是有很好的隐蔽性的。假若是次卧或书房出现有梯形面，则可以利用改正的斜面空间做储藏衣物和书籍柜使用，不能让梯形的空间白白浪费，应当充分地利用起来，又使整个居室空间变得视觉舒服和使用方便。

针对顶部横亘大梁的居室，则一定要想方设法地给予"铺平"，不能让大梁给人压抑的感觉。如果大梁面同地面空间有 3 米以上，便可以吊 2.8 米顶，让吊顶面给予大梁面遮掩去；假若大梁面同地面相距只有 2.8 米左右的空间，便做平梁面的吊顶"铺平"，致使顶面铺成一个整体平面。这样就消除了横亘大梁的压抑感觉。若是有雅兴，还可依据需要将铺平面做些造型，给吊顶面出现艺术性和活跃状态，不失为一种"奥秘"，给被压抑的心理做诸多抚慰。

12. 须知不妥破解的奥秘

在现实中，人们经常遇到开门见厅，开门见卫生间和卫生间门对着餐厅这一类房建状态。人们对此是很忌讳的。开门见厅，一打户门让人一览无余地将客厅内的情况看个尽，认为是不好的兆头；开门见卫生间，则是说一打开户门，看到人从卫生间出来，觉得是很尴尬的事；正在就餐之际，有人要上卫生间，卫生间的不良气味直冲餐厅，必然会给人的食欲带来很大的影响。对于这样的房建格局，在人们的生活习惯上，或是从信奉风水的角度来说，都是觉得很不妥的。于是，针对这一类有着诸多不妥的住宅居室，便有着利用家庭装饰装修的方法，破解这些不妥，让其达到业主及其家人使用理想的要求。

人们常见到的是，运用装饰装修手段制造玄关，既有简单的，又有复杂的，还有借助制造玄关之际，将打开户门不能看到厅内状况，便能见到美观。这就是依据不同业主意愿和喜爱，将玄关做出各色式样，能充分地运用现代材的优势，发挥其特长，做到人尽其才，物尽其用，从满足业主的要求为目的，给予信奉建筑环境艺术者，解疑释惑，创造出放心和美观的效果。

针对开户门见卫生间的状态，运用家庭装饰装修的机会，根据实际情况做改变。即使不能对卫生间门做方向改变，就在其门前做一个美观漂亮的屏障，从此，打开户门不再见卫生间，见到的便是一幅景致。一般情况下，是将卫生间的入门方向做调整，既要方便实用，又改变了出现尴尬的局面。至于出现卫生间入门朝着餐厅的，大多数是调整入门方向，并将原入门部门改装成美观的酒柜、装饰柜或陈列柜等。这样，便很自然地改善了人们生活上条件，也将犯忌讳的不适一扫而去，反而给予餐厅增色不少。

还有针对视阳台为浪费使用面积的实用做法，依据各业主及其家人的意愿和爱好，将阳台装饰装修成活动房、书房或培植花草的花房，做绿色装饰装修的专用场所，以满足其实用的愿望。

13. 须知改善不良的奥秘

应用家庭装饰装修方法改善住宅居住环境，是谁都知晓的道理。然而，作为一般人却不一定清楚经过做家庭装饰装修，能使原来的阴冷变暖和，黑暗变明亮，燥热变和谐，陈旧换新颜等优势。尤其是给予房建时出现人们生活中忌讳和犯风水的环境，能得到改善的“奥秘”。

由于受到地形地貌和所处楼层等局限的原因，住宅居室中处于一个阴冷潮湿和霉变的环境中，针对这样的环境，完全可以应用家庭装饰装修方法给予改变的，能使业主及其家人摆脱这种不利的处境，得到一个适宜和温暖的环境。同样，对于“暗室”或“黑屋”，通过装饰装修手段，提高居室内吸光的效果，以增添人造光亮，使其室内用光得到明显改善，不再是原有的状态。尤其是从早到晚都在太阳光直接照射下的居室，只要选用适宜的装饰装修风格特色和色彩，采用合适的隔热材料，再在配饰上应用准确的方法。这种经过家庭装饰装修后的居室，比较原来的状况，一定会使得燥热难耐的条件得到明显的改善，让其居住环境变得和谐适宜多了。至于经过家庭装饰装修，致使住宅居室旧貌换新颜是不言而喻的。不要说旧住宅能得到换新貌的感觉，就是新住宅居室，在家庭装饰装修的作用下，必然会给人一个新环境、新感觉和新喜悦，给业主及其家人一个舒适的居住环境和使用条件。特别值得注重的是，在房建时或者地处的环境犯了业主及其家人的生活忌讳和风水上的不适宜，完全可以应用家庭装饰装修手段，对其进行必要的改变，其情其景便会出现大不一样。只要有好的和有针对性进行谋划设计，采用适宜的应对办法，便会将业主及其家人的忌讳和犯风水的不宜得到改变。例如住宅前一棵生长多年的大树枯萎死去，不宜做砍伐，家门有着犯风水之嫌。在做家庭装饰装修时，可在户门前安装一个门斗，改变一下出入门的方向，其犯风水之嫌便能得到改善。

14. 须知提升品位的奥秘

应用家庭装饰装修方法，在改善住宅居住环境和解决诸多不宜的同时，还有着提升住宅品位的优势。这种优势不是做了装饰装修便能达到目的的。必须是针对业主及其家人的喜爱才能做到的。这是针对性很强的要求，好比人们生活中养成的“萝卜白菜，各人所爱”一样，有着很大的个性和特征上的区别，不能以自己的爱好强加到业主及其家人的。这一点值得重视，是做家庭装饰装修如何提升品位的“奥秘”。

在做家庭装饰装修中，有一种误识，觉得做家装，将价高质好的材料应用上，或者堆砌起来，其装饰装修便是高品位的。相应地说，好的和质高的材料对家庭装饰装修提升品位能起到一定的作用。在事实上，却不尽然。现阶段，有大多数材料，特别是人造材料还没有达到环保健康的程度时，对于家庭装饰装修来说，还是以少用和精用为好。即使是有的天然石材看上去很美观，却不适宜于室内使用，对人体辐射伤害很大。于是，现流行着“轻装修，重装饰”的风气。也就是说，对于家庭的装饰装修重在“饰”，而不在“修”。对于家庭装饰装修提升品位，也是这么个道理。

对于家庭装饰装修提升品位有着两层含义：一是由业主及其家人感觉良好的和满意的，是值得自身欣赏的品位；二是观赏者体会出的效果，值得公众欣赏的品位。这种品位是家庭装饰装修工程体现出来的风格特色和特有的，能让人欣赏的“亮点”反映出来的品位。其品位在于精，而不在于多。多了不一定能体现出品位来。同时，家庭装饰装修能提升品位，除了在“硬装”上有特色和“亮点”外，还在于后期配饰上做得好。也就是说，“软装”也是一个很重要条件，做得好与不好，同家庭装饰装修提升品位有着千丝万缕的联系。针对装饰装修的风格特色，能恰到好处地做出配饰，配饰做得精而当，不发生“画蛇添足”的状况，是提升家庭装饰装修品位千万要把握好的“奥秘”。

15. 须知因“房”制宜的奥秘

因“房”制宜地做好家庭装饰装修，既是从事这一职业人员做好家装的重要标志，又是每一个业主能将自己的家庭装饰装修做得适宜的主要体现。在现实中，做家庭装饰装修存在着这样两种情况：一是听从于业主的意愿，选择和确定一种装饰装修风格特色及色彩；二是任由家庭装饰装修设计人员谋划设计方案。对于这样的状况，都存有着注重因“房”制宜做家庭装饰装修的必要。不然，就有可能出现这样或那样的不适宜，造成或多或少的遗憾，做不好家庭装饰装修。

主要在于每一个住宅的居室所处的地理环境和经历的情况是大不一样的。在中国的广阔地域里，每个住宅所处的地理位置和房建情况更是千差万别。仅以中国黄河为界，以北广大区域和以南广阔的地方，又由于各地建房应用的方法和材料上的差别，故而造成房建情况的大不一样。况且，现阶段建房多以高楼和塔楼房建得多，板楼房越来越少，由此出现的住宅房建是有着很大差别的。除此之外，还有着高层楼房中的“暗房”和“明房”、“高房”和“低房”、大房和小房的区别，于是，因“房”制宜做家庭装饰装修在所难免。如果不这样，就很难防止不出问题和难如人愿。在实际施工中，经常遇到给“暗房”做装饰装修，选择现代式装饰装修风格特色，本应当选用浅色彩和聚光的现代材料，却偏偏选用灰色调，地面黑灰地砖，墙面黑灰瓷片和灰色条壁布，电视背景墙也是铺贴黑色瓷砖，整个一套装饰装修呈现出灰冷特色。虽然地面做了热暖管装置，却还是给人一种不寒而栗的感觉。像这样的装饰装修，很明显地反映出是凭业主个人兴趣和爱好做的，基本上没有体现因“房”制宜做装饰装修。显然，作为专业工作人员是有责任并把好关的。

因“房”制宜，是做好家庭装饰装修不可缺少的一种好方法，对于专业工作人员是不能不懂得的。因此，不要因某些原因，就放弃自己的责任和义务，显然对自身的职业声誉是有影响的。作为业主，切不可因一时的兴趣和爱好，将受益变成受损，是划不来的。应当多听一听家庭装饰装修专业人员的建议和意见，把好事做好。

做好家庭装饰装修，无论是针对好的地域和好环境下，还是面对差的地域和差环境下，最好是依据其现实状况，因“房”制宜，成熟谋划，精心设计，认真筛选，选用正确方案，选用适宜色彩，选准实用材料，把握准确施工，才能够做出让人满意的家庭装饰装修来。

16. 须知陋室焕新的奥秘

陋室，即简单狭小的房子。给予业主及其家人居住来说，会造成紧张、压抑和不适的感觉。要改变这样一种被动和不适状态，给居住者带来舒适感，应用家庭装饰装修方法，是能够做到的。

针对业主及其家人使用陋室进行改变的意愿，对于居室内的装饰装修和后期配饰情况，需要进行有的放矢的工作，其应用的方法必须达到实用、舒适、美观和大方的要求，却不能仅为改观而改观，也就失去了本来的意义。

其装饰装修的做法，可以采用对不成套的配饰家具改变一点，致使整体家具基本达到配套，每件家具能被充分地利用，不作无故的浪费，发挥其有效性。所谓改变一点，是将有基本作用能配套的家具重新涂饰一遍，选用适合陋室焕新的统一色彩，给业主减去杂乱的感觉，有着比较满意的印象。在给予家具焕新的同时，又巧妙地给予居室内的墙面也做焕新的改变，或是将墙面和顶面利用浅色涂料喷刷一遍，致使狭小的感觉变“大”一些，再将涂饰一新的墙面挂上几幅艺术性和欣赏性很强的艺术品，像山水画、风景画和花鸟动物画之类，以利扩大视觉空间，并且在相适应柜面、桌面和台面上摆放上精致和陶冶情操的文竹类等花卉，给人一种文静、舒展和愉悦的感觉。

要给陋室焕新，主要还在于给予居室里的配饰，即“软装”做好文章。配饰物在于精而巧，除了基本用的桌、椅、柜和床等必备的家什外，对于那些不多用、不常用和不适用的用具能减少则减去，能变精小的变精小，致使各用具做到精一点、巧一点和小一点，显得得体而又占有空间少。精巧还在于将一些用具改换成活动、折叠和多用的组合式。这样，既可减少家用具的件数，显得精致而又实用的，便可扩大可自由利用的空间。还有是将不打眼的和不常活动的居室角落，可依据其不大的空间，添置摆上角柜或角架，把这些空间也充分地利用起来，也会使得陋室有变大适用和焕新的感觉。

17. 须知针对解困的奥秘

由于受到城镇道路走向和塔楼房建朝向的局限，以及板楼房建住宅户门或阳台，正对着西面或北面方向的，这一类住宅必然会出现夏天西晒，会造成室内温度很高，仅以空调降温效果也不是很好，何况还没有空调降温的条件，显然是不利于人的居住生活的。特别是在中国黄河以南的夏天，出现爆热气候的时候，处于西晒方位的住宅居室；在中国黄河以北的冬天，发生暴风雪气候的情况下，处于西北方位的住宅居室等，都有着受爆热和寒冷气候的损害及影响，有着难为情的。

针对着这样住宅的装饰装修，第一重要的便是采用有的放矢针对性很强的做法，克服或缓解自然条件造成的不利。针对西晒阳光照射强烈的状态，一定借家庭装饰装修设计和施工的机遇，在隔热防晒上做出好文章来，有在西面太阳光直接照射的墙面内增加隔热材，将高热量隔在墙面内。不仅如此，有的还在内墙面针对性地做隔热层，并给予墙面一定的空隙，将热量在隔热层同墙面间消耗不少。如果是有条件的住宅，在居室内做装饰装修隔热降温的同时，在其直晒的外墙面地下种植爬壁藤和乔树，将太阳光挡在了墙外，致使太阳光不同墙面发生直接的关系。

对于处在西北方位的住宅居室，其有的放矢的解困目的，便是阻挡住西北风直接贯入，抵挡住冬天寒风的袭击，做保温防冻的装饰装修。特别是地处风沙和潮水严重的地域，则要有针对性做设计和采用相对应的做法，以及选用相适应的材料，进行防风、防雪、防雨、防潮和保温的装饰装修，能帮助业主及其家人解决不少的麻烦和苦恼。

做有的放矢的针对性家庭装饰装修，不仅是针对隔热保温这一状况，而且还可以针对诸多不适宜业主及其家人居住和使用的困惑。如有下雨天给业主住宅带来雨袭的；有暴风沙给业主住宅造成沙害的；有台风给业主住宅制造灾害的，等等，只要业主有要求和意愿，必须在做家庭装饰装修时，想尽办法给予解决，而不能留在装饰装修过后再来补救和作处理，显然是不符合家庭装饰装修工程施工规则的。因为，家庭装饰装修的目的，就在于给予业主及其家人创造一个实用而又美观的住宅使用环境，尤其要有着针对解困的理念和方法。

18. 须知破居适住的奥秘

因为各种原因，购得一套破旧房，却不是危房。对于破旧房，一般是需要修复和装饰装修一新才适宜于居住的。那么，怎么才能做到适宜居住呢？必须依据不同情况作实际处理。其中，最重要地是对破旧房要有全面的了解，弄清楚房源的“秘密”。因为破旧房分有不同结构和装修情况。有装饰装修结构良好，饰面破烂的；有使用设施完好，装饰装修不好的；有建筑结构尚好，设施损坏的；还有是建筑结构有损的，使用设施有损的等，如房屋漏水，管道不畅，漆色老化。面对这诸多不同程度损坏的旧房，其焕新方法是有大区别的，只有给予损坏的修理、修补和修饰好后，才能适宜业主及其家人居住和使用。

按照人们通常的说法，破旧房分有完好房和基本完好房等级。因此，针对破居如何做到适合居住和使用，也应做针对性装饰装修。例如针对完好房，假若其是大型的属于框架结构的，则依据业主家庭居住使用情况，给予改造和重做装饰装修。特别是对于原有的门窗不适宜于现行使用，水、电、暖等设施及线路，都应当做适用性改造和更换，能让业主及其家人住得安心，用得放心，感觉舒心。如果是中户型或小户型的房，又只做过渡性的，便不值得大兴土木改造，只要稍做修整就可以居住使用的，大不必做“伤筋损骨”的拆改和“大手术”的更新装饰装修了。

至于是针对基本完好和一般性的旧房焕新，应当在饰面装饰装修上多费点功夫。而对于其基本空间做重新调整，则似乎显得没有必要。主要在于保证其使用的安全性。有必要的还须给予结构做加固性的修复，保障做装饰装修和后期使用不存在安全隐患。其改旧焕新的重点应放在饰面的装饰装修上，使之旧貌焕新颜。假如原有的装饰装修不符合现有的居住和使用条件，便在这方面做重点谋划设计进行装饰装修。特别是厨房和卫生间的设施，都有不适应现代生活使用的，值得作为重点更换。如果涉及水管、电线路的不适宜，则更有必要给予改造和替换。至于其他设施，就不必要面面俱到地去“动大手术”。那样，有可能花费不值得花的人力、物力和财力，还得不到理想的居住和使用效果，就有些得不偿失。

19. 须知小房变“大”的奥秘

作为住宅居室的家庭装饰装修，从业主及其家人的角度希望有着小房变“大”，小空间做大用的感觉。尤其是居住着小户型房的多人口家庭的业主，更是这样。希望不要付出人力、物力和财力，花了不少工夫后，将小户型房“变小”的感觉。显然不是好的装饰装修。只有做得成功，有着使居室空间“变大”的合情合理的谋划设计，又能多取各装饰装修风格特色之长，在应用色彩，自然采光和通风做法上，以及选用后配的特长实现了科学性、灵活性和方便性要求的，才算得上发挥出家庭装饰装修的优势并体现出其“奥秘”。

给小户型房空间变“大”的“奥秘”，首先在于巧配色彩，运用浅色调的搭配，使居室空间在视觉上变得宽敞。例如，给予墙面、顶面、家具、窗帘和沙发套等，采用乳白色、浅黄色和淡蓝色等做巧妙地搭配，就有使居室空间变得淡雅、敞亮和精致，有着“变大”的感觉。

在做法上，要善于取各装饰装修风格特色之长，像现代式和自然田园式风格特色中的浅色调，日本和式风格特色中各式推拉门的做法，以及家具的组合式、角式、瘦高式等等，尽可能应用视觉上的扩大式和实际上的不占空间式，并将不起眼，不占活动地和不碍眼的空间尽量地利用起来，发挥其效果，致使活动空间能“变大”。例如，增强采取自然光的方式，会使视觉空间变大。在建筑结构允许的状况下，将阳台和相连接的房间打通，便增强了采光；或拆除前后房间的分隔砖墙，改为木格刻花玻璃隔断及磨砂玻璃隔断，增强光线不很大房间的采光；或者是将阳台与相连房间隔着的窗户扩大改变成落地大窗户，其房间的亮度会迅速增大，其空间必然也有“变大”的感觉。

同时，巧用上层空间，把隔断墙面上部做成柜、架和橱楼（板），做储藏和休息睡卧使用。其下面空间可作书房、电脑房和其他活动使用。必然会使地面空间“变大”。对于经常使用的小台桌、椅和凳改为折叠活动式的，将其摆放的位置还经常地变换地方，不固定在一个部位，这样，给人有着常换常新的感觉。或者将床设计做成悬吊式，睡眠放下，起床吊起。吊起的床底面装饰成观赏性的艺术品，既能扩大活动的空间，又能为空间美观增添物品，真是有着一方二美的成效。

20. 须知家装最佳的奥秘

做家庭装饰装修的风格特色，现阶段在中国可谓是多种多样和多姿多彩，各有特色和特长。最常用的有现代式、自然田园式、中式、简欧式和综合式等。作为业主有着自己的喜爱和选择，好比人们生活习惯一样，“萝卜白菜，各人所爱”。无可厚非。然而，作为家庭装饰装修风格特色的最佳形式，却不是以某种风格能称得上的。只能说是每一个不同业主的喜爱，正如喜爱简欧式风格特色的，在喜爱中式风格特色的业主心目中，不能称其为最佳。因为，这样的风格特色有着东拼西凑的嫌疑。同样，喜爱自然田园式风格特色的业主，称中式风格特色有太多现代材料的效果，也谈不上最佳。

家庭装饰装修是功能和艺术的有机结合，融为一体的成果，要获得最佳称谓，就得要充分地考虑到当地的和民族的文化传统，居民习俗和地理环境等的继承和发扬，以及能呈现出当代人的精神面貌特征的装饰装修风格特色，才有可能称得上最佳。例如，在做古典式家庭装饰装修风格特色时，江苏省苏州地区的人能将其地方的风俗特征有机地融入进去，显现出古代传承下来的文化特色，其效果比仿照纯古典式风格特色要好得多。正如北京的故宫装饰装修特征同沈阳故宫的装饰装修特征不一样，这就是中国各地的文化传统、民族特色、民间习俗和地理环境有区别，呈现在各地的家庭装饰装修上的必然差别。何况在中国仿效外国的家庭装饰装修风格特色，就有更大的差别。

因此，对于家庭装饰装修风格特色做得好与不好，一定不能脱离当地的文化传统、民族特色、地方习俗、个人习惯和地理环境，以及现代人的精神风貌，必须善于将这些有效地结合起来，决不能想当然。那样，是做不出最佳家庭装饰装修效果的。

同样，给予家庭装饰装修做后期配饰，也应当依据其要求的风格特色进行，还应当针对其实用性和成效性来做，并且能够增加现代的科学性和智能性，以及做出人性化的特征，善于应用新技术、新材料、新工艺和新设置等，还得在使用中不断地进行完善，达到最合理和科技化的要求，才可能称得是最佳的。对于这一点，既要充分地认识到，又要无止境地进行探索和总结，是做出最佳家庭装饰装修可取的态度和劲头。

21. 须知家装时尚的奥秘

任何一个业主都很希望自己做的家庭装饰装修是时尚的，过很长时间后也不过时，有着常住常新，不厌烦和有兴趣的效果。要达到这样一个目的，其“奥秘”在于从使用上持新，家具上维新，灯具上焕新和给予“余地”创新做好工作，才能让业主及其家人感到满意。

首先是对于业主及其家人喜爱的时新、超前和独有的优势，长时间能保持色彩新鲜，不出现陈旧，有损害及时修复。同时，在配饰上利用现有的装饰巧妙进行交换，致使每一个居室配饰式样不断地变化着，并且经常有着科技新品应用到新装饰装修工程中，给予居家使用和生活带来方便，给业主及其家人一个良好心情。

其次是对于家庭装饰装修的时新，是给予现场加工制作和购置的家具形态保持良好的色泽和不发生变形，可以良好使用，也是保持装饰装修不过时的重要条件。如果使用的家具长时间不发生变化，显然是不现实的。于是，要从家具开始做好保养，损坏家具修复如初，不适家具及时更换和摆放家具常有变化等方面下功夫，必定能收到好的效果。

再次是最重要地充分应用好灯饰焕新这个"奥秘"。灯饰在家庭装饰装修里给予居室不但起着照明的作用，而且还有着调节色彩，改变氛围，凸显造型和增加情趣等用途。灯饰焕新给予家庭装饰装修不过时的潜力是出乎每一个业主意料之外的。只要善于把握，时常更换灯饰色彩，对于人们在家装中带来的新颖感觉是无穷无尽的。例如，在炎热的夏季换上淡蓝色灯饰，便有着让业主及其家人进入阴冷舒适的环境中的感觉，冬季里应用白色或黄色灯饰光，犹如太阳光暖身一般。

还有是对于有条件和有远见的业主，针对现时的家庭装饰装修，并不要做得太满，应采用简洁和留有"余地"的方式，致使家装持新也做了"伏笔"，为使家庭装饰装修保持长久性的时尚，跟上现代居住生活步调，保持着良好姿态，时刻准备着让业主及其家人在有着新感觉、新情趣和新愿望上，给予家庭装饰装修上的缺陷进行补充，不留下遗憾。不过，保持新颖性和新兴趣，主要是提高配饰质量，更新配饰式样和做出时尚配饰上，有着更多更广的"用武之地"。

22. 须知装饰把握的奥秘

作为家庭装饰装修做得好与不好，很重要的一个方面就在于讲究个性化，却不是人云亦云。然而，有相当多的业主因不懂的缘故，往往被一些不诚实和唯利是图者算计，从而造成诸多矛盾和纠纷，影响着人们对家装的误解。为避免这一类矛盾和纠纷的产生，减少源头浪费状况的重复发生，采用"重装饰，轻装修"的做法，是把握好家庭装饰装修，做出满意工程的"奥秘"。其主动权还时时刻刻掌握在每一个业主的手中。

由于房产开发商的原因，如今的住宅居室建筑大多是毛坯房和处于"大空间"状态，必须经过家庭装饰装修，才能够居住和使用。在做家庭装饰装修时，基本上都是配备必要的居住和使用的设施和物件。像水、电、管线的安装，地面、墙面和顶面的装饰装修等，全部是按照设计理念和施工方案进行的。其中把房建中不合理和犯忌讳的方面处理好，并安装和配置好灯具、厨具和洁具等基本功能，就达到住宅居住和使用的要求，便是家庭装修的体现。至于要达到美观、舒适和有品位的效果，则是装饰的作用。这种作用和实现美感的功能效果，仅靠简单的装修设计是不容易实现的，必须有着很好的谋划和精心的设计才有可能实现好装饰目的的。

要做好的装饰，就得重装饰，给予家庭装饰装修，既要达到业主实用的愿望，又要给予装修提高美观和品位，这种主动权是掌握在业主自己手中的，不存在太多的风险和被动性。因为，装饰的目的，是对家庭居住和使用的用品，或生活环境进行艺术性加工，提高审美的效果和使用功能，以及经济价值和社会效益等。

因而，把握好“轻装修，重装饰”这一“奥秘”，是做好家庭装饰装修的关键。这种关键主要体现业主对自身家庭装饰装修突出个性特征，做到“各显其能”。而不是被动地被别人牵着“鼻子”走，抹杀了个性的发挥，就不是好的装饰装修了。在现实中，出现很多的家庭装饰装修的“雷同”，往往不是业主及其家人所企盼的。所以，实现好的家庭装饰装修把握，主体应当是业主及其家人，而不是装饰装修从业者，他们只是将业主的意愿做专业性成就。对于这一点还没有意识到而已。望广大业主把握好家庭装饰装修的发展和进步。

二、须知人员组成奥秘篇

人员组成的“奥秘”，主要说的是两个方面，一方面是说家庭装饰装修的人员，要求业主及其家人必须弄清楚，另一方面是指业主对象，需要家庭装饰装修从业人员必须研究了解的，只有在相互知道其底细，才有利于做好家庭装饰装修，利于家装行业的生存和发展，少发生矛盾和纠纷，少出现怨言和委屈，多给家庭和社会带来和谐与友善，提高人与人之间的融洽关系，让家庭装饰装修向着职业化、规范化和法制化顺利发展创造出好的基础。

1. 须知工作性质的奥秘

现时代从事家庭装饰装修行业的，基本上是民营企业人员为主，其他人员为辅，其成分结构处于不成熟和不规范中。特别是各地区对于这一行业的管理程度不一，从而出现从业人员工作性质情况不一，需要政府相关部门和行业组织给予正确引导，加强管理和组织，也许才能适宜民生意愿要求，适应市场有序竞争，适合社会发展需求。

由于家庭装饰装修是近几十年兴新发展起来，从政府相关部门的认识和社会人士的观念，以及经济市场的感觉，还只是将其作为建筑行业的附属业，远没有认识到其是一个兴新的行业，需要从建筑行业中独立出来，也没有引起重视更没有这方面的理念。于是，便出现其从业人员工作性质的不稳定、不规范和不成熟，以及不专业性，有着任其自由竞争和随意发展的迹象，显然是不利于装饰装修行业进步和发展的。由此，也构成出现其从业人员的临时性、游击性和混乱性。即使从上至下有着管理，也建立管理制度，却是松散和随意的。根本没有将其作为一种稳定的产业和行业，以及职业看待。这样，便出现有公司，却没有资质；有企业，却没有建制；有经营，却没有收益。反映出很明显的情况是：只有自由，没有平等；只有随意，没有规范；只有职业，没有品牌等。因而，便有着现阶段的，公司人员是自由和随意的；企业管理是自由和随意的，经营状况是自由和随意的。体现出来的是，对民生的权益、责任和义务也是自由和随意的。显然是很不正常，让旁观者很是担忧。

涉及具体状态，现时代虽然有很多家装公司（企业）办得很红火和兴旺，却是相当多的不完全是依靠家庭装饰装修的职业做大做强的。真正依靠家庭装饰装修事业做起来的并不多。其从业人员工作性质，除了其主要骨干有着固定性外，其余从业人员都是“流水形”的。如果一个家装公司（企业）要稳定的从业下去，其企业的从业人员必须相对应稳定，其服务对象的权益、责任和义务要得到比较好的保障。从现有的家装公司（企业）和从业人员性质情况，还看不清楚这种保障是靠得住的。

所以，在处于这样一种很不明朗和过渡性的时期，要保障业主做家庭装饰装修权益不受到太多的损害，利益不被无故和过多的占去，需要业主自身很好地把握，不要图一时经济上考虑，必须选择有诚信、有势力和靠得住的正规家装公司（企业）做自己家庭的装饰装修。切不可随意做选择。

2. 须知家装现状的奥秘

从现有从事家庭装饰装修职业人员性质上不难看出，其工作现状是难以令人如意的。主要在于从业人员的工作性质是临时性的和短期的。既然从业人员，包括管理人员和施工人员工作流动性大，难免其工作状况不出现问题。在实际中，人们就普遍诉说“游击队不可靠”，而只起一个虚名组建家装公司，既没有做工程的资质，又没有做家装的专业人员，其挂名公司同“游击队”是一个性质了。按照国家和地方行政及行业组织的相关规定，凡是没有达到标准的公司（企业），从事管理和技术人员，以及从事现场实际操作的项目经理、专业人员和施工人员，没有相对应的上岗证，都是不能从事其相应的工作的。尤其是从事泥、木、油和水、电等实际工序操作人员，大多数没有上岗证和操作证，由所谓的项目经理临时召集起来做家庭装饰装修，这些人员同承担工程的公司（企业）是不存在任何关系的。只有临时从事家庭装饰装修某个工序的工程量操作，从项目经理名下计算工钱外，再无其他。叫做招之即来，挥之便去。如果该家装公司(企业)管理松散，组织松垮，制度短缺，承担施工的家庭装饰装修工程是做不好的。尚且，像这样的家装公司有不少的辅材是由所谓的项目经理自购和管理，难免不发生偷工减料的事情。由此，发生矛盾和纠纷的事件是很多的。

在现实中，由于管理上的松散和漏洞太多，普遍出现做“私单”的现象。在不少的正规家装公司（企业）里，主要是由设计人员伙同现场组织施工的所谓的项目经理，打着公司的名义，将公司（企业）洽谈家装业务的某个工程截留下来，由其个人承担施工，实际同公司没有任何的关系。是打着公司(企业)名义的“游击行为”。如果出现纠纷，业主找公司（企业）的责任和义务，公司（企业）主管人员方知实情。再找相关人员评理，却出现查无出处的状态。对于“私单”行为，现时还没有严格的管理措施，正规家装公司(企业)还管理不到，插不上手。还有是以挂靠正规公司(企业)，实际上由个体“游击”做家装的。像这样的不正常状况，是数不胜数的，倒头来上当吃亏的是业主。因此，还望广大业主要擦亮眼睛，不要轻易地同这类散兵游勇打交道，为了一点经济利益，误了自己的家庭装饰装修，吃“后悔药”是没有的。

3. 须知正规人员的奥秘

正规人员，即正规公司（企业）的管理人员。正规家庭装饰装修公司（企业），一般有着装饰装修资质，受到政府相关部门或行业组织管理的。有着其正当和规范的管理制度和管理程序，能明码标价地敢于负责任，得到社会和行业认可的公司（企业）。

这样的正规家庭装饰装修公司（企业）是很规范、很负责和很讲信誉的，主要工作骨干有着相关的技术职称、装饰装修资格和上岗证的，那些新聘用的人员，有刚从学习装饰装修专业院校毕业的年轻人；有专门从事家装顾问做业务营销的；有从社会上临时召集从事专业工序施工的等。虽然有一部分人员没有相应的上岗证，却必须是按公司（企业）管理制度要求做工作的。按理说，所有正规家庭装饰装修公司（企业）中的工作人员，在同业主交往时，应当是很规范，遵章守纪和很负责任讲信誉的。至于出现不规范和不讲信誉的行为，让一些业主很反感、很失望和唾弃，恐怕是个别人的行为，属于见不得阳光的现象，是不允许的。应当相信正规家庭装饰装修公司的服务宗旨，是重信誉，讲规范，负责任的。对于在激烈竞争的装饰装修市场，要生存和发展，必须全心全意地为业主服务和有信誉。对于个别不规矩做法，可通过合同条款的约定找其负责人据理力争，澄清事实，维护自己的合法权益。说不定还能帮助正规家庭装饰装修公司（企业）打击不良现象，给其带来好的收获。

可以说，现时代正规家庭装饰装修公司是家装行业工作的主流。然而，在现时的状况下，他们在同不规范公司和“游击队”在家装市场上的博弈中，并不容易，其中难免还存在“老鼠屎”之类的捣乱。除了其自身的管理增强和完善外，还是需要地方政府的相关部门和行业组织管理更得力一些，有责任和义务帮助其规范家庭装饰装修行业的健康有序地发展。同时，广大的业主也有责任和义务帮助他们，维护装饰装修行业的正确进步，共同努力抵制和打击不规范行为。这样做的目的，既是维护家庭装饰装修行业的规范和有序竞争，也是维护业主自身利益不能受到无故的侵害。每一个业主及其家人，不能包容、宽容和容忍家装行业中害群之马对自己的一次伤害。如果都忍让不规范行为损害家庭装饰装修市场，则会伤害到更多更广的业主，还会影响到家装行业的健康发展。

任何行业的健康有序和正确规范发展，都离不开业主（用户或顾客）的帮助和努力。因此，家庭装饰装修行业的进步和发展，一方面需要政府相关部门的正确引导、支持和管理；另一方面还需要正义的支持，正气的支持，正确的支持，有一个公平、公开和公正的家装市场，才有可能得到广大业主喜欢。因此，必须将眼光放长远一点。姿态放端正一点，行为放正确一点，尽好每一从业人员和业主应尽的责任和义务，共同努力将家庭装饰装修市场引入正常和健康的发展轨道，让更多业主受益。

4. 须知人员状况的奥秘

在日常生活中，经常听到一些业主及其家人抱怨做家庭装饰装修，是一件很头痛的事情。有的还发誓说：这一辈子都不想做家庭装饰装修。面对这样的抱怨，感觉到这并不是做家庭装饰装修从业人员单方面的过失，也有业主自身的失误，主要在于对从业人员太不了解。

从行业里也经常听到从事家庭装饰装修职业人员说，出现业主抱怨，主要还是业主自找的，太不懂得行业里的人员现状，不找正规公司（企业）做工程，偏要找无资质的公司和“游击队”做家庭装饰装修。是自找自受，怪不得别人。面对业主的投诉，从事家装行业管理的政府相关管理部门人员也是有苦难言；业主自找无装饰装修资质的公司和“游击队”做工程，管理也很难生效。而各物业管理公司，虽然管理得到，却不懂得专业，且也有很多难处。对于无资质的家装公司和“游击队”，其实是不懂得家庭装饰装修的法规和管理的，做工程施工，请的都是游兵散勇。这样，做出坑害业主，破坏行业声誉和不能保障家庭装饰装修质量，闹出诸多矛盾和纠纷，便是很难得到解决的。其结果是让业主自吞苦果。

现实存在着的家庭装饰装修人员状况，由于处在一个兴起的阶段，难免出现不规范、不正当和不成熟的行为，有着鱼龙混杂的人员现象，不足为怪。重要在于避免。最简单和最起码是业主在做家庭装饰装修前，先要对家装行业情况和人员成分做一些调查和了解，仅听无根无据的吹嘘和不了解人员，往往会上当受骗，掉进陷阱里。只有了解和清楚各类人员情况，才可放心大胆将家庭装饰装修委托出去。

像有的业主对此做得好，不仅对自己请的人员了如指掌，而且对其委托的家庭装饰装修公司（企业 ）的情况都要了解清楚。例如在这个公司（企业）里谁的设计做得好，谁的现场施工做得认真和细心，做到心中有数。这样的业主才很少上当受骗吃明亏，算得上精明的。在做家庭装饰装修中，曾有人说过笑话：不懂得做家装的人，不去请教内行，也舍不得花几十块钱买本专业书读一读，却愿意多花几千上万块钱买个教训才心甘，实在深感遗憾。

其实对家庭装饰装修人员状况了解并不难，重要的是要做个有心人。平时到做家庭装饰装修的现场遛一遛，问一问；有事无事到装饰装修材料市场上观看一下，做一些比较，便或多或少有一些收获。当自己家要做装饰装修时，再多走几家正规家装公司（企业）做具体了解和比较，就不会出现让自己很烦心的情况，对人员状况也心中有数，不会发生教训几大筐的情况。

5. 须知不规范人员的奥秘

所谓不规范人员，多是指没有家庭装饰装修资质公司人员和“游击队人员”，他们对家装情况懂得并不多，却要挤进行业里来“搅浑水”，坑害业主，搞乱行业。其做法是玩这样或那样的“猫腻”，做见不得阳光和业主的事。

这些不规范人员玩“猫腻”，主要是针对不懂得家庭装饰装修情况的业主及其家人，不按照设计方案的工艺技术要求，偷工减料，偷梁换柱，敷衍搪塞，以次充好，以劣充优，不择手段，把家庭装饰装修做得一团糟，在收不得场时，便采用拖、赖和滑，以及懒的做法，害得业主苦不堪言。

最常见的做法“低价揽业务”，在合同之外采用各种不光彩的手段耍滑、加价、减材和换材等玩“名堂”，千方百计地去骗业主，把低价揽到的家装工程以做不出来为由提高价格，甚至做出“卷款逃逸”的丑闻来。而实际做的家庭装饰装修相当差。例如，铺贴20多平方米的瓷砖地面，就有30多块800毫米 ×800毫米的地砖是空鼓的；电视背景墙下的电视柜抽屉挡板用九厘板加工组装成的；电视背景墙框架采用18毫米 ×12毫米木枋组装成，外铺石膏板打底，再钉饰面板，交给业主使用。业主怀疑质量不行，拿不准后，请来专业人士评判，到这时，施工人员还赖着不整改，硬说质量可以，气得业主一拳头给砸烂。

不规范人员的作法，设计时故意漏项。在施工人员操作时，就说没有设计不施工，要求设计增项增费用，把业主害得叫苦不迭，怨声载道。本以为比正规家装公司（企业）少几千元就可竣工的，反倒要多出一万多元钱，工程质量还得不到保证。这种现象在正规家装公司（企业）和有职业道德的人员身上是不会这样做的。

对于不规范人员玩“猫腻”的手法，同装饰材料商勾结来欺骗业主。一些所谓的项目经理或施工人员，遇到材料由业主购买时，故意玩弄粗心或不懂的业主，要求多购买一些，然后在同行之间互相交易，从中弄得钱财。这类材料涉及方方面面，有水电线管、木制基材和金属配件等。

再次是与装饰材料商一起算计业主，每当业主要购买材料时，一些施工人员装着很热情的样子，主动请缨带业主购“便宜”材料，其实是要坑害业主。每当走进装饰材商店时，施工人员往往趁业主不注意时，同老板达成“协议”促使业主在较高价格买走材料后，施工人员就能从商店老板手中得到回扣，一般可达到10%左右。如果是已“合作”过的老搭档，就可以使一个眼色便达成回扣默契，让业主吃了哑巴亏还要感激不规范人员。

6. 须知人员底细的奥秘

在家庭装饰装修行业里，不少业主及其家人都有这样的感觉，中国是以黄河为界，分出南方和北方。做家庭装饰装修的施工方法和做的工程质量也有着南方和北方的区别。都说中国黄河以北人员做出的工程质量效果稍逊色一些。这是从普遍性上做的评判。但具体到人员上是有做得好和做得差的。不管是中国黄河以南或以北地域，具体到每一个家庭装饰装修公司（企业）和设计及施工人员上，也不是这样一个情况。重要的还是对于人员管理和工艺技术的要求及规定上。不然，其人员的底细是说不清楚，做家庭装饰装修质量高低好差也是讲不明白的。

按照业内人士普遍反映，一个家装项目做得好与不好，同一个家装公司（企业）的管理和抓得好与不好，其人员的工作状态是大不一样的。原因在于从事家庭装饰装修的设计和施工人员基本上是临时的，不一定是某个公司（企业）和项目的固定人员，同“游击队人员”干活的性质有一些区别。“游击队人员”干活质量由其个人说了算，干好干坏只受业主的约束。懂得家庭装饰装修的业主不会让其乱来。若是不懂的业主将工程交给“游击队人员”，就只能凭其“天马行空，独来独往”了。所做出的工程质量显然不会好到哪里去。至于由正规的家庭装饰装修公司（企业）的项目经理召集来的临时施工队，一方面是内行找的人员，知根知底；另一方面是建立在较稳定的合作关系的基础上，不是临时性的。重要的是正规家装公司（企业）有着制度的约束和严格的管理，以及标准的质量验收规定，不用业主操过多的心，费更多的神，做不好工程，质量达不到要求，是过不了关，也拿不到相应的报酬。这样，必然会出现不一样的家庭装饰装修效果。事实上也是一样。即使是同样的正规家庭装饰装修公司，却有着不同的项目经理，出现管理方法和管理严松的区别，做的工程质量就有着很大的区别，给予公司（企业）的声誉好坏也是大不同的。

须知人员底细，应当是动态性，而不是一成不变的。作为每一个业主在做自己家庭的装饰装修时，对公司和人员都不能凭老印象，需要作现实的调查了解。这一点显得很重要。不然，也定会出现意想不到的状况，让自己后悔的。

知晓家庭装饰装修人员和公司（企业）的底细，其目的是希望每一个业主在委托做自己家庭的装饰装修时，在做设计和施工中能够处于主动地位，不能够处在被动中，出现做的工程质量不如人意，或者是出现事与愿违的状况，难以达到自身理想的家庭装饰装修效果。因此，对于每一个业主要想使自己得到好的装饰装修效果，有必要掌握相关家装公司（企业）进展和人员底细的基本情况，把握好其行业和装饰材料的发展动态，才有可能使自身处于主动中，不再出现很多不如人愿的状况，则是业主和行业之幸矣！

7. 须知公司管理的奥秘

对于专门从事家庭装饰装修工程的公司（企业），一般的年产值在一千多万元，多的几千万元，上亿元的公司（企业）在全国各地并不多。这样，便能清楚做家庭装饰装修的公司（企业）规模都不是太大。从公司（企业）管理到基层施工的直接管理，也许在几百几千人之间。有着这样规模的家庭装饰装修公司（企业）便是可观的。

这样的家庭装饰装修公司的管理人员，有从做实际工程的项目经理，一步步到组建公司（企业）做起来的，算是做家庭装饰装修的内行；有的是学习土木系专业，先获得技术职称或文凭，为创业组建公司，其本身不是做家庭装饰装修的，但其副手是懂得家庭装饰装修情况的；还有的是手里有资本，自己当“老板”，招聘懂得家庭装饰装修管理的人员，具体管理相关的事务。因此，对于家庭装饰装修公司（企业）的管理的情况是多方面的。但主要分为懂得家庭装饰装修管理和懂得做家庭装饰装修的两种类型，也有既懂得做家庭装饰装修也懂得其管理的，其人员不是很多。就是说，对于家庭装饰装修的管理是有着内行和外行管理区别的。

从做家庭装饰装修开始，一步步做到家庭装饰装修公司的管理层人员，他们对业主的意愿和要求是十分了解的，也清楚做这个行业是很不容易，很尊重业主和看重市场的分量。尤其是对于从营销中得到的工程单特别地珍惜，不但要求设计人员做好设计，而且对其现场施工人员的工作态度和施工质量看得重，把做好每一个装饰装修工程，视为公司（企业）做了一个好广告宣传，并以此为契机来加强工程管理，保证每一个工程质量效果，得到业主满意。

其采用的管理方法和措施，对保证做工程质量的好坏很关键。从做家庭装饰装修开始，公司（企业）的管理人员便到施工现场检查质量，看到问题直接地提出来，要求施工人员和项目经理立即纠正，而不是由业主提出纠正，其管理要求必然得到业主的信任，觉得委托这样的公司（企业）做工程很放心。相应地只懂得家装管理，而不懂得做家庭装饰装修的，往往是由业主提出施工质疑后，才让懂得做工程的管理人员去处理就被动了。如果对业主提出的质疑或问题，能采取积极主动的态度和亡羊补牢的方法，还能得到业主的谅解，对公司（企业）的信誉影响不大。不然，久而久之，便会让业主不放心，则会影响到公司（企业）的生存和发展。

对于每一个要求做家庭装饰装修的业主及其家人，非常必要对家装公司（企业）的管理模式和管理方法做一些调查了解，有着好的管理措施才能保证家庭装饰装修质量，严格按照每一个工序和工艺技术标准施工，不偷工减料，不敷衍搪塞，不违章作业和敢于负责任的做法，才能大胆放心地将自己家的装饰装修委托给其。对家装公司（企业）管理情况了解清楚，其用意是让业主自己多一份信任，少一份疑虑；多一些放心，少一些操心；多一点理解，少一点矛盾，致使家庭装饰装修做得顺顺当当，工程质量和安全得到良好的保障，给自己投资能够得到一个满意的回报。

8. 须知设计人员的奥秘

在现有的家庭装饰装修公司，无论是有资质的正规公司（企业），还是无资质的所谓公司（企业），都有着不同素质的设计人员。知晓各设计人员的素质情况，对业主做家庭装饰装修是有着很大关系的。因为，设计人员中的“奥秘”太多，业主不能了解清楚，对自己做工程的好差和花费高低，有着说不清道不明的疑虑。

谁都清楚，做每一个家庭装饰装修，都要同设计人员接触。设计人员的素质高低和设计水平的好差，对工程做得怎样至关重要。设计人员素质好的，对业主的服务态度和设计效果必然非同一般，从特色，品位和使用效果，都有着独到之处。不然，会出现另外一种状况，给业主一个索然无味的装饰装修效果。同时，在做设计时，还能站在业主的角度，事事处处为业主着想，不会坑害业主，为业主节约资金，还能得到理想的装饰装修效果。而素质不高和设计能力不强的设计人员会大不一样，千方百计地坑害业主，还故意以漏项和浪费用材的手段等，让业主吃不少哑巴亏。

作为业主在委托做家庭装饰装修时，同不了解、不知情和不熟悉的设计人员接触交往中，通过交往、交流和交谈，需要尽快地知其情况和其用意。有的设计人员很直率，比较好打交道，知其底细比较快；有的则不是这样，总想着套出业主的底细，业主便要有着自己的底线，防线和保护线，不能让其不明不白地坑害了。因为，每一个家装工程的设计不是免费的，是按照总造价的比例提成的。在现实设计人员中，有不少的设计人员不在设计上下功夫，却在算计业主上舍得费精力。这是在家庭装饰装修行业里，引起业主诸多抱怨，行业声誉受到损害的源头。了解和清楚设计人员素质和其底细，就在于业主不被无缘无故地坑害和吃哑巴亏。尤其是有的设计人员打着其公司（企业）的招牌，伙同项目经理，把来公司（企业）谈业务的业主糊弄住，以少几千元钱费用作诱饵坑骗业主避开公司（企业）同其合作做“私单”，而业主在不明内因的情况下，被设计人员坑害，到出现问题后，才知道上当受骗，再找设计人员，已不知去向。

了解和清楚设计人员情况，对业主显然是一件好事情，还有利于给予家庭装饰装修行业健康发展带来很多有利因素。

9. 须知项目经理的奥秘

做家庭装饰装修的项目经理，负责任的是需要不时地在每个项目工地了解情况，掌握进度，关注质量，强调安全和抓好文明生产的。同时，要为施工、质量、用材、催款和协调各方面关系做好工作。现实中却不是这样一种情况。担任家装的项目经理大多是由熟悉家庭装饰装修和有着实际操作经验的人来担任。而相当多的则是由有着木工技艺操作者担任。因为，家装工程的木制工艺操作贯穿于整个过程，也就给其担任项目经理带来了机遇。

这样，项目经理的技艺高低和其责任性同做好家庭装饰装修有着密切的关系。主要在于从其做木工工艺操作时，就见识了做家庭装饰装修的全过程，有相当多的木制工序和工艺技术由木工操作者完成。其他泥作工序、涂饰工序和水、电、暖等是辅助性的，还有着各自独立性。只要掌握了木制工序和工艺技术操作，其他工序能做组织协调，当家庭装饰装修的项目经理便是情理中的事情。况且，有着特殊性质的水、电、暖工序，大多为前期完成施工的隐蔽工程，需经验收合格后，才能开始关系密切的泥、木、涂工序。由此，发生由木工操作者任项目经理的情况是很有理由的。不过，项目经理当得好与不好，责任心强不强，对做好家庭装饰装修是起着至关重要作用的。

俗话说得好："打铁还得自身硬。"做一个好的家庭装饰装修项目经理，自身技艺好，才能在其他的操作者做不好，出现问题时，可以给予纠正，让他人信服，才有可能促使家庭装饰装修做得好。如果项目经理技艺不高，又做事不可靠，其他做手艺的是不服也看不起的，就有可能影响到家庭装饰装修质量好坏了。

如果有好技艺的人来担任项目经理，其他熟悉情况的人，会很佩服地不声不响跟着学，能从中学到好的技艺为荣；即使不熟悉的，在同其做家庭装饰装修中，便会很快了解，并从其负责任和高超技艺行动上得到影响，将自己担负的工序尽力做好，少出问题，少让项目经理操心，以免失去合作机会。凡做手艺的人，还有着"面子观念"，出现一、两次问题，由别人给予纠正还可以，却不能长时间地出差错，是得不到别人太多帮助的，自己的"面子"也挂不住，还有可能失去做工程的机会，是谁也不愿意的，必然会尽自己的技艺做好，也就有利于家装越做越好。

10. 须知材管人员的奥秘

材管人员在家庭装饰装修公司（企业）中，是主管装修的材料的人员。材料好坏对工程质量至关重要，马虎不得。把住材料关，工程质量关也能把握好。否则，家庭装饰装修的质量和安全便要打很大的折扣。

须知材管人员把关见效的"奥秘"，便是说的材管人员的作用很重要，关系到工程成败的关键。在家庭装饰装修中，用材分有主材、辅材和配件等。如今的装饰装修材料发展很快，几乎是天天有新材。主材，即指家庭装饰装修中主要应用的材料。分有基材、型材和面材等。主材主要由材管人员负责，必须得用心把关，才能保证家庭装饰装修的质量。主材在家庭装饰装修是在水电工程、隐蔽工程、泥工工程、木制工程和涂饰工程中，使用的线管材、瓷砖（片）、木工板、石膏板、涂料和地板等；辅材指水泥、河砂和红砖等。辅材大都由项目经理负责的。不管是主材，还是辅材，以及配件，都必须保证质量。不然，便不能保障工程的质量和安全。

本来吊顶用的主龙骨木枋材，不能小于尺寸36毫米 ×26毫米的，而且施工工艺要求，必须采用膨胀螺栓紧固住，才能达到保证质量和安全的要求。却有材管人员选用尺寸 20 毫米 ×15 毫米的木枋，现场施工人员在不能采用膨胀螺栓紧固的情况下，只有应用 3 寸铁圆钉钉住，是很难保证吊顶隐蔽工程的质量和安全，是绝对不允许的。就是材管人员不用心把关造成的偷工减料，是坑害业主，造成矛盾和纠纷的原因。

做家庭装饰装修，如果材管人员不用心把关，还有意偷工减料，供应材料时，以次充好，以劣充优，以小替大，同是一个品牌，作为业主是很难分辨清楚的。对于次、劣材料，给予家庭装饰装修带来的恶果是短时间看不出来的，时间稍长一点便能见分晓。给予工程上使用的材料，应当是业主出什么价，便要求什么材料，却不能搞偷梁换柱，偷工减料地坑害业主。有的业主为追求环保健康的家庭装饰装修，同用材有着千丝万缕的关系。次、劣材料比较优质和合格材料含有有害成分是几倍或十几倍的区别。同一个品牌，优与次，好与劣的材料，给予人体和环境的危害相差很大的。如果材管人员用材害人，不把好关，给予业主及其家人的伤害是无法用眼和嗅觉能知晓的。对于用材的“奥秘”，材管人员起着关键性的作用，不可小视的。

11. 须知预算管员的奥秘

预算管员，即是预算管理的人员。预算管理人员在家庭装饰装修中，主要负责工程款的预算、决算和追缴（也有由会计追缴金额）。一般情况下，预算管理人员按照设计人员的设计图进行计算，计算中含有材料费、人工费、管理费和利润等。这种预算至少有两种方法以上。一种是以设计的图纸为依据进行预算的。其预算的费用需要详细列出项目报告出来，既供公司（企业）相关人员掌握和操作对照，属于公司（企业）管理的重要内容，又供业主掌控，清楚自己家的装饰装修必须发生的费用和按照施工进度缴纳的指导，做到明明白白的。一种是按照全包干的方式进行预、决算的。其计算款额也是列表清晰地反映出来，让业主明确费用出处。其实，还有依据各实际情况作家庭装饰装修预算和决算的。其目的在于让业主清楚做家庭装饰装修应该要花费的金额，同签订合同、图纸和附件等，都是业主很明确的文件。至于设计费和管理费及利润等，则是做预算的“奥秘”，有明确体现出来的，也有是公司（企业）管理内容才能体现出来的。像有的家装公司（企业）做广告时说免费设计：在这里只能说没有免费的午餐。业主便心知肚明了。

作为家庭装饰装修的预算，其方法是多方面的，其“奥秘”是有着正常和不正常的区别，需要视具体情况进行分析。所谓正常情况，则是说预算管理人员的工作态度和工作能力，其做出计算是让业主能信任和接受的。按照设计图纸和相关情况做出的预算，给予业主有着知根知底的依据，属于同业主自己概算相接近的计算。

属于不正常的预算，是让业主看不懂，也弄不明白的计算。其中有预算管理人员的故意行为，增加项目和减少项目，或者是同设计人员一起故意漏项，或同项目经理有意而为的做法。同依据图纸和相关情况，将预算做得相当到位，业主也同意和接受的总费用，并通过合同条款认可确定的。然而，施工进行到一定时间和进度时，在合同外又要增加一些说不清道不明费用。当业主提出质疑时，又说不清充分的理由。业主不予认同时，便伙同设计人员和项目经理，甚至施工管理人员，以停工和拖延相威胁，似逼非逼，利用软硬兼施的方法要业主就范。显然，是一种破坏行业规定和影响其公司（企业）声誉的不轨行为。

12. 须知施工管员的奥秘

施工管员，即施工管理人员。其职责在家庭装饰装修中，属于公司（企业）的管理人员，向公司（企业）直接负责任，是帮助项目经理将公司承担的家庭装饰装修业务保质保量地按时完成。在规定上，施工管理人员属于项目经理下具体负责施工的现场技术管理人员。一方面要按照图纸上规定的工序和工艺技术要求，督促各个工序的操作人员规范作业，将工序做好不出问题；另一方面是解决好现场出现的图纸上没有设计和标明的技术和施工实际问题，有着下情上报的职责。然而，在现实中，却不是这样一种状况，反而是项目经理组织家庭装饰装修施工的监督管理人员，成为企业直接委派到施工现场检查和督促施工情况的管理人员，既要督促项目经理抓施工进度、质量和安全，又向企业负责施工质量和安全及文明生产，这种方式同做公共装饰装修是有区别的。

出现这样一种状况的原因，在于一个家庭装饰装修项目经理，在一个时间段里，要同时开工和管理几个、十几个，甚至几十个家庭装饰装修项目。而这些项目的规模不可能都要有施工员作具体管理。施工管理人员的管理同项目经理一样，同时要管理多个项目，甚至几十个项目的施工，只是同项目经理的侧重不同。项目经理是作综合性管理，有着协调人际关系和材料、款项及现场管理的方方面面。而施工管理人员重点是现场的施工进度、质量和安全管理，还代表着公司（企业）督促项目经理的工作性质。

这种家庭装饰装修管理模式，有着其特殊性，“奥秘”在于家庭装饰装修公司（企业）管理的精明和精打细算，没有过多管理人员，却要求每个管理人员发挥其应有作用。其实，在规模不大的家庭装饰装修公司（企业）中，按照行业规定建立健全“五大员”和项目经理制度。在现有的家庭装饰装修实际状况，项目经理配备得很好。依据公司（企业）业务开展情况有着几个、十几个，甚至几十个上百个的。而施工员、材料员、质量员、安全员和预算员“五大员”的管理人员却不多。大多数是数职同兼，不再是规定上的分得很细致。施工管理人员同时兼质量和安全管理的职能，对于施工现场的是综合性的管理。面对着公司（企业）几个、十几或几十个或上百个的项目，便是几个施工员管理的责任。只有材料和预算管理因其专业性较强，才是不由施工管理人员兼任的。一个公司（企业）的材料管理人员说不定只有一个或两个人员作专管。预算管理人员也多是专职的，其人员也不多。具体情况各公司（企业）大同小异。其家庭装饰装修公司（企业）的各个管理人员不是要多，而是在精。

13. 须知年轻型业主的奥秘

所谓年轻型业主，是指年龄刚进入成年人行列，已成家和成家后大多还没有稳定的工作，经历不多，处于一个结束单身生活向独立家庭或成熟期发展阶段。对于这样一种状况的家庭装饰装修业主，有两种住宅装饰装修情况需要很好地把握。一种是以二手房屋作过渡性的，其装饰装修的目的是为了使“过渡”时间的居住生活不寒碜，能快乐和过得去，其做家庭装饰装修的“奥秘”是过得去，不会花太多的费用做“硬装”，重点必然在“软装”上。其“硬装”做简单型为主，色彩丰富和实用上。如果在给予其装饰装修上硬要做“豪华”或“高档”型设计，便有可能造成“反感”，会有些不乐意，造成矛盾和纠纷，致使双方关系出现不融洽的状态，就不利于做家庭装饰装修。

针对其喜爱现代式或自然田园式装饰装修风格特色的人，则要在体现质朴简洁和感受现代气息多用点功，让其感受到做的装饰装修很适合其情趣，有着体贴入微的感觉，利于双方关系融洽，也有利于公司（企业）业务的开展。在做业主喜爱的风格装饰装修时，可在色彩变化上多动点头脑，多一些特色，做到丰富多彩，不能被简单的几种色彩束缚设计思维，多展现一些业主青睐的色彩特色为佳。

一种是给予新房做家庭装饰装修，属于稳定状况的。则要依据不同年轻业主自身选择的装饰装修风格特色，却又不要局限于其特色“老套式”的束缚，在造型、式样、色彩和做法上要有点创新，就有可能得到年轻业主的赞同和青睐，对做得非常出色的会引以为自豪。因而，在给予年轻业主做新房的装饰装修时，无论其选择何种风格特色，在选用色彩上应当注意少用“冷色”调，会有着诸多不适宜的。即使业主喜欢，但在交往的朋友中也会提出异议，说出一些让业主不喜欢的话来，会让这样的业主即生后悔之意，不利于公司（企业）声誉的。

给予年轻型业主做家庭装饰装修中，在选用材料上，应当同其他业主有一些不同，多以现代材料来表达一种风格特色，会让其感到新颖和亲切。同时，在色彩的选用上，也多选用其青睐的，更能明确表达其心境和意愿。在应用色彩上，多以一种重点色彩为主，再配以其他配饰的色彩，不宜太多太杂，控制在 3 种色彩以内，做到协调，给人一种舒畅的视觉美便是最好的。因为，这样有利于年轻业主及其家人，在后期配饰上做足文章，有着更好的发挥空间，然而，值得特别注意的是，针对年轻业主做家庭装饰装修，一定要尊重其情趣和爱好，同其性情要相吻合，不能将设计人员的意愿强加于业主接受，显然是不符合年轻业主的行为举止，不利于公司（企业）业务发展做大做强的。

14. 须知中年型业主的奥秘

所谓中年型业主，主要指年龄成熟，阅历丰富，见多识广，精力充沛，工作稳定等人士。其特征是气盛和显摆，以及自我欣赏。这一类型的业主，由于多方面的缘故，对于自己家住宅装饰装修是比较讲究，有着赶潮流，讲时尚和爱美观的强烈愿望。同时，又有着细腻和自尊心强的心理特征。其喜爱的家庭装饰装修风格特色，多以靓丽、华贵、庄重和气派为主。主要选用古典式、简欧式和自然田园式等。其选用的色彩不像年轻型那样具有多样和挑战性，而是追求环保健康和实用，强求功能较齐全，空间丰富，经济实惠和艺术特色。有的还特别喜欢在文化品位、人文效果和独有特色上，有着个人的体现。是做这类型业主家庭装饰装修不好把握的。必须谨慎从事，多听从其意见和建议。不然，便容易造成过失和发生不必要的矛盾。针对这一类型的业主，尤其是有着个人主见的业主，就要从尊重其意愿出发，做好专业性的谋划设计和施工用材，才有可能达到其满意的要求，为做好其家庭装饰装修奠定基础。

在现实中，不少中年业主做家庭装饰装修，喜欢由自己做主张。因为，人到了中年，不仅从阅历上已处成熟期，而且从个人地位和经济势力，以及喜爱上，都是属于稳定的，不像年轻业主还没有太多的选择和定向性。不过，中年业主的喜爱又有着保守和喜露的区别。像喜爱古典式或中式风格特色的业主，就有着保守的传统观念。自我感觉，是中国人便应当有着继承的做法，有的还特别强调要有地方特色和民族风俗性。这种继承性，既表现在对传统的欣赏，又或多或少地体现在对祖先文化的研究上与众不同。而像有的中年业主喜爱简欧式装饰装修风格特色，则是在显摆自身地位、经济实力和文化素养的不同一般，显示出高人一筹，是高雅、华贵和气派的象征。对于有着这类喜爱的业主，在做着家庭装饰装修时，一定要特别的注意，不仅要在整体靓丽、华贵和气派上做出特色，而且从装饰装修细节上下功夫，做出效果。不然，便有可能达不到要求，引出矛盾和纠纷。至于做出的家庭装饰装修是否简欧式风格特色不重要，却要得到高雅、靓丽和华贵的赞赏。因为，谁也没有去欧洲做过专业考察，能达到想象的风格特色，便达到目的。

15. 须知老年型业主的奥秘

所谓老年型业主，即指年龄大，超过 65 岁的业主。其经历长，身体已逐步衰退，大多数行动缓慢，视力差，生理变化反应减缓和感觉迟钝等。给这一类型的业主做家庭装饰装修，同中年和年轻型业主的要求，是有很大区别的。主要不同之处是不太讲究靓丽、华贵和多彩等，以安全、舒适和实用为主。针对这些特征要注意做好。

对于老年型业主做家庭装饰装修，注重安全为先，舒适为上和实用为主的特征。作为受委托承担工程设计和施工的从业人员，就要从地面、顶面和家具等方面，要有的放矢地采用正确的做法，不能同一般性地没有区别。例如，针对地面的装饰装修安全效果，一般不要应用镶贴瓷砖和石板材的方法，应当采用镶铺木地板或复合木地板。对于有条件和能讲究的，在其卧室和书房等地面采用胶贴软质材料。软质材料是相对于木、竹材质而言。主要指地毯、橡胶和塑料材等。这些材质做地面铺设，有着清洁、耐用、价廉和美观的优点，并具有一定的弹性、保温性和耐磨性及安全性，有利于老年业主方便使用。

同时，对于居室顶面吊顶的装饰装修，最好不要做过多复杂的造型，却要做好灯饰光的配饰。灯具不宜过大和华丽，却要保持温和明亮的效果，不能出现光线暗弱不好的状态。特别是卧室和客厅的灯饰光亮要得体且不刺眼，适宜于不同老年业主视觉生理和使用习惯要求。

如果有条件和讲究的老年业主，则要依据不同地理和环境状况，能在墙面和门窗等部位根据需要做好隔音装置，显出安静居住休息的效果。这些家庭中装饰装修，必须要适宜于不同的各个年龄段老龄业主方便使用。这样的装饰装修不但在谋划设计要呈现出来，而且还在选材上注重隔音效果好的，以适应于老年业主的家庭装饰装修的需求。

还有是对于配饰的家具和布艺等，也要注意到适应性。家具多选购少角和圆滑型的，以利于触摸和磕碰不至于造成对老年业主及其家人的伤害。布艺配饰也多以平和色和淡雅为适宜。至于其他用具，多选用简单明了便于操作的智能化电器控制，给予其方便使用。特别是在安防方面，对有条件的老年业主家庭装饰装修多选用人性化安全防护系统，才有利于老年业主的安全保障要求。

16. 须知知识型业主的奥秘

所谓知识型业主，即有知识的业主，通常叫知识分子业主。如今，作为知识型业主成分是很广泛的。有公务人员、事业单位人员、知识型的白领、蓝领、灰领、粉领、金领、银领和绿领等人员。不再像过去知识型人员不多，只局限于从事上层工作的人员。而基层很少有知识型人员。知识型业主更是少之又少。作为知识型业主群体同其他业主的区别是喜欢学习和有知识。其从事的工作不重在体力，却重在脑力，且大多愿意展示自身的才华。因而，在给予其做家庭装饰装修，必然有着不同于其他业主的独有风格特色。这就有着其“奥秘”可言。

一般情况下，知识型业主大多在进行家庭装饰装修时，很是看重书房和电脑房这一必不可少的“用武之地”。几乎所有的知识型业主都有书房读书、藏书和使用电脑的状态，还有相当多的从事电脑网购、软件操作和电脑作业等。在给予做家庭装饰装修，除了给予客厅和餐厅做重点设计和施工外，必须给予书房的装饰装修做着适应性的谋划、设计和施工。同时，书籍藏放和电脑的摆放都有着好的空间环境。还要求充分体现出浓厚的文化品位的装饰装修效果来。只有抓住这些特征，才有可能适宜于知识型业主的家庭装饰装修了。

抓住知识型业主这一普通特征，还需要分别出老年型、中年型和年轻型等不同知识型业主的个性特征，既要从年龄、爱好、职业和习惯把住特征，选准其喜爱的装饰装修风格特色，更要从其知识结构、工作性质和个人意愿上，把握好装饰装修特色。其中，讲究文化特色品位是其重点。尤其对中、老型的知识型业主，更是要讲究文化性，还有的很讲究艺术性，要求体现出与众不同的文化和艺术品位特色。因而，在给这类业主做家庭装饰装修，除了在书房作重点体现外，还应当在客厅和走道处，或多或少地做出这样的特色，是再好不过。

作为知识型业主，大多还有着爱面子，讲文静和有个性的共同性。在给予其做家庭装饰装修时，除了做到其有实用性外，还需要依据各不相同的职业特征做出效果来。尤其要展现出文化氛围和科学气息。既要在“硬装”上有所体现，更要在其后配饰上凸显，决不能像普通型业主那样，没有文化内涵。不然，就不是知识型业主的家庭装饰装修。

17. 须知职业型业主的奥秘

所谓职业型业主，即指个人在社会中从事的工作，而这份工作则成为其终身职业，致使其成为专业性很强的人员。这一类人员在进行其家庭装饰装修时，必然会趁机给自己喜欢的职业留下点标志，向外人有意或无意显示出个人信息。在现实中经常遇到这样的情况。例如，像从事医生（师）职业的，似乎不在家庭中显现出“医卫”的信息,却似乎难体现出其职业。或者在家里建立专门的医用书库。总要借家庭装饰装修机会，以一种形式表现出其喜爱的职业性来。这样，既可给家庭装饰装修增添点景观，又可为自身爱好留下一些记忆，还可为做出特色装饰装修找到一种捷径来。

社会职业千百行，作为装饰装修从业人员不可能行行都懂得，对这些人员的兴趣爱好也不一定都了解，要想从家庭装饰装修中，做出一点不同特色，还要反应出业主的意愿，以业主个人职业特征为主做好文章，不失为一种好方法，说不定会给业主做出有个人特色和喜爱的家庭装饰装修效果来。有这样兴趣和爱好的业主还是不少的。有按其职业标志在其书房或活动房外房中表现的；有在走廊两端墙面反映的；更有甚者便在客厅或在其他活动区域明显体现的。一方面是呈现出自身家庭装饰装修与众不同之处，有着显著特色；另一方面给自己的职业欣赏留下一点标记及情趣。对于这样的“奥秘”，作为从事家庭装饰装修职业者，应当不失时机抓住这样一个“金点子”，为做出特色家庭装饰装修做到“举一反三”找到窍门。

不过，做这样特色的家庭装饰装修，是不能随装饰装修人员的愿望做的，必须得到业主及其家人的首肯。不然，就有可能发生事与愿违的矛盾状况。而对于很喜爱在家庭装饰装修中，体现其职业特征的，还要按照业主的意愿进行谋划、设计和施工。因为业主对其职业的了解、理解和反映要透彻和准确一些。从明显信息或标志上体现出来的，还有着从“意境”上来做出的。既可以“职业标志”呈现出业主的家庭装饰装修的特色，又可把家装的设计和施工做得丰富多彩。

实现职业型家庭装饰装修的特色，是不能由从事装饰装修职业人员的感觉来做的，却要有着认真态度，不但要从明显的标志上做得认真和真实，而且要从“意境”上有着创新，才使业主感觉做得好和表达出其心愿，并以此为中心把整个造型面做活、做妙和做出美观来。

其实，运用职业信息或标志做有特色的家庭装饰装修，既有着特性反映，又有着兴趣情怀的表达。这样，对于做出特色家庭装饰装修也找了窍门，需要下一些功夫，给予兴起时间不长的家庭装饰装修行业做好和做出特色也带来了契机，发掘出各式各样的方法，来满足不同职业型业主的意愿和要求。

18. 须知白领型业主的奥秘

所谓白领型业主，即指大多有着教育背景和工作经验，从事脑力劳动阶层的业主。这类业主有高学历的，也有丰富经验的，同知识型人员又有着区别。因为，白领型业主中，有少数并不是受过高等教育，却是凭着自己和资本和创新而做白领的。其人员成分比较复杂。于是，在给予这样的业主做家庭装饰装修时，必然有着其不少的“奥秘”。

由于工作紧张的缘故，一些给“老板”做事的白领型业主，时刻处于紧张忙碌和焦灼不安之中。针对这样一个情况的业主，在家居生活中，同其他人是有区别的。其家庭装饰装修必然有着自身特征，便是在居住和使用中，能得到彻底的放松，将工作时的不安和烦恼情绪一扫而光。因而其得到的家庭装饰装修效果是温和舒适的感觉，没有担忧和烦恼，处处感到顺心和舒坦。

针对白领型业主的家庭装饰装修，必须显得精致和华贵。因为其工作原因，在家中生活的时间并不长，每天大部分时间在单位或部门里紧张地忙碌，显然是没有多少时间管理居家琐事。如果能将其家庭的装饰装修做得精致，包括其居室中的家具同样很精致，便会让其使用得顺心，感觉良好，在其视觉效果上也很舒适，必然会满意。

要使做的家庭装饰装修，给予白领型业主带来轻松感和减轻其精神压力的效果，在设计和施工中多一些现代科技含量高的装备和设置，是很有必要的。多应用现代科技含量高的绿色环保材料和智能型的设置，使其用得方便和轻松，不必要在家居生活中操太多的心，能做到伸手便用得好，随意便感觉到，在家居生活中，一直沉浸在放松和喜悦之中。

给予白领型业主做家庭装饰装修，要做到温馨和舒坦的程度，并不是不要体现其个性，尚且还要让白领业主感觉到自我满意，有着同其他群体大不一样的气息。例如，给予其做的家庭装饰装修应具有灵活性，每一个空间，每一件家具，可随人要求组合成不同的用途，其外形和色彩也能给人以很好的艺术享受和感染，才能成为白领型业主接受和欣赏的。

19. 须知粉领业主的奥秘

所谓粉领型业主，即指食脑阶层，大多是从事自由撰稿、广告设计、网页设计、工艺品设计、产品营销、媒体、管理和咨询服务等工作的业主。这是一个现代社会中产生的新群体，见多识广，知识广博，动脑动手能力都很强，且艺术性和兴趣力广而强，近有很好的自主性。一般对自己家的住宅装饰装修，都能谋划和创意出与众不同来，不是普通的家庭装饰装修设计和施工能达到其满意的，必定有着其更多的个性特征反映出来。

粉领业主的特征是有独立思维和动手能力。虽然不是从事家庭装饰装修职业的，但有不少与之相通的东西却很在行，像家庭装饰装修中的谋划和设计出的艺术造型和整个空间，以及后期配饰选用色彩、设置，都会很娴熟地拿出其主见和做法，不会听从家庭设计人员的。由此，会很容易体现出个性和创意的效果来。作为从事家庭装饰装修设计和施工人员，便要多听从其意见和建议，不要自做主张，自称里手，我行我素，那样，会在给予这一类业主做家庭装饰装修时，闹出矛盾，不好收场的。

给予这一类型的业主做家庭装饰装修，从设计人员、整体布局、重点体现、亮点设计和色彩确定等方面，最好多听从于粉领型业主自己的要求，装饰装修人员只能从专业和用材上给予完善和把关。粉领型业主看重的是其主要活动房的装饰装修，也许会将活动、休息、会客和学习放在家庭装饰装修的重中之重，或者融为一体，而将其他的装饰装修放之一般性的，其目的是不要影响到其活动和工作很关键。因为，从事“粉领”职业者的个性是很开放的，交际也很广泛，兴趣也很多，自由散漫和随意性占比很重，不愿受太多的约束。个性给予其家庭装饰装修的影响会很大，应当充分地把握好这一点。

不过，在粉领型业主中，如果遇到是从事媒体、管理和咨询服务等职业，而非从事艺术品等设计的业主，他们有着广博知识和见多识广的特点，但对于家庭装饰装修不会像从事艺术品设计人员那样熟悉，其思维会比较严谨一些。具体到给予他们做家庭装饰装修，要比那些做艺术品设计的多给动动头脑，为他们家庭装饰装修从个性要求上把握好，多呈现出专业方面的优势，让其增加对自身的信任。

针对给粉领型业主做家庭装饰装修，还是要善于将功能和实用性放在首位，艺术美观性次之。因为，他们大多是在居室中工作、休息、生活和学习集于一体的。如果做的功能和实用性欠缺，会使他们的工作受到影响，便会认为家庭装饰装修做得不如其愿。假若显得简单和朴实，又会让其感觉对其身份带来一定影响，不能使其满意。即使受到居室空间的局限，也要在色彩上有着大胆地运用，说不定这样的装饰装修，在其工作之余，会很好地欣赏着色彩给予其家庭装饰装修带来的品位，提高其满意度。

20. 须知灰领型业主的奥秘

所谓灰领型业主，是指那些有很娴熟技术，需要经常动手，处于生产一线，但有别于蓝领业主，比蓝领业主要有更多的知识和更佳的专业。像软件工程师、企业技师和装饰装修设计师等，都属于“灰领”的范围。这一类型业主的特征，多是对事物处理比较严谨的，不像“粉领型”那样自由性大，对生活也显得规范和严谨一些。因而，他们对于自己的家庭装饰装修，也有着不同的“奥秘”。

由于其个性受着工作的影响，心态是规范和严谨的。上班同“蓝领”人员一样，对其负责的工作任务量扎扎实实地完成，其身份处于广大的体力劳动者群体中，有着身同广众里，心也不会离得太远，具体到其家庭装饰装修，是大众化的多，只是别于一般的是有着藏书的空间。他们的工作性质既有脑力劳动，也有体力劳动，有着自身的爱好和情趣，会不时地体现在家装上。

像年轻的“灰领型业主”，一般会看重和选择现代式的家庭装饰装修风格特色，能做简、繁的装饰装修，视其经济状况便可确定。不像选择其他的装饰装修风格特色，或多或少受着用材、用色和用途的局限，其做的效果也许同自己所处环境有一些不适宜。如果选用集成式家庭装饰装修风格特色，即以整合与家具相关的所有资源，联盟上下游企业，形成战略采购和供应链，为消费者提供节约型的装饰装修，既节约时间和成本，又节约材料和资源，全环保的一体化家居全方位服务模式，是一种很固定的装饰装修风格特色，本就属于现代式风格效果。

至于其他年龄的“灰领型业主”，会随着其经历和兴趣的增长与扩大，在选择家庭装饰装修风格特色上，也许有些不同，但其个性化特征不会显得太明显，主要以实用为主。只有在其后期配饰上体现出爱好和个性特征来的。

作为家庭装饰装修从业人员，很需要针对“灰领型业主”，依据不同情况、不同环境和不同民族及不同习俗，尽可能从其当中摸索出一些规律，从其爱好和兴趣出发，具体情况具体对待，为其做出有个性特征和满意的家庭装饰装修效果，当“军师”，做好“参谋”，为的是给予自身扩大业务，稳步占据家庭装饰装修的一席之地，做大做强公司（企业）创造一些条件。

同样，在了解和明确了灰领型业主的家庭装饰装修的“奥秘”后，对于蓝领型业主，即主要依靠支付自己的体力获取报酬的，对于这样一个最大群体业主，做家庭装饰装修必然心中有着底气。只要把握好每个不同业主的个性特征和生活习惯，真心实意地为他们服务，对于做好他们的家庭装饰装修，便有了基本条件，轻车熟路地做好家装，还不会发生太多的矛盾和问题。

21. 须知绿领型业主的奥秘

所谓绿领型业主，是指从事环境卫生、环境保护、农业科研和护林绿化等行业的业主，以及那些喜欢把户外、山野作为梦想的业主。这一群体的业主有从事脑力劳动的，也有以体力劳动为主的，同绿色植物打交道的多，又以野外作业为重，日晒雨淋，受紫外线强度过多的。其家庭装饰装修的状态，往往不像从业人员思维的那样，有点出人意料，需要探讨其中的“奥秘”。

按照常理，绿领业主大多是从事环保卫生和绿色植物打交道的，应当对自然风光和田园风景有着很深的感触，在做家庭装饰装修中，必然对自然田园式装饰装修风格特色很青睐。但是，在实际中，却很少看到这一类情况。与之交谈，却让人有着意想不到的感慨，大多数从事着这一项作业的人，不喜欢自然田园式装饰装修风格特色。听其言，观其行，才知道个中原委。一是长期从事田园和绿化作业，有着很累很厌倦的感觉；二是家庭装饰装修的自然田园式风格特色，是人为设计和做出来的，同真实的自然田园绿色风景有很大的出入，显得不很真实和自然，让人有一种难置于自然风光里的感觉，还不如享受着城市里人的家庭装饰装修风格特色好，选用自己喜欢的现代式和中式等风格特色，感觉实在一些。由此，在给予绿领型业主做家庭装饰装修时，多推荐现代式、和式和中式等风格特色，反而比推荐自然田园式风格特色受欢迎一些。

出现这种同职业相悖的状况，并不显得太奇怪，可能是有着“物极必反”的缘故吧。像大都市里的业主，长时间处在车水马龙、喧哗热闹嘈杂的城市环境中，就很青睐于清静洁净的自然环境生活。是因为长期脱离的关系，无法从现实中得到，只好从家庭装饰装修中得到感觉的补偿。一个出生在农村，从小就处在深山绿叶从中，长大后在城市里工作和生活，时间太长，就会有着回味“深山绿丛”的生活的。如果没有现实条件达到时，也会在自己城市住宅的装饰装修选择自然田园式风格特色。假若在青山绿水中长大，又长时间地在其中学习、工作和生活，也就会有着见惯不惯，自以为然，便有着调换环境的渴望，便显得很顺理成章。好比在大海边长大的人，会很想体现青山绿叶的生活。同样，在山区长大和长期生活山区的人，便很想着平原草地和大海边的生活。人们曾记得有这样一句话：不识庐山真面目，只缘身在此山中。出现绿领业主不情愿选择自然田园式风格特色做自己的住宅装饰装修，便是情理中的事情，不足为怪。因而，作为从事家庭装饰装修职业者，在给予绿领型业主做家装时，千万不可以想当然是当然，因应当多做深入调查，做业主们自己喜爱的风格特色，不搞张冠李戴式的不明智之举。

22. 须知富商型业主的奥秘

在现代社会生活中，富商型业主越来越多。然而，对于拥有大量钱财的富商型业主，在选择家庭装饰装修风格特色时，却令人感觉到，是很有节制和不过分消费，呈现出来的是一般性的装饰装修状态。曾有从事家庭装饰装修职业的人，这样评价道：“这类业主很有钱，做的家庭装饰装修却很普通，其让人不理解。”其实是，不了解现行社会富商业主的缘故。

自从中国社会实行改革开放以来，市场经济改变了大部人的生活状态。特别是一些经商业主，在经过几十年的商海拼搏后，积累了一定的钱财，在众多以薪金为生的人面前，确实显得很富有，是先一步进入小康生活水平的人。对于这一群体有钱的业主，一般人都会想着他们在进行新居家庭装饰装修时，必定会像富豪一样，做最好和豪华的家庭装饰装修的，像同艺术作品那样，精雕细刻、有着精湛的做工，选用精品级的材料，舍得花费大量钱财，以富裕奢侈为特征，甚至还有过分的铺张做法。但是，在现实中，很少看到这样的景况，大多只要求做高档型的家庭装饰装修，同大部分业主没有多少区别。有点让人费解。其实，很符合现代富商业主的消费习惯和要求。

随着社会进步和时代发展，大部分富商业主的消费观念处于冷静和理智性，知道自己富裕来之不易，不是暴发，是靠自己的辛勤努力和逐步积累及机遇，才有了财富。同时，其钱财还有着下一步的投资计划，并不能保证是稳挣不赔的。凡经过竞争和拼搏过程的富商业主，都会很珍惜现有的钱财，不会忘记过去的艰苦和穷生活的。特别是不少的富商不是由继承得到的财富，是自己艰苦奋斗的，必然会很懂得财富来之不易。同时，还有着传统的观念，要求艰苦朴素理念在时刻告诫着自己，感觉到现有生活已很满足。如此等等，大多的富商业主在给予城市新住宅做家庭装饰装修时，不会要求太高，也不过于豪华，能同比城市的现行水平便知足了。

尚且，对于从艰难经商中富裕起来的富商业主，还清楚地看到，现行的一次家庭装饰装修不是永久性，必然会随时间的推移发生变化，还有着做新的改变。这些富商业主在其经商中，既积累了钱财，更积累了精明，能对家庭装饰装修状况思量得一清二楚，对现代人造材料的自然消耗到多长时间，也不是一窍不通。于是，对于富商的家庭装饰装修状况的了解和理解，也是为这一群体业主做出满意的效果，是一个好的开端和进步。

三、须知设计出色奥秘篇

设计在家庭装饰装修中，占有十分重要的地位。无论是“硬装”，还是“软装”，即后期配饰，都离不开设计。一般情况下，一个家庭装饰装修做得好与不好，都同设计有着千丝万缕的联系，还同业主及其家人的关联非常密切，也同做家庭装饰装修的公司（企业）生存和发展，有着举足轻重的作用。可以说，设计人员是家装公司（企业）同业主的“红线”和“桥梁”，起着穿针引线，跨过“江河”的效果。如果设计人员没有好的职业道德和真才实学，则会给公司（企业）和业主造成难以弥补的损害，给家庭装饰装修带来很坏的影响。因此，必须把握正确导向，引导设计人员成为行业不可缺而少的中坚力量。

1. 须知设计人员成分的奥秘

由于家庭装饰装修是近些年兴起来的新型行业，除了部分施工者是从做建筑作业转行外，大部分都是新人，既有学徒，也有学习装饰装修专业和其他专业来做的，是学中干，干中学。尤其是从事家庭装饰装修设计人员，基本上是从各方面的学习中干出来的新人。像专门从事装饰装修专业学习的大学生，便是近些年设立的大学学习专业科目，却不是太多。而现实中从事这方面设计人员，几乎是由学习各专业的人员组成。就是说，家庭装饰装修设计人员，大多是学习各个专业的人改行来的。具体地说由学习工程建筑专业、工艺美术专业和环境艺术专业，以及学习公共装饰装修专业为主。由于学习专业的不同，在设计上，都有着所学的强项和未学的弱项。然而，经过几年时间的实际锻炼和补习弱项的努力，大多数设计人员对从事的家庭装饰装修设计还是基本胜任的，不存在“南郭先生”问题。否则，在其工作岗位上便干不下去。对于这一点必须深信无疑。即使有个别的设计存在欠“火候”的地方，一般也会由企业的技术总监把关给纠正过来，不会让业主遇到太多失误的设计现象。至于，在实际中出现漏项、补项或意外设计不周的问题，也许不是技术设计上的，有着另外的原因，则另当别论了。

从设计人员的成分上，因学习专业不同，各人的强项和弱项，值得每一个业主及其家人关注的，主要是同技术设计上有着密切关系。例如一个学习建筑专业的设计人员，对于结构改造，水、电、暖及用材施工是其强项，但关系到家庭装饰装修中的造型和色彩及美观效果却不擅长，会容易出现纰漏；像学习工艺美术或环境艺术的设计人员，对设计家庭装饰装修的整体风格和色彩，以及造型的美观性，必定是其强项，一定会设计得很好，有着独到的审美眼光，对后期配饰的设计，也会很到位，让业主及其家人感到满意。却对装饰装修结构和水、电、暖改造等，就不一定很在行，或容易出现问题，给予基础性施工，也不会有太多的指导。而如果是学习公共建筑装饰装修设计专业的来做家庭装饰装修设计，虽然对装饰装修有着很好的理论基础，却不容易发挥其特长，会存在这样或那样的不足。

但是，只要其肯钻研并从实际中善于总结经验，倒是比学习其他专业的设计人员，会进步和提高得更快，做出从结构改造到造型多样和色彩美观等都会得到业主满意的家庭装饰装修设计的。

对于能不能胜任家庭装饰装修的设计人员，无论是学习何种专业，只要其肯学习、肯钻研、肯深入现场多听取业主的意见和建议，肯总结和善于总结正反方面的经验，肯虚心学习书本和他人的长项和强项，不断补习和提高自己的弱项及不足，热心为业主服务，就能成为一个合格或优秀的设计人员。而作为一个从事家庭装饰装修设计人员来说，既然是从事了这一职业，就要努力地发挥其特长，克服其不足，专心职业，用心作为，就会在自己从事的职业上，为更多的业主设计出满意作品，成为行业中的佼佼者。

2. 须知设计关系的奥秘

作为家庭装饰装修这样一个新兴的行业，还处在初始的发展时期，且都是民营公司（企业），规模不是很大，运营时间也不是很长，能做大做强其潜力是非常大的，但现阶段有着相当影响和绝对优势的家庭装饰装修公司（企业），在中国并不多，一般都是省内或市内有着一定信誉和势力的，属于地方性的比较多。因此，也存在设计人员多是地方性的比较多。这样，给予设计人员做出信誉和效果的潜力也是很大的。一个设计人员要想自身做出业绩和信誉，除了行业管理好外，还得依靠家庭装饰装修公司（企业）的整体力量，才能够提升和扩大的。可以说，设计人员的关系是同公司（企业）密切相关联的。同时，家庭装饰装修公司（企业）的壮大，也要有着许许多多信誉好的设计人员的支撑。对此，作为各方面都应当清楚地认识到，充分地妥善处理好彼此间关系。

作为每一个家庭装饰装修公司（企业）无论是本地建立起来的，还是跨省跨市组建的，都有着将公司（企业）做大做强的宏伟目标。凡是在一个家庭装饰装修公司（企业）做设计的人员，就要有着一心一意维护其信誉的素质，有着公司你荣我荣的心理。不然，是很难在一个公司（企业）长期干下去的。因为，不管是什么性质的企业，民营的、集体的和国营的，都需要其职员，必须遵守其职业操守，遵循公司（企业）制度，尊重工作岗位，不能做危害公司（企业）的事情，这是对一个设计人员及其他人员素质的检验。一般情况下，一个素质不高，职业不好，道德太差的，一心只想着为个人打算的设计人员，毕竟是害人害己干不长久的。在现实中，存在着设计人挖公司（企业）墙角，为着眼前的一点利益，伙同他人做“私单”，这不是一种有职业道德的行为。

按理说，前来公司（企业）洽谈家庭装饰装修业务的业主，都是慕名和相信公司（企业）信誉，期盼将自己家的装饰装修做好，有着很好的保障。在同接洽的一些设计人员相商时，被设计人员“私吞”了。表面上对业主有着公司（企业）信誉的承诺，但实际是子虚乌有，对公司（企业）和业主都以欺骗手段蒙混过关。这种现象存在普遍性，显然对公司（企业）生存和发展都是很不利，对业主的危害也是很大的，同时，对行业管理和信誉也是极其不利的。因为，“私单”缘故，公司（企业）无法履职，质量和保修无法进行。做“私单”者本是为利益着想，当出现问题时，在该企业做不下去，便会不辞而别，销声匿迹，业主哑巴吃黄连，有苦说不出。所以，对于每一个设计人员的素质和其工作关系，业主都要做到心中有数，不要为眼前的一点利益和花言巧语害了自己和公司（企业），更害了设计人员，不能使这种不正常的现象在家庭装饰装修企业和行业中，成为“害群之马”，这需要各方面，包括地方政府相关管理部门、行业组织、企业和物业管理公司，以及业主共同努力，才能够防备和制止。同时，也需要每一个设计人员，应当看得长远些，不能为蝇头小利将自己设计前程给断送去。

3. 须知设计内容的奥秘

针对家庭装饰装修设计，同公共建筑装饰装修是有很大区别的。正如人们常说:“麻雀虽小，肝胆俱全。”在某些方面，显得比做公共建筑装饰装修设计要复杂。其设计内容，主要体现在选定风格特色做设计。现应用于家庭装饰装修风格设计的有:现代式、自然（田园）式、古典式、简欧式、和式与综合式等。选用一种风格特色，设计人员还要依据业主及其家人的意愿做整体性设计，既不能出现不伦不类的状况，又要体现业主及其家人的意愿，让其满意，才算得上抓住了设计内容。

做家庭装饰装修设计，在中国现有状况下，要坚持以实用功能为第一的设计理念，美观是第二。如果不把实用功能设计好，只讲究美观欣赏性，并不显得实用，显然不是成功的设计。因为，眼下的中国家庭装饰装修，基本上都是为着使用才做的，要有着住、吃、储藏和休息，以及活动等多项实用性。如果没有实用功能，只能显得美观和漂亮，也就失去了中国业主及其家人做家庭装饰装修的实际意义。这是设计人员必须把握好的重中之重。只有将家庭装饰装修的实用功能设计好了，又有着造型亮点和色彩协调，这个设计便是成功和受业主欢迎的。

在实际设计中，无论是给予住宅空间分割和区域划分，以及给予每一个空间做适宜装饰装修、家具和后配饰的设计，都应当围绕着实用进行。在正常情况下，为着实用方便和更合情合理，往往对建筑分割不当和区域划分不合理，要进行重新分割和划分，尤其对区域划分同业主生活习惯有冲突，以及讲究风水等设计，不是随建筑结构设计能随意进行改动设计的，必须要具体情况具体对待。例如，卫生间的门对着进户大门；卫生间的门对着餐厅等，都是不符合人们生活和休息习惯的。这是建筑设计常有的不适宜，必须经过家庭装饰装修设计给予变更，才能适宜业主及其家人的实用性效果。

至于色彩和灯饰的设计，以及选用材料、安排工序、提出工艺技术要求、保证质量、安全等，既有着实用性，又有着美观性，这样的设计便是检验每一个设计人员的设计水平高低和审美能力。不过，色彩的设计，不只是设计人员个人的事，还有着业主喜爱的习惯，不能仅凭设计人员单方面设计准确的。关键是如何将业主的喜爱和家装风格特色要求巧妙地融合起来进行设计，才是体现设计人员水平高低的尺码。色彩的设计搭配，又有着针对不同家庭装饰装修而造型不同的特点。如何依据风格特色设计出让业主及其家人满意的造型亮点，则是做出既实用又美观的家庭装饰装修设计效果体现。

至于每一个家庭装饰装修施工用材，以及施工工序确定和工艺技术要求，都是由设计人员必须准确无误地确定和指导施工人员保质保量完成施工的要求。不然，会出现有设计无施工，或施工达不到设计标准，发生设计好，施工差的问题，都不是好的设计。所以，对于家装设计内容是多方面且很丰富的，不只是设计出一张图那么简单。

4. 须知设计重点的奥秘

作为家庭装饰装修的设计要求周全。不过还要抓要领和重点。要领是如何做到实用，充分地将每个空间发挥其作用，特别是能将不打眼和用处不大的空间，尽可能地利用起来，致使业主及其家人在有限的空间里，有着非常便利的使用效果。重点则是做重要部位的亮点设计。使整个家庭装饰装修设计，既要做到实用，又要做到美观，达到“空有”其用和美丽欣赏的目的，必然会受到普遍欢迎的。

凡是好的家庭装饰装修设计，以突出重点之重，将使用功能做得让业主及其家人非常满意。对于家庭中精装，不管是高档型的装饰装修，还是豪华型的装饰装修，即使是温馨型和简约型的装饰装修，都是在做到实用的基础上，要有着凸显的亮点和吸引人眼球之处。这种亮点是要针对不同业主心愿，坚持“以人为本”，依据不同的实际情况，有的放矢地进行设计。其目的是，改善生活环境，改变居住条件。改进房屋使用功能做好亮点的设计。一般情况下，设计凸显亮点都不是很多，只有几个部位。不过，亮点的设计，一定要把握准确，突出重点要得当，能引起业主及其家人的情趣，让观赏者视觉舒适，心中赞美，属于点睛之作，切不可是画蛇添足，造成刺眼和不舒服的感觉。做出的设计必须美观和靓丽，才能成为亮点，充分地体现出重点。例如，客厅内的电视背景墙，必须作为家庭装饰装修的重点来设计；或者是将玄关作为靓丽之点；或者是走廊的端头墙面和客厅同餐厅的交界处等，都不失为重点的正确选择。然而，针对不同住宅的重点，即亮点的设计是不同的。像100平方米左右住宅面积的重点设计有一、两个重点就很好；

如果有着150平方米以上住宅面积的重点设计，即亮点设计，也只有一、两处显然就不够，会给使用者和观赏者的心里感觉上造成很大的反差的。亮点亮不起来。如果从豪华、靓丽和美观的角度上看，便达不到要求。因而，对于重点设计，必须要把握好，不要为设计抓不到重点，即亮点，而使家庭装饰装修设计做得过于简单，让业主及其家人不满意。

做家庭装饰装修重点设计，除了抓住要领做好使用功能设计外，便是依据不同面积大小的住宅，善于做好恰如其分的重点，即亮点的设计，获得业主及其家人的喜爱。即使是给予“简约型的装饰装修”设计，也并不是不要做重点，即亮点的设计。只是其重点，即亮点和简练的装饰装修组成一个精巧的效果来。从家庭装饰装修精装的角度上，做出的“简约型”设计，不是像人们简单理解的，简约就是简单。显然是不正确的。简约不是简单，属于精致装饰装修一种简练的方式。不要认为精致装饰装修，便是要堆砌各式材料，显然是误解。做精致装饰装修，一定不要繁琐，更不要堆砌材料，一定要有着重点，即亮点的设计和工艺技术施工，不要出现漏洞，更不要显得太过平淡无奇。如果是这样，就不是抓了重点呈现出好的设计；或者是抓了重点，做各种精装材料的堆砌，同样不是好的设计，只能算是浪费性的乱设计，没有重点的繁琐性设计。

5. 须知设计要领的奥秘

做设计，抓要领，针对不同房型、房情和家庭装饰装修的要求，尤其是符合业主的实用意愿，准确地运用装饰装修“语言”抓住特征，恰到好处做出最好使用的功能，便是抓住了设计要领，一定能做出业主及其家人满意的工程。

所谓要领，即要点或关键。在做家庭装饰装修设计中，对于每一个住宅设计中的要领目的是一样，实际情况却显然不一样。像有些住宅朝向不理想，面积又不大，必然给予居住和使用造成诸多不适宜之处。在设计中，就要善于抓住要领，充分地利用有用的空间，做多位一体的设计，合理分割区域，改变原有的不合情合理的做法，既从空间使用功能上体现出业主及其家人的个性特征，又能做出一处多用的实用效果。例如，针对不同业主使用意愿，给予公共活动区，设计出会客、就餐和活动于一体的多功能区域，同私密、睡眠、学习、办公区域明显地区别开。而私密、睡眠、学习、办公及储藏功能融为一个居室空间里。为使居室空间有着扩大使用功能的感觉，在设计中将其色彩尽可能地依据装饰装修风格特色选用浅色调，后配饰设计采用中色调。这样，让装饰装修空间产生出延伸扩大的感觉，使业主及其家人应用有着层次舒适性。

抓住家庭装饰装修设计要领，主要还是能巧妙地依据业主及其家人的意愿，做好改变不适空间和忌讳状态的设计。现行的建筑房屋有着多式样房型，有商品房、经适房、安置房、廉租房和二手房等。有的房型做了空间划分；有的却是一个大空间，需要由装饰装修划分居室空间；还有的是业主对原有空间做改变后，再做装饰装修等不一样的情况。针对各种不同情况做设计抓要领显然是不一样的。像在改变不适空间做装饰装修的设计中，一定要使设计指导施工能保障不出安全事故。这是根本原则性问题。如果设计不当，就有可能出现施工和使用的安全隐患，显然是不允许的。做改变居室使用朝向或大小的设计，为的是满足业主及其家人的实用要求，必须善于抓住难点、要点和重点，以及要领，做出符合情理的设计，实现既改变居室，有着实用性，又能确保安全不出事故的目的，达到了业主及其家人的愿望。

从以往的经验得知，住宅居室空间划分有公共活动区、私密安静区和其他辅助使用区等。各区域内需要合理设计出入行走路线，不能相互干扰太多，更不能出现犯忌讳的状况，即容易窥视到私密区和储藏区的活动情况等，都是设计中特别要注意的，不能发生错误，更不能出现明显“笑柄”。

抓住要领做好设计，还有是如何使小空间能变大，小空间能做大用处。这样好的设计，能使小空间住宅的装饰装修，让业主得到更多实惠，减轻诸多精神上的压力。不同的设计会出现不同的状况。设计做得好，能善于巧妙地布局空间和善于见缝插针，不仅能使有限的空间得到充分的利用，还能让业主及其家人感到好用。特别是在设计中，将各“边角”、“拐角”和不打眼的“废角”充分地利用，既做装饰装修使用，为居室增加了美观效果，又做出各种形状能使用家具，为居室储藏扩大了容量，达到了一方二便的效果。或者在设计上把隔断墙部位做成储藏柜、放物架和搁板等，或者在居室 2 米以上空间设计做成“小阁楼式”，用作睡眠，休息和储藏使用，下部空间做成多样使用的空间，都是抓住要领做设计，善于利用空间，方便业主及其家人使用不错的“点子”。这样的设计，说不定会给业主及其家人一个全新的感觉和意想不到的收获。

6. 须知设计细节的奥秘

细节，即细小的环节。给予家庭装饰装修作设计，就在于善抓细节，求全面，见成效，做出好效果，让业主及其家人满意，是不可忽视的重要一环。

在做家庭装饰装修实际工作中，经常听到业主的抱怨，说设计忽视细节，不是忘记这里，就是漏掉那里。在整个项目签订合同确定造价之后，若是设计漏了细节，不但让装饰装修完整性出了问题，而且又要增加预算，致使造价一增再增，让业主及其家人很恼火，从而徒增不信任感。发生这一类状况，不但对设计人员的工作态度。设计能力、责任心及素质度大打折扣，而且对家装公司（企业）诚信率也产生怀疑，实在不是一件好事情。

针对设计人员在设计细节上常出问题的现象，一般由多种原因造成，一是设计人员工作态度不好，作风太差，既不到现场做认真观察和测量，又不仔细检查自己的设计是否把好了细节关；二是工作责任心太差，认为一个家庭装饰装修设计，能做好全面和重点设计，便大功告成，至于细节做不做设计，则是施工人员的事情，却没有想到，没有设计，施工不做；三是故意行为，给业主出难题，以不光彩的做法，坑害业主，若有不服行为，便以忘设计，漏事项，无材料和缺费用等，拖延工程时间和马虎施工，迫使业主就范；四是业主不听从设计人员做“私单”的要求，采用不认真做细节设计行为进行报复等。显然是一种不道德和不遵守从职业操守的行为。

面对这样一种状况，业主是可以不理不睬，以签订合同为依据据理力争，或向承担工程施工方负责人提出质疑。由其解决这一不规范行为。如果公司（企业）任由设计人员作为，则可向其上级行业组织或行政相关管理部门投诉，切不可息事宁人，让其得逞，更不可让其泛滥。做好设计细节是每一个从事家庭装饰装修设计人员的责任和义务，也是体现设计人员做设计的能力和水平的检验。细节设计并不难，难得是设计人员的思想意识、工作态度及责任心。其实，设计细节做得好与不好，对整个家庭装饰装修质量和实用，以及美观都是有影响的。按照现实中做家庭装饰装修要求，一个项目工程做得好与不好，除了有造型和亮点外，就看细节做得好不好。细节的做工在于细节设计和要求。设计图上，从工序到工艺技术要求，以及用材和色彩规定，都是非常强调细节的。稍有马虎和疏忽，就不能达到应有的质量效果，便会影响整个装饰装修的竣工验收。不少的家庭装饰装修做得好，便是细节设计和工艺技术要求高，抓得细，做得好。若是设计细节不到位，便无法要求施工细节和竣工质量的验收。

同时，业主和专业人员对家庭装饰装修的评价好坏，也是从细节上入手的。细节施工依赖于设计规定和要求，没有细节设计，哪来家庭装饰装修细节可言。同样，细节决定家装。细节做得好坏，是影响业主及其家人居住和使用情趣高低，对家庭装饰装修评价感觉。不要小看了细节设计，其至关重要。以小见大看家庭装饰装修，看设计人员的素质和设计水平能力，看家装公司（企业）的管理，看设计人员和家装公司（企业）在激烈竞争的家庭装饰装修市场上的地位，看设计人员和家庭装饰装修生存和发展前景。一句话，细节决定成败。

7. 须知设计关键的奥秘

每一个家庭装饰装修设计都有着关键。只要善于抓住关键做设计，一切设计问题就迎刃而解。关键，指事物最要紧的部分，或对事物发展起决定作用的因素。也就是家庭装饰装修中最能反映其特征和起最紧要的因素。能给予设计中抓住了

“纲”，纲举目张，家庭装饰装修设计便好做多了。

抓关键，做设计。首先在于针对风格特征这个关键做设计。这是最关键的。每当业主确定一种家庭装饰装修风格特征后，设计人员就要围绕着这种风格特征做出设计谋划。在谋划出基本方案后，再落实到具体设计上。从表面看，设计便是画几个图，图里面呈现装饰装修效果便成了。其实，并不简单。虽然，家庭装饰装修设计用途体现，却不是容易呈现出来的。设计人员在同业主及其家人交谈沟通确定一个家庭装饰装修风格特色，便是依据业主及其家人的意愿和其住宅具体情况作一定时间的谋划，随即将谋划出的计谋等想法，组织成具体的计划或规划行为。也就是说，在了解和清楚了业主及其家人的意愿和住宅具体情况后，设计人员便要开始为装饰装修设计，做各种各样的设想，当想法很成熟时，才能确定设计方案，做出计划来。在做设计方案时，最紧要的因素是色彩。例如，针对业主及其家人确定的是现代式装饰装修风格，设计人员便要围绕着最易体现这种风格特色的进行谋划设计。现代式风格特色最明显的色彩是浅茶色、象牙色或灰色系列为基本色调，选用玻璃、金属和现代复合材料等。采用直线来表现现代功能美。这是呈现现代式装饰装修风格特色的。问题在于了解业主及其家人爱好哪一种色彩和采用什么样的材料？设计人员才会心中有数，把设计做出来。至于给予显著部位做“亮点”，采用什么样的图案来体现，则是设计人员水平问题。

其次体现关键设计的，必须获得业主及其家人的喜爱和认同。一个家庭装饰装修设计，必须是业主及其家人喜欢和赞赏的。如果不能出现这样的结果，就说明其设计是不成功的。不成功的根本原因，便在于设计人员没有抓住业主及其家人的意愿，作出准确和正确的设计。家庭装饰装修设计，不像公共建筑装饰装修，由公众来评判的，而是由业主及其家人评判的。设计人员必须善于按照业主及其家人的意愿，来体现家庭装饰装修的个性特征。不然，便是做徒劳无功的设计，说不定还有可能造成矛盾和纠纷，得不偿失。

再次是体现出关键设计的，是使按图索骥做出的装饰装修必须实用。如果一个经过设计做出的装饰装修很美观，却不显得很实用，中看不中用，必然得不到业主及其家人的认同，也不符合中国的家庭业主做家庭装饰装修的本意。还有可能得到多种难给予好评的说法。其设计便是没有抓住关键的原因。由此，还有可能产生矛盾和纠纷。因此，作为家庭装饰装修设计人员，必须知晓善于抓住关键设计的重要，一定要引起重视。要在谋划和设计中，善于抓住关键，做出让业主及其家人喜爱的家庭装饰装修设计效果来。

8. 须知设计职责的奥秘

职责和责任是有区别的。设计人员的责任心是对其素质的要求。而设计人员的职责是对其责任心的实际规定，必须按职责来要求自己，履行下去。就是说，设计职责是设计人员必须做到在其岗位范围内责任。不然，就不是一个合格的设计人员。

设计人员为做好家庭装饰装修设计，需要到实际现场了解和测量住宅的面积和情况外，在完成设计任务后，还需要经常到现场了解设计的执行和落实，以及设计是否适宜的情况，了解施工人员是否按照设计图纸要求做工序和执行落实工艺技术，选用材料等。在家庭装饰装修工程竣工后，还要亲自听一听业主和专业人员对设计状况的评判，才能对自己的设计了解和清楚，并总结设计方向正反两方面的经验，不断地提高自己，向着更高水平和更强能力上提升，做一个好的设计人员。

从实际情况看，有不少设计人员的行为举止显示，自认为完成设计任务便觉得万事大吉，不再关注自己的设计是否适宜和符合业主及其家人的意愿做出好的家庭装饰装修效果。这种不关注自己设计效果的行为，显然不是一个好的设计人员，没有充分履行自己的职责，是不负责任的表现，也是很难提升自己，做到设计能精益求精的。设计是一门大学问，涉及方方面面和多个学科，遇到的情况是千变万化的。不要自认为做了几个家庭装饰装修设计，便认为全部懂得和贯通，显然是不明智的。

设计是一种脑力劳动的结晶，是理论上的，能不能适应于实践，符不符合业主的意愿，适不适宜于行业发展要求，还有着许多难以确定的因素。特别是一个偏着学科基础知识的设计人员，稍有不慎，就有可能出现一步之差，步步要差，会发生不可原谅的差错的。

一个设计人员的劳动是脑力性的，操作的是现代化工具，即电脑，其设计成果由电脑反映出来，虽然很方便和快捷，却是要体现到实践中去的。而实践中的情况有着不断地变化，包括业主的心理变化和对装饰装修的要求，还有着装饰装修材料日新月异的变化。如果是一个设计人员不经常地倾听到业主和实际操作人员的意见及建议，不去采纳专业人员的评判，自我满足，故步自封，便有可能出现家庭装饰装修设计达不到业主及其家人满意的程度，就不是一种好现象。例如，家庭装饰装修风格特色色彩的采用，便经常遇到设计同业主及其家人喜爱的差别，让业主出现不满意，给设计人员自身留下遗憾。

作为一个设计人员作家庭装饰装修设计，是不能停留在或局限于一种纯理论和套路中，必须得不断地进步，跟得上发展形势的需要。要做到这样，就得经常和不停地做出创新的设计来，才能实现进步的目的。做家庭装饰装修设计工作，好比“逆水行舟，不进则退。”任何一个好的或合格的设计人员，都会有着求异求新和进取的心理。不然，便很快出现设计落后于形势，不适宜于需求，不胜任设计职责，陌生于岗位的情况。这不是危言耸听。

9. 须知设计特征的奥秘

从表面上看，家庭装饰装修设计特征没有发生变化。但是，从实际情况和市场激烈竞争的状况来看，却或多或少地在发生着变化，在某些方面还有大的变化，让从事家庭装饰装修设计人员有着难为情的状态。

可以说，家庭装饰装修在中国兴起和发展得比较晚，却有着起点高，发展快的特征。于是，给设计人员带来了很大的压力。一般情况下，人们可以将压力变为动力。这是一种以积极求上进的作为。然而，如果对发展快认识不足，又消极对待和不求上进者，便有可能把压力看成包袱，感到不能适应，有着压得透不过气来的感觉。

在中国家庭装饰装修设计上，以往都是在简装房的基础上和以原木材为主，有不少是在很规范定型上做设计的，显得比较稳定和变化性不大。在选用材料和色调上，都是很接近的。尤其是在应用色彩上，大都是素雅的，有着"四白"朝地的说法。在做配套的家具设计上，也是大多采用对称的设计方法，以体现出规范和稳健的装饰装修效果。由于形式变化上的局限，给予设计风格特色带来了稳妥的做法，也显得简单得多了。

随着家庭装饰装修行业和配套材料产业的迅猛发展，以及市场竞争激烈和开放社会的影响，人们生活水平的改善和提高，家庭装饰装修风格不再是平静而缓慢地变化，而是掀起了"惊涛骇浪"，发生着巨大变化。仅家庭装饰装修风格特色，不再局限于以木材为主的装饰装修设计，而是出现各种用材用色的要求。尚且，选用材料也不是以木材为主，却以人造材和人造仿型材为主。不仅有木质人造仿型材，而且有瓷质仿型材、石质仿型材、纸质仿型材、塑质仿型材和金属仿型材等。装饰装修风格特色也不再是一成不变的木条加石灰泥或三合土，或油漆的中国式加仿造式风格。而是明明白白地分别出现代式、自然（田园）式、古典式、和式、简欧式和综合式风格特色等。这些风格特色，不仅有着中国的地方特色，还有着国外的地方特色，把家庭装饰装修风格特色扩大到无穷无尽，在做设计上，还要适合于各个不同业主的口味和意愿。这是前所未有的设计要求。特别是针对引进的简欧式、日本式和北美式等。有不少是业主自己感觉到的，而设计人员没有感觉，仅凭业主反映出的体会和几张照片进行设计，几乎是以知其皮毛作设计，还要得到业主及其家人的认同，其设计难度可想而知。如果设计人员不能理解和懂得业主的意愿，就根本做不出业主要求的家庭装饰装修风格特色的设计。

还有是对于色彩的应用设计，更是很不好把握的。在现代人做的家庭装饰装修色彩设计应用上，还不能用五颜六色来形容。仅以一种色泽的应用，便能出现几十种色彩的设计状况。而这些色彩变化的要求，都是不同业主及其家人提出的，还不能违背。否则，便达不到业主的意愿，实现不了设计目的。仅以一种基本色为例，一种色可以有着几十、上百种不同业主的选择。当一种色泽确定成为设计的基本要求时，因为在不同光线的照耀下，就有着不同的色彩，而业主及其家人的感觉是很不固定的。仅以白色或黄色为例，不同业主及其家人的认同，便出现白色、浅白色、奶白色、银白色、深黄色、浅黄色、淡黄色、橙黄色、橘黄色、纯黄色等，是非常不好把握做设计的，却又要做出业主及其家人意愿中认定的色彩设计。这就是现代人对于家庭装饰装修设计特征要求。

10. 须知设计方法的奥秘

作为设计人员要使自己的家庭装饰装修设计，能如业主及其家人的意愿，必须得讲究方法并有好的选择。在通常情况下，做家庭装饰装修设计，一定要处理好整体、重点和细节上的关系。从接受到家庭装饰装修设计要求开始，就要对整个工程情况进行细致和认真的了解，从业主及其家人对做家庭装饰装修态度、认识、意愿、用材、选色，以及目的等进行全面的调查，对工程现场进行观察、踏勘和测量等。同时，对工程周边情况、地理、地形及地貌作熟悉性了解，让自己心中都有数。如果有必要，还要对施工人员的情况，以及家具尺寸需要进行调查并做好记录，甚至对于工程量也要做有把握性的估量。在对各相关详细情况有了把握的同时，便要对家庭装饰装修整体、局部和细节做出谋划，对呈现重点、亮点和要点及作用，给予业主及其家人造成的感觉等，都要做出认真和细致的计划和规定。当谋划成熟之后，有了好的方案，自认为达到业主及其家人的意愿时，便依据方案和计划要求做出设计。当设计有了结果后，作为一个成熟的设计人员，还会对设计成果进行反复比较和推敲，以此完善家庭装饰装修设计的完美统一。

仅此以外，也许还会使家庭装饰装修设计，存在着这样或那样的不足和缺乏，就要根据初步的设计成果，对每一间居室和相互间的设计情况进行比较，找出缺失和漏洞，以及不协调的方面，进行调整，使之达到理想的设计要求。例如，像在客厅和走廊设计出重点部位的亮点之后，便要考虑到书房或活动房内，同样要有重点或亮点。其“亮点”设计有在“硬装”上的，也有设计在“软装”上体现出来的。其设计目的只有一个，便是要求各居室的设计同整个装饰装修风格特色，能达到合情合理和协调统一，不能出现相差太远，甚至有着悬殊性，便是有缺乏和不足的设计。凡做得好的设计，除了将在整体设计上做得协调，把重点、亮点和要点分配得合理合情外，还对住宅室内设计同室外环境进行比较，使之也有着协调性。例如，针对地处繁华地区车水马龙外部环境的状况，便给予室内做防尘防噪的设计，不仅使室内设计从外观上出现美观的效果，而且使得室内使用上也适宜外部环境，达到实用的效果。

设计方法不是简单地在电脑里，操纵线条画几个图那么简单，必须针对具体情况，进行全面和有定向性的谋划、构思、规划和创意。如果缺乏这样的做法，便可能给设计造成盲目性和随意性，没有了“主心骨”像有着盲人走路一般没有方向和心里不明的可能。因而，不要少了调查情况，明确立意，做好谋划，提出方案等方法。必须在胸有成竹后，再动“笔”做设计。还要在设计有成果后做仔细推敲。不过，也有养成了边立意，边谋划和边设计的，在构思和设计及推敲中，逐步完成和完善家庭装饰装修的设计。

11. 须知设计把握的奥秘

给家庭装饰装修做设计，必须要有把握。这种把握便是设计者的头脑中，对整个设计的住宅空间大小、形状、朝向、通风和采光等情况都是一清二楚的，印记于脑海中。在了解和清楚了业主及其家人的意愿和确定了家庭装饰装修风格特色后，便要开始进行谋划，给每个住宅的空间，按照风格特色要求，进行重点、亮点和要点等规划，又将居室之间相互关系、装饰状态和细节及协调性做出安排。了然于心。于是，便是对设计有着基本情况的把握。

在一切前期情况清楚，做到心中有数，掌握透彻，没有了疑异，便能给整个家庭装饰装修作出谋划，提出初步方案。方案一般包括设计说明、平面图、平顶图、仰视图、内立面图（立面图分别出 A、B、C、D 四个方面）、展开图（剖面图）和节点图等，有着造价估算、选用材料、家具、器具及灯具的设想。在作了多个方案和图型比较后，便确定出一个最佳方案和图型，在得到业主及其家人的赞同后，还有色彩效果图。当一种方案确定，如果项目比较复杂，工艺技术要求高，或做施工时难以区别清楚，则需要进一步地做扩充设计，或做施工图的设计。由设计人员，或请专门人员做造价概算，送设计或技术总监审核确定，再送业主及其家人认定。

施工图的设计是设计人员对整个家庭装饰装修的最终确定。施工图涉及施工工序、工艺技术、选用材料和色彩要求。施工图设计比方案更为详细，包括施工说明、平面图、仰视图、内立面展开图、剖面图和节点图等。用材料明细表，每个图包括平面图的装饰式样，仰视图的灯饰、造型和用材式样，内立面图和展开图的装饰状态、造型、灯饰等体现，都是很详细和清晰的，让施工人员一目了然，能让其按图纸进行具体的施工。

在施工图完成后，便是设计实施。作为设计人员切不可认为设计完成，便同自己没有关系，虽然是不正确的。可以说，做方案谋划和图纸设计，是设计人员对家庭装饰装修理论性的把握，而设计实施，则是对实际的把握。这种把握比较理论性把握更重要，要求做到更认真、更细致和更有耐心，不能有丝毫的松懈。因为，在实施中，由于体制关系，施工人员都是由项目经理临时召集来的，在选用材料和按照工序及工艺技术施工时，经常出现不按设计要求，偷工减料，或偷梁换柱，或投机取巧等情况，不能够保证施工质量，或造成安全隐患，致使设计实施不能如愿执行和落实。因而，需要负责设计的人员，经常地到施工现场进检查督促，发现施工不良行为及时地制止和纠正，对有损于质量的要求返工，确保设计很有把握地执行到位，达到设计预期的效果，才能说是真正的设计把握。

12. 须知设计组合的奥秘

家庭装饰装修设计，看其“组合”的奥秘，会让人获“益”无穷的。同样一个设计人员，在设计中应用“组合”方法不同，出现的情况会大不一样，有的显得平淡无味，有的却显得奇妙无穷，形成一个吸引人的眼球，滋生出无限情趣的效果，便是“形”的魅力。而说到“形”又是很简单的。说白了，则是点、线、面的组合，组合成家庭装饰装修设计中的基本形状。然而，这种形状绝对不是固定，是千变万化，无穷无尽的。主要取决于每一个设计人员的观察力和思维方式。如果一个设计人员能把点、线、面三个基本形状运用得娴熟自如，其设计便会让人刮目相看的。

设计组合的“点”形状，人们是这样看待的：“只有位置而无大小。”的确，一个点在设计实际中，例如，一个造型 1 米的圆，近处看很难得的，在这个圆里面可做许多的文章，做几个造型。然而，从远处望去，却成为一个“点”。这便是“点”在装饰装修中的作用，不可小视。像人们经常看到的一个长长的走廊，其顶面设计布置一排长形的筒灯，给予走廊光亮的照射，极为壮观。若是从走廊的一端向另一端望去，这些配装的筒灯便成了“点”，似星星点点那样美丽动人。设计人员便是这样运用“点”的形状，给客厅、走廊和各居室的设计中，有规律地排列出各式各样“点”的组合，组成无数个美观的形状，给人无限的感慨。

“线”的形状，比较“点”在家庭装饰装修中的设计，更有着离奇的变化，经巧妙地组合，可令家庭装饰装修呈现出更加好的效果。线，有直线，其中有水平线、垂直线和斜线等。还有着几何曲线、圆弧线和抛物线，以及圆等。几何曲线，其中又有着螺旋线、涡形线和自由线等等。由直线和曲线组合成几何形状，可以将家庭装饰装修中的造型，变化得巧妙无比，无法用言语来形容的。只要把直线、曲线、弧线、螺旋线和抛物线等运用灵活，其设计效果会随着这些“线”的组合，变化成多形状、多图案和多巧妙的。仅以客厅中的电视背墙的造型亮点为例，基本上是由直线组成刚直、坚实和明确的感觉效果；由曲线组合变化出活灵活现的造型，成为吸人眼球的亮点。

至于“面”在家庭装饰装修设计中，就更有着其优势。设计人员巧妙地运用各种线组合成的“面”，给人的感觉是其妙无穷和千变万化的。组合出的水平面是平稳刚毅的；垂直面是挺拔稳重的；曲面是灵活多样的，有温柔的亲切感。特别是变化多端的几何面形状，更能使家庭装饰装修设计变化出不同的风格特色和品位感觉。尽管无数变化无尽的家庭装饰装修设计，都有着不相同的造型亮点，却都是面的表现。没有面便不能给予设计带来成功。因此，一个家庭装饰装修设计人员，能够在其设计中，将点、线、面做有机和灵活的组合，便能给家庭装饰装修设计美观、耐看和实用效果图，运用于实际中，便成为千千万万个让各家业主无限满意的家庭装饰装修。

13. 须知设计窍门的奥秘

做家庭装饰装修设计，有着许许多多的方法。每个设计人员都有着自己的方法和窍门。然而，其方法和窍门却都属于个人所有，又是倚重于自身操作和独有特性，不宜外传。像以客厅为主的组合方式进行设计，便是一种好的方法和窍门。将厅作为中心重点，呈辐射状地向每个使用空间扩大性的做设计，似乎是纲举目张的有着把握了。这种方法很容易地将重点和一般，亮点和普通，中心和纵横等，很清晰地分别开来，做到条理清楚，棱角分明，心中有数，应当算得上是一种设计窍门。

这种设计可以围绕着客厅做文章。在将客厅的设计做出后，便向客厅外扩开去，出门处是玄关，向外去处是阳台，向里处是餐厅、厨房，再扩开去是客房、次卫生间，邻近是书房或活动房，还有主卧室和主卫生间，以及生活阳台等。这种以客厅为主的设计方法，是针对一般性的住宅做设计，是很方便的，有着主次分明，重点清楚，会在很短的时间内，确定设计方案，不需要再另划分区域，便有着主攻方向，重点部位也能分得一清二楚，不需要费周折，就能很顺利地完成设计。

另外一种方法和窍门，是针对大型住宅，甚至别墅和复式楼的家庭装饰装修的设计，是以走廊为主的组合方式进行设计。这种设计方法是以走廊为“联系”的狭长空间为主，将各个使用空间联系起来。其重点必然是同走廊有着千丝万缕的联系。对于各使用居室则是依据不同用途和业主及其家人的意愿进行装饰装修的设计。这种设计方法的特征，是保证各居室的独立性和个性特征，比较好地把握其设计特征，做出的设计结果显示出，通过走廊将各使用空间分离清晰，又是连成一体，并保持必要的联系。不过，这种设计方法和窍门，重点是要把握好走廊的设计，可长可短，可曲可直，可宽可窄，可实可虚，以此获得丰富而有趣的空间变化。像有些大面积的住宅房屋的家庭装饰装修设计，完全可以这种方法进行，把握不以客厅为中心的分隔装饰装修做法。同时，能够很明确地将重点的部位设计摆出来，不需要再另做布局。至于各居室的设计特征，也是依据各使用要求，做有的放矢的设计，显得简单易行，也不要费太多的周折。

实行直接方便和好的设计方法及窍门，便是依据不同业主特有的要求和意愿，做特殊性和效果很明确的家庭装饰装修设计。例如，把各使用居室直接地衔接在一起，形成一个整体，取消了过道空间，呈现在业主面前的只有使用空间。其形状成为一个嵌套式的组合，致使各使用空间成为相互贯通或串连的式样，有着隔而不断的状态。整个住宅空间显得很紧凑，没有太多的过道空间，只有办公、会客、睡眠休息的区域。其各居室相通，却又互不受干扰。其装饰装修重点设计，是以办公、会客和休息为一体的 。像现行的建筑大空间房，就很适宜于那些业主喜欢将会客、办公和休息集合于一体的家庭装饰装修。于是，便以这样的设计方法，能够满足其意愿和要求。

14. 须知设计误区的奥秘

对于家庭装饰装修设计出现误区，其情其景和发生的情况是比较复杂和有着难为情的状况，既有业主的不懂和偏执的缘故，又有着家装设计人员的懒散和不负责任，只为应付业主而出现的不良做法。

误区，即显示错误地方和错误做法。在现实中，出现过业主在看了某个家庭装饰装修式样后，很中意，觉得这种装饰装修效果，不仅从风格特色到选用色彩都很好，而且在“硬装”重点的造型上，也非常地喜欢。于是，在给自己家的住宅做装饰装修时，硬是要求设计人员做一模一样的设计。而设计人员也没有做太多考虑，依着业主的坚持，将原有设计方案和设计图，只是在面积尺寸上作了些许变动，其他的则依葫芦画瓢，重复了原有设计式样和色彩，即使是后配饰的设计也没有做变化。当工程竣工后，业主看到的装饰装修效果，却怎么也觉得有些不对自己心愿。业主便猜疑是设计人员设计不到位，造成施工后效果不是自己梦寐以求的，而设计人员给予业主的设计图却是一模一样的。业主再也不向设计人员抱怨，只在自己心中留下一个难解的疑团，百思不得其解，后向专业人员请教，方才醒悟，自责自己太偏执，悔不该当初之举。

发生这样一种业主始料不到状况，虽然有着业主不懂和偏执的责任，却也有着设计人员的不是，显然是一种设计误区，是不负责任和懒惰行为造成的不适结果。这是在设计中没有很好结合不同房型、不同朝向、不同层次和不同采光等客观实际，做色彩和其他方面的些许变动，而是依葫芦画瓢，给不同情景的住宅做设计，必然会出现不如人意的方面。像这样的做法，便是一种设计误区。尽管有业主的原因，但对于家庭装饰装修设计人员，却是需要以自己的专业眼光做设计的，不能像外行的业主那样出现盲目性。即使面对着业主青睐的装饰装修风格特色，对于自己的设计效果，一定要依据不同情况区别对待的。即使是做“现成的拿来”，却必须感觉到有无适宜，对不适宜之处，稍做变化，业主是不知情的，却能保证家庭装饰装修风格特色达到业主满意的效果，便能实现设计成功的目的，让业主无话可说，更无抱怨，才是每一个设计人员所求的。

15. 须知设计盈利的奥秘

有人认为家庭装饰装修设计师不会挣钱，但是，实践证明，能够独立操作的设计人员，一年做 10 多个图纸的设计，挣个 6 万、8 万是小菜一碟。还仅是从一个小家庭装饰装修公司中，依据设计提成率得到的应有报酬。如果是在一个稍大一点的家庭装饰装修公司（企业），一年中做几千万或上亿元的工程造价量，作为一般的设计人员，从设计中提成获得的报酬有 8 万元、10 万元的也是常有的事情。如果能做到公司（企业）的工程技术总监或设计总监，在公司（企业）做到几千万元的工程造价中，能获得 50 万元、60 万元或上百万元的提成报酬。如果是出现有设计人员，不遵守公司（企业）的规定，私自和他人合作窃取工程施工，其所获得的利益，则只有天、地和他自己知道。却不是长久能做下去的。

虽然，这种由设计人员私自盈利的状况，还只是个别现象，却对于家庭装饰装修企业在行业生存和发展不是一件好事情，必须给予杜绝的。据一位公司（企业）负责人说，在一个月的时间里，其公司（企业）接待有意委托做工程的业主有 30 多位，然而真正落实到公司（企业）做的只有 2 个工程，其他的却没有了踪影。后来，经过私下里了解，绝大部分的家庭装饰装修工程，则被设计人员作为“私自盈利”给做去了。设计人员在同业主沟通谈委托做工程时，将自己设计作为重要条件，保证设计并做好家庭装饰装修，还保证像公司（企业）那样做好后期服务，却不收取公司（企业）规定的几千元的管理费为诱饵，要求业主同其合作做好委托的家庭装饰装修。其实，是对不知情的业主的一种欺骗，为自己设计“盈利”的不良行为，让业主在吃了亏后，只能往肚里吞苦楚，还开不得口。

这种借设计同业主沟通，又借公司（企业）名誉为个人“盈利”的做法，本来就是违反职业道德的行为。尚且，许诺业主的一切优惠条件也是“信口开河”的。仅以公司（企业）统一购材，统一配人，统一管理为例，就是骗人的“鬼话”。既然是设计人员的“私单”，公司（企业）根本不知情，何来“统一”？实际上是设计人员同承担施工者的个人行为，材料都是临时从装饰建材市场购买的，不少有着“偷梁换柱”的做法，甚至有着以次充好，以劣充优，以少充多，千方百计从业主手中骗来钱财，为自身多“盈利”，其家庭装饰装修质量好不好由其说了算。由设计人员“盈利”做的工程，一般表面是业主不知情的，只有在专业检验中发现问题。像危害气体超标，用材不规范，施工图快捷，省略多种工艺等。每当工程在施工或使用中出了问题，业主要求按照“合同”兑现不能如愿时，才知道是骗局。因此，需要建立健全相关规定来遏制不规范和坑害业主的行为。同时，也企盼每一个业主能从中吸取教训，不要轻易地被一些小利和甜言蜜语诱惑，以及空口许诺害了自己。家装行业里也是没有“后悔”可言的。

16. 须知设计创新的奥秘

创新，即创造革新。是新时代的最强音。社会的进步和时代的发展，必然作创新的进程。没有创新的社会是要遭到淘汰的。同样，作为家庭装饰装修的设计，也必须要坚持着创新的理念。墨守成规，故步自封，骄傲自满的设计做法是持久不长的。有人会理直气壮地说：现时代中国各地全面兴起现代式、自然（田园）式、古典式、和式、简欧式和北美式等家庭装饰装修风格特色的设计。每种风格都有着自身固有的特色。如果离开其风格特色做设计，就有可能出现不伦不类、画蛇添足的状态，又怎么做设计和创新？

凡持有这样一种思想的设计人员，本就是故步自封，不思进取者。俗话说：“综合是一种创新。”那么，分细，能不能也是一种创新？在现实中，出现有将简欧式风格同中式风格综合于一个家庭装饰装修中的设计做法，便很受业主的喜爱。这样的设计装饰装修风格特色，本不是由设计人员创造出来的，而是由业主坚持立意，由施工人员直接做出来的效果。既满足了业主的意愿，又达到了家人的要求，让观赏者感觉到这样的装饰装修风格特色有新意，很不错。同样也应验了一些家庭装饰装修公司（企业）的服务宗旨：“业主的满意，就是我们的努力！”还有一个设计人员在给予一栋别墅做装饰装修设计中，打破了以往坚持一种风格特色的设计思维，却给予这栋有着四层楼的别墅，设计出四种不同风格特色式样。凡看过这种家庭装饰装修效果的，都赞不绝口夸着设计做法有新意。业主也很满意。像这样的设计，便是设计创新。

虽然说，现时代的家庭装饰装修设计，有着固有的多种风格特色，给予设计却是一个目标，有利于家庭装饰装修的稳定和发展。其实，比较以往，也是一种创新的结果。如果针对将来，显然只能说是一个基本性的要求。家庭装饰装修兴起的初期，当人们还不太了解和认识时，按照这些基本性的要求，做家庭装饰装修设计，是不会出现异议和厌烦的。如果长时期处于这样一种状态肯定是不行的，有着违背人们的意愿的嫌疑。凡是做过一段时间的设计人员，也时刻亲身感受到，运用于家庭装饰装修的材料，其变化是有目共睹的。尚且，每当在装饰装修用材市场上出现一种新型材料，必然会引起广大业主的大力追捧，运用的人们会很多。在近几年时间里，出现于装饰装修用材市场上的新型材料，几乎是天天都有，其目的为的是适应于硕大的家庭装饰装修市场的需求。所以，作为家庭装饰装修中，首当其冲的设计，不能像新型材料那样变化，却也不能是几十年一个样，没有创新，显然会落后于形势，落后于需求，落后于发展，是行不通的。

事实也在不断地证明和告诫着每一位从事家庭装饰装修的设计人员，在家装行业刚兴起的时候，广大业主讲究的是“重装修，轻装饰”。然而，在短短的几年后，很快便出现“重装饰，轻装修”的状况。如今又有着重视环保健康和绿色美观的家庭装饰装修的行情及要求。因此说，家庭装饰装修设计，绝不是一成不变的，原地踏步的状态，显然行不通。变与不变是相对的。变是绝对的，不变才是相对的。变化，在于创新。只有创新，才能发生变化。对于这一点，每一个设计人员，必须要保持清醒的头脑。

设计创新的路是很宽广的。无论从哪个方面都可以作为创新设计的突破口。从应用家庭装饰装修风格特色上可以创新，将两个或两个以上的风格特色应用于一个工程上是创新；从色彩变化上大胆改进和改革是创新；从应用装饰新型材料出现别具一格的状态同样是创新。还有从风格特色和用材上，或者从用材和选配色彩上等，都可以作为设计思路创新的突破口。便能为家庭装饰装修设计带来一个新气象，给广大业主和行业造成耳目一新的感觉。

四、须知用材科学奥秘篇

做家庭装饰装修用材，涉及主材、辅材和配件等。用材好坏和不出差错，以及能选购到货真价实的材料，是每一个业主及其家人极为关注和关心的事情，也是做家庭装饰装修从业人员，能够做好工程，保证工程质量和安全，让业主及其家人满意的基本条件。然而，现实中的情况，却不能让人如愿，出现了不少这样或那样的问题，造成矛盾和纠纷。其中，有许多“奥秘”需要知晓，以达到用材合理，用材合适，用材合算的目的，让业主及其家人放心、省心和称心。

1. 须知天然材料的奥秘

对于天然材料，恐怕谁都知道，是自然生长的，不是人为制造的。但是，到了现实的家庭装饰装修中，却出现了许多不知道，花了钱购买后，便说上当受骗，感到十分的委屈，是“花了肉价钱，买到的只是豆腐”。其中，有许多业主不知道的“奥秘”，需要弄明白。

现如今用于家庭装饰装修的天然材料，主要是木材和石材等，辅材是河砂，而其他大部分主材和辅材是人造的。由于科学技术的进步和发展，不少人造材料比天然材料还要好，其外形能达到以假乱真的程度。若不是专门从事材料研究的人，都很难辨别得十分清楚。像用于木制品的木材料，便有着材质上的很大差别。有人造木质材料、复合木质材料、实木材料和原木材料等不同的差别。人造木质材料，便是利用原木材在加工中留下的边角余料，再添加上化工胶粘剂制成的木材料。顾名思义，材质是木的，因不成条块，不能作用，便人为地将零星的木块组成能作用的大条块。还有是以木材或其他非木材的植物为原料，经过一定的机械加工分离成各种单元材料后，施加或不施加胶粘剂和其他添加剂胶合而成的。其材料在家庭装饰装修中，还应用得很广泛。如复合木地板、复合木家具和复合木制品等。而复合材料，则是有用木材成分或完全没有木材成分的，由其他混合材料加工而成。像木塑板和木塑枋等，就不存在有木材的成分，却也叫木塑材料。主要在于其材料性质同木材料一样，能锯、能刨、能钻、能凿没有区别。尤其是装饰装修用材市场上，被叫做实木材料的，不少是由小木块拼接组成的。例如，像一根直径80毫米，长1500毫米的实心木桩子，就有许多不是一根原木头，却是由多种类小木块拼接成的。一般从截面仔细辨认便看得出，原木有生长的年龄纹理。仅从加工后的表面是辨别不出来的。像实木地板，便有着“六层”型和“四层”型不等，除了地板厚度的区别外，还有着材质的区别，除了表面层是一种很好材质板外，里面却是多种树木材质板层相拼或连粘成的。一件实木家具或制品，除了表面是一种或很相近的树木条拼接成一根枋或一个面组装成一件制品的。不再是像过去一根枋子，或一块木板，都是从整体树木上截割下来的。如果一根枋子，或一块木板，都是拼接或拼合成的，应当叫原木枋或原木板，以此同拼接或拼合的木枋和木板区别开来，不要误导顾客，统叫实木枋或实木板。例如像大芯板一样，其芯由小木板拼合成一块大型板材。还有实木板材，也由无数块小木板拼合成的，其拼合处能很明显地看到。而不少实木枋、实木柱和实木板，如果不是专业人员作过研究的，便不易辨别出来的。实木材制品和原木材制品的区别，就是实木材制品不是一种材质，由多树种组成；而原木材制品是一种树木材质组成。

2. 须知家装石材的奥秘

在家庭装饰装修中，石材有着其独有特征被广泛应用。对于应用石材也是有着适应和不适应的“奥秘”，千万不要花钱做得不偿的愚蠢事，被经销商的花言巧语和宣传而中了“套”。

石材有着天然和人造的区别。从外观上，天然的和人造的是各有所长。天然石材，顾名思义，是指从天然岩体中开采出来，并经切割加工成块状或板状。天然石材有着很自然的纹理和花样。不同地区的天然石材有着不同质量和外观。按理说，天然石材是不适宜家庭装饰装修应用的。主要在于其有很强的辐射性，给人体造成危害。天然的大理石和花岗岩对人体都有着辐射。花岗岩的辐射比大理石大。其辐射主要是放射一种叫氡的物质。这种物质无色无味和无法观察到的惰性气体。这种气体对人体会形成两种辐射，即体内辐射和体外辐射。体内辐射主要是进入人体的放射性核素，对人体内进行照射，形成损害人的系统功能，严重的可诱发肺癌和呼吸道病变等。这种进入体内的氡，还对人体内的脂肪有很高的亲和力，长时间的氡接触会影响到人的神经系统，使人的精神不振，昏昏欲睡。体外辐射是指天然石材中的辐射，直接照射到人体后产生一种生物效果，对人体的造血器官、神经系统和消化系统等造成伤害。如果在家庭装饰装修中，硬要应用天然石材，岂不是自找伤害，自寻苦果?

相对而言，只要是正规厂家生产和作过很好处理的人造石材，其辐射性就小得多。特别是处理得好的真空人造大理石的辐射很小，几乎对人体不造成伤害。尚且，从外表上观察，与天然石材相比较，人造石材具有色彩艳丽，光洁度高，颜色均匀，抗压耐磨，韧性好，结构致密，坚固耐用，比重轻，不吸水，耐侵蚀风化，色差小，不褪色和放射小等优点。在做家庭装饰装修中，假若硬是抵御不了石材装饰美观的诱惑，又没有婴儿的状况下，可以选用人造真空大理石做很少的台面板，比其他材料做台面板还是有着其优势的。例如，用于内窗台面和灶台面等。不过，即使应用于台面板很方便和很美观，在选用人造石材板的时候，最好不要选用人造花岗岩和天然花岗岩及天然大理石板。因为，天然石材板，虽然有着其自然美观的优点，但在石材牢固的韧性上，是无法同人造石材板比较的。而人造花岗岩板，虽然也经过加工和处理，但仍存在着的辐射对人体的伤害比较大。

所以，在家庭装饰装修中，要选用石材板，只能选用人造真空大理石板，才是一种明智之举。

3. 须知人造板材的奥秘

人造板材，主要指人造木板材。在当今家庭装饰装修中，已成为不可缺少的主材。由于利益的驱使，一些小作坊不顾国家三令五申的要求和人们的身体健康，以及社会环境保护，在不具备加工合格木材板的状况下，匆忙上马加工，致使许多劣质和不合格品充塞装饰装修市场。同时，在家庭装饰装修中，也有着一些“黑心肠”的人，将这些有危害的人造木板材用于工程中，从而给自然和社会环境，以及人体健康，造成污染和伤害，致使一些新妇不孕、胎儿畸形和人生怪病等一系列不正常情况发生。主要还是诸多业主及其家人不懂得与人造木板材有着极其重要的因果“奥秘”相关。

从现行的不很规范和管理不力的家庭装饰装修市场来看，恐怕一定时间内还不能禁止和消除不符合质量要求和达不到“环保健康”标准的人造木板材进入装饰装修用材市场，以及被应用。于是，如何识别和禁用不合格人造木板材成为关键。在家庭装饰装修中，常用的有大芯板、刨花板、中密度板和胶合板等人造木板材。而人造木板材普遍使用脲醛树脂胶胶合而成。由于生产工艺水平的影响，出现板材释放甲醛时间长短不一样，便有着识别人造木板材的必要。不同的人造木板材因加工工艺技术的区别，出现释放甲醛的时间长短和量数是不一样的。甲醛释放量的大和小，对人体的危害性也是有区别的。因为甲醛对人体皮肤和呼吸道的影响很明显，主要是刺激皮肤过敏，高浓度的甲醛还会刺激到呼吸道和眼睛，引起眼睛伤痛和头痛，引起鼻咽产生肿瘤，让人有着明显感觉的是头晕乏力、恶心、呕吐、嗓痛、反胃和失眠等。如果长期性受到甲醛气味的伤害，还会出现人的记忆力减退，造成神经系统紊乱，孕妇可导致胎儿畸形，甚至死亡。男子可导致精子畸形和死亡等。其对人的伤害是多方面的，不得不防。

识别人造木板材，既可从表面很清楚地分辨出来，又可通过闻、看和色泽上，分辨出质量好坏和含甲醛量的多少。像常用于家庭装饰装修中的大芯板，就有着机拼板和手拼板的区别。机拼板使用的脲醛树脂胶比较手拼板要少得多。从外表上，也很明显地看出机拼板拼得紧凑、整齐、规范和好看，手拼板，即用人拼接的板便差多了，小木板之间的缝隙不很紧凑，外观看显得毛躁和不整洁，板内还夹杂着腐材，有着不舒服的感觉。像多层板也有着式样好看和不好看的外观，质量差的，就有着压层不紧凑的特征。这些外观毛躁和质差的人造木板材，含甲醛多而挥发时间长，最好不要应用在家庭装饰装修中，给人体造成的伤害是无法估量的。

4. 须知人造地板的奥秘

人造木地板的种类，将随着科技的发展会越来越多。最好的应当是好的实木材经过机械加工而成，已达到环保健康的木地板，稍差的则是由秸秆或杂草等植物，经过机械加工胶合成的。如今，又有复合型及木塑型地板等。在科技发展和时代进步中，还将产生出更多种类的人造木地板。

随着家庭装饰装修需求的人造木地板越来越多，其木地板应用和适应性也会越来越广泛，还将成为地板的主流。于是，便有着业主及其家人疑虑其质量好坏和安装及维护是否方便的问题。就是说人造木地板的质量好坏的“奥秘”是什么？

按照以往经验和业内人士的感觉，人造木地板，虽然是现代人依据市场需要和家庭装饰装修的特点，应运而生的。以替代天然木材资源日益匮乏，解决人们生活多样化的需求，产生多样人造木地板也是必然的要求。因而在选用人造木地板时，必定要因地制宜，针对具体需要作具体选用。一是对于湿气比较大的底层和顶层楼面居室中，是不宜选用易返潮及易吸水的复合强化木地板，而要选用更适宜的材料做地面铺贴；二是选用人造木地板，不要被商品名称蒙蔽或误导了，最好选用正规厂家生产，被实践检验质量靠得住的。像那些打着进口牌或各种怪名字的，并不是靠得住的，进口的地板品牌中，有95%以上是假的。再则，在中国装饰装修制材产业科学技术发展的今天，人造木地板的质量不会比进口的差；三是对人造木地板的质量，是能够从表面看到质量好坏的。一般粗糙的表面层其耐磨性会偏低，耐磨层由分布均匀的三氧化二铝构成，反映复合人造木地板的耐磨性。三氧化二铝分布越密的，其耐磨性能越好且越高。如果对其质量把握不准，便以小刀划地板表面，划印深，或很容易划开的，并如同纸张一样裂开，其耐磨性是很差的。好的耐磨性表面是不容易划得开的。通常情况下，人造复合木地板的表面耐磨层失去，这样的人造木地板便基本属于报废。四是人造木地板是否变形、翘曲，相衔接的企口是否平直，企口的平直是直接关系到人造木地板的安装平整和使用寿命的。五是大多人造木地板的厚度尺寸同实际尺寸是有区别。如果经销商销售的木地板标明尺寸为12毫米的厚度，实际上的尺寸却只有10毫米以上一点，不到11毫米的尺寸厚度。六是选用人造木地板还得注意到其色泽和纹理是否相一致。如果色泽和纹理相一致的，是有利于安装美观效果的，还能对整个家庭装饰装修产生好的影响，千万不要因在选用色泽上出现大的差错，上当受骗，影响到使用的。同时，还要根据铺贴面积和业主的喜爱色泽选用人造木地板，比较随意选用会更适宜一些。

5. 须知挑选瓷砖的奥秘

瓷砖和瓷片在家庭装饰装修中，是作为主材应用的。由于一些经销商的缘故，让不少业主花大价钱也没有购买到货真价实的瓷砖或瓷片，从而造成在铺贴施工中出现了这样或那样的问题，给家庭装饰装修造成诸多影响，让业主及其家人感到无信誉并有不少的抱怨，因而，知晓挑选瓷砖或瓷片的“奥秘”很有必要。

知晓挑选瓷砖或瓷片的“奥秘”，需要从这样几个方面入手：第一，要仔细观看其外形和色泽。挑选瓷砖和瓷片，无论是大尺寸，还是小尺寸的，都要仔细地观察其表面色泽和其光洁度及平整度。色泽是否相一致，有无深浅的感觉；周边是否规则，花纹和图案是否清晰和完整，其变形率是否控制在国家标准尺寸范围内。对变形过大和不规则的，有色差和掉角缺棱的，都视为不合格品。第二，仔细听一听敲击声音，在挑选瓷砖或瓷片时，不妨使用硬物轻轻地敲击一下瓷砖或瓷片，仔细和认真地听一听其声音，是否有着不正当和沙哑的声音。如果听到沙哑和不清脆的声音，说明该瓷片或瓷砖有问题和被损坏。按正常情况，听到敲击声音清脆和单音的，其质量是好的合格品，未受到损坏。声音越清脆的，其瓷化度越高，质量越好。声音沉闷的，其瓷化度相对要低一些。在家庭装饰装修中，选用的瓷砖或瓷片，并不是瓷化度很高的就适宜，应当视具体情况挑选适宜的瓷砖和瓷片。第三，在有条件的地方，还可以做滴水实验。主要是检测瓷砖或瓷片的密度。密度越好说明瓷砖或瓷片的瓷化度越高，滴水不容易被吸收。如果吸水快的，其瓷化度和密度相对较低。做这种滴水试验，一般的是从瓷砖或瓷片的背面做起，有利于试验的真实性。同时，挑选瓷砖或瓷片的质量好坏和产品的规范性，还可以应用碎瓷砖或瓷片的角，作检验瓷砖或瓷片的面上，用力剁一下，便可以辨别出瓷砖或瓷片的瓷化度高低。这种方法是看在划的碎瓷砖或瓷片破碎处是细密，还是松散，是硬脆的，还是稍软的，是否会掉下散落的粉末。如果有着散落的粉末，其瓷化度相对较低的。还有是应用高尺将瓷砖或瓷片的各个边量一量，其尺寸精确度高的为正规厂家生产的合格品，对铺贴效果会好一些。否则，就不是正规厂家生产的瓷砖或瓷片，就不要听其吹嘘，避免受骗吃亏。

6. 须知石膏板材的奥秘

石膏板材，主指纸面的石膏板材。这种材料，在家庭装饰装修中，应用是很广泛的。几乎每一个工程都少不了。在家庭装饰装修中，除了纸面石膏板材外，还有装饰石膏板（石膏线）。纸面石膏板有许多种类。主要以自然石膏为原料掺加纤维和添加剂及其他多种材料压成芯材，并与护面纸粘结成的一种板材，其厚度有 18 毫米、12 毫米和 9 毫米等长方形、楔形、圆形和半圆等。由于石膏原料内掺入的辅助材料不同，便有着多种不同性能的石膏板。现用于家庭装饰装修不同情况和需求的，主要有着防火、防潮、防踢和高硬度的。

在家庭装饰装修中，选用石膏板应当依据不同情况进行。一般的是选用普通纸面石膏板便可以。如果要上吊顶面作业的，则要选用防坍塌及高硬度的石膏板便比较适宜。假若需要防火或防潮，便相应地选用有着防火或防潮性能的石膏板。像低洼潮湿的装饰装修场地，最好选用防潮性能强的，如果仍选用普通石膏板，便达不到使用效果。选用任何性能的石膏板，应当把握好表面纸面完整、光洁和无缺陷的。基本尺寸都正规，相差长 × 宽的尺寸，应控制长度偏差不超过 5 毫米，宽度不超过 4 毫米，厚度偏差不超过 0.5 毫米，含水率应小于 2.5%。

针对选用装饰石膏板（石膏线），应当把握住不变形、不翘曲、不裂缝和平直规范的。如有图案花纹，应当选用清晰可见，达到精美、整洁和纯白色的。假若出现变色的，则是劣质产品或不合格品，不宜选用。选用装饰石膏板（石膏线），可从其截断面便能清楚地看到有多层纤维网。有这种多层纤维网的石膏板(石膏线)不容易变形和断裂，其强度和装饰牢固性才是靠得住的。如果从其截断面看到其他情况，或纤维网层数少，便是质差和难以保障装饰装修效果的。假若应用最简单易行方法检查其质量，是用指甲抠其面上，应当是抠不动的。若是轻易地能抠出一些石膏，这样的装饰石膏板（石膏线）的质量便是很差的，也就不能保障装饰装修质量。

7. 须知纤维板材的奥秘

装饰纤维板又名密度板，是以木质纤维或其他植物素为原料，施加脲醛树脂或其他适宜的胶粘剂制造成的人造板材。纤维板材具有材质均匀，纵横强度差小，不易开裂，不易腐蚀和虫蛀，胀缩性小，以及容易加工等优点。

在家庭装饰装修中，纤维板是一种常用的主要板材，尤其是在现代木制品及家具制作中，普遍被得到应用。纤维板材种类较多，有标准板，其外形是一面光滑，一面有纹理饰面；有釉面板，表面经涂层处理，常贴有面砖或冲压成面砖，或饰面成条板花纹；有塑料贴面板和有带孔洞的板材等。其板厚有着普通厚度和加厚度的。应当根据家庭装饰装修和制作家具等实际需求来选用，不要随意选择，以免造成不必要的材料浪费和出现不适宜的状况。

挑选纤维板，要应用眼看、手摸和敲击的方法选用合格品。眼看，既要看其表面是否光滑平整和边是否平直，有无变形，板面是否开裂，又要看截断面的板压颗粒是否密实、紧凑和均匀，其用于加工的原材料是否发生过霉变，色泽是否有变化。霉变材料加工出来的截断面会有着一种怪气味刺鼻的，其色泽也不是清晰，有着变黑的迹象。手摸，却能感触到不同材质会有着不一样的感觉。首先要摸板面是否光滑。光滑好的，手感很舒服、顺畅和细腻。如果出现细裂纹，有时是眼看不见，手摸便能感触得到。尤其对截断面的手摸，便能感觉到其材料加工是否规范。凡规范材料，能感觉到加工细腻，挤压成型的板截面整洁、紧凑和手感好。

粗制滥造的纤维板给予手的感觉很不舒服。敲击听声音，使用木根在板面轻轻地横敲，听到的声音很清脆是好板材。若听到其他声音，则说明板材有空气洞和不紧凑及不规范，不是好板材。

8. 须知特殊板材的奥秘

做家庭装饰装修，有不少业主是比较讲究质量和安全的，在工程施工中，便选用有着各种特殊作用的材料，像具有防火、防潮和防霉等。特别是防火显得很重要。选用防火材料板，涉及一个家庭中的生命财产和生活小区的安全。按理说，在家庭装饰装修中，凡有着应用易燃材料的，都需要进行防火处理。可是，在现实中，却有相当多没有这么做的，是不正常的。随着人们安全意识的提高，选用防火板对提高家庭装饰装修安全系数是必要和不可缺少的。

针对防火板的选用，从其材料性能上，防火板既有着防火的功能，又有着装饰装修的用途。选用这种板材，要特别注意表面的质量，光洁美观，有着隐形图案的，需要仔细才能分辨出来。其背面很像木质材料纹理，有人便认为是自然木材做的。其实不是，且不可能。既然是防火板，自然木材显然不能防火，其材质是用牛皮纸、调和剂、阻燃剂等化工原料经高压成型。一般情况下，防火板由基层、粘合层、装饰层和保护层等组成。其中，粘合层和保护层对防火效果起着关键性的作用，也决定着防火档次和作用高低及价位的高低。装饰层是决定装饰效果，由业主选择其装饰的喜爱。不过，挑选防火板表面装饰层的外观，一定要同家庭装饰装修风格特色相一致，不要为了某种喜爱选用防火板的外观，而影响到家装风格特色，就不是一种正确的选择了。必须要有着兼用的理念，既不要影响到防火用途，更不要影响到家庭装饰装修的实用和美观效果。

同样，选用防火板时，还要注意到板的厚度。其厚度一般为1.0毫米左右多个尺寸。其表面保护层起着保护和耐磨的作用，可用开水检验其保护效果，可用手摸其表面是否光洁和有无瑕疵，也可用眼仔细观看表面的耐污性和耐高温的效果。如果是正规厂家生产的，其质量是可靠和符合防火要求的。假若是仿冒的防火板，便能从手摸、观看和多种实验上发现问题。

9. 须知夹板材料的奥秘

夹板又称胶合板。原则上是将原木刨成每层1毫米左右厚度的刨片，充分晾干后，加入粘合剂，运用专用的机械设备压合而成，又在面表层再粘贴装饰纹理好和材质好的面层，并按照长2440毫米 × 宽1220毫米的统一规格均匀地切割用于装饰装修使用。夹板还依据其压合成的层次多少，分有三夹板、五夹板、九夹板、十二夹板和十八夹板等多种类型供应于装饰装修用材市场。在家庭装饰装修中，应用得最多的是三夹板和五夹板，也如人们通俗说的三合板和五合板。

夹板的硬度一般较高，是随着其层次的增加，厚度越大，其硬度（强度）越高，越不容易变形和弯曲。夹板既可用于家庭装饰装修，也可用于家具制作，在挑选夹板时，首先要看其夹层胶合得紧不紧凑，不仅从边层上看得到，而且从表面也能观得清。有着质量问题和材质不好的夹板，在表面容易被损坏，或者出现鼓泡和脱层的现象。夹板无论是进口的，还是国产的，都不能马虎挑选，要仔细地检查其质量和表面粘合效果，材质好和粘合好的夹板，表面光洁平整，虽不光滑，应当没有破损裂层现象，也不能翘曲和变形。凡是正规厂家生产的夹板，给人有着外观好看的感觉，板边顺直，壁厚充实，尺寸规范，色泽大体一致，无大疤痕。在生产工艺上，都是很牢靠和无质量瑕疵的。

如果从板面和边面看到起鼓、开裂、松层、杂斑和虫蛀之类的，便可辨别出这一类夹板不是好的，或者是有着问题的。特别能从撞伤处看到质量的好坏。对于有以上问题和污染重及缺损边、角的夹板，显然是不能选用的，以免影响到家庭装饰装修和制作品的效果。在装饰装修用材市场上，很少有 AA 级的产品，大多是 BB 级和 CC 级的夹板，千万不要被经销商玩文字游戏用假冒品忽悠和上当受骗，对于利用纸等级的冒充木质等级的，决不能选用。在挑选和购买时，一定得仔细辨别清楚。纸质的夹板显然替代不了木质的夹板质量。同时，还要分清楚合资企业生产，没有经过海关检验的，其质量也显然比不上进口的质量，甚至还不如国产的。对此，一定要把好质量验收关。

10. 须知饰面板材的奥秘

如今，在装饰装修材料市场上的饰面板材种类是很多的，有天然木质饰面板材和人工复合材料的复合板材。仅天然木质的饰面板材，就有几十种；人工复合材料的饰面板材种类更多。随着科技发展，还会产生更多。顾名思义，饰面板材就是起着装饰作用的表面贴面板材。是家庭装饰装修中主要的面层材料，属于胶合板系列，由多层板材胶合而成，最面上的一层，才是有天然木质和人造复合材料的区别。其装饰性效果，从材质和纹理及色泽上显现出来。

其饰面效果，按木质上便可让人分别出高低来。天然木质饰面板材，能给人以自然亲和与高档次的感觉。常见到的有榉木、花樟、花梨、水曲、橡木、樱花木和黑胡桃木等几十种。每一种木质所具有的色泽及纹理是不同的。木质有硬有软，价格当然也不同了。像天然红榉木板，其色泽偏红，其纹理有珍珠纹、直纹和山纹等。在众多木质饰面板材中，红榉木是装饰性美观中的一种，是应用较多的一种材料。这种饰面板材，除了以其好看，纹理清晰，色彩宜人外，还有着价格适中，材质好用等特征，被广泛接受采用。

在选用天然木质饰面板材时，应从其表面纹理清晰统一，无修补痕迹，无损坏迹象，无霉变，色差小，色彩好看上多下功夫。不过，从纹理和色彩上，也有着“萝卜白菜，各有所爱”的区别。实际上还在于业主个人的喜欢。有喜欢珍珠纹理的，有喜好直纹理的，也有看重山纹理的。在选用时，不宜放弃细小上的区别。像红榉木板，或其他天然木质板在纹理色泽上便有着差别。挑选以木纹理没有太大色差的板材，能经得起观看和欣赏。对于其芯板，也叫基材，大多是由不同材质粘贴而成。却要注意到不发生霉变。整块饰面板材，不能出现弯曲和大的变形。不然会影响到粘贴的效果，还不能保证装饰装修质量效果。饰面板贴面要有着一定的厚度，不能太薄。否则，还会影响到粘贴施工的顺利操作。同时，要注意到饰面层和基层的粘贴质量，不能有开胶现象。如果出现开胶问题，则说明板胶合的质量是不好的。还要注意到是否为仿制木材板。人造的木质当然显得粗糙，其质量等级相应要低一些。

作为人造饰面板材，要是做得精致的，其纹理能达到以假乱真的程度。以现有的科技水平，其人造饰面的装饰效果是很丰富的，对于每个业主及其家人有着吸引眼球的作用。

11. 须知实木枋材的奥秘

木枋，主要指原木材枋子。在家庭装饰装修中，说不上是主材，却是不可缺少的。在装饰装修的制品、吊顶、木龙骨和框架中，都是需要的。说不是主材，主要在于被委托做家庭装饰装修的公司（企业），不作为其管理的用材。是由项目经理或制作用木枋的操作者自购和管理。这样，便有着家装质量安全和承揽工程的公司（企业）不愿承担责任的矛盾产生的可能，值得业主和家庭公司（企业）注意。

在实际施工中，人们经常看到不规范和变形大的木枋，从而也就造成用木枋的质量和规范的差异。由于是普遍存在的问题，人们便有着见怪不怪的麻木感觉。其实，是木枋加工问题给矛家庭装饰装修造成的不理想状况。说来难以让人相信，再规范管理和有责任的家庭装饰装修公司（企业），针对用木枋材料，一直是做不到尽如人意的。其原因是从事加工木枋材的公司（企业），似乎成为社会“三不管”的，即政府相关部门不管，行业组织不管，正规家装公司（企业）不管或管不了。基本上由木枋加工者我行我素，或者是在工商管理部门登记了经营许可证就万事大吉。可以说是个“真空”加工业。也许还有其他一些原因。于是，便造成加工木枋上不少不规范和乱操作现象。例如，在木枋尺寸上有许多让人不理解的做法外，还有在木枋的不规范上。一根木枋超过 3 米以上的长度，不是弯曲，就是列向变形，根本说不上是正规的木枋。但最不规范的还是在木枋大小的尺寸上。一根木枋尺寸标着 32 毫米正方形，而实际尺寸却只有 24 毫米左右，甚至更小。据说，这样的尺寸还是正常的。其理由是，在锯木枋前，锯工划的木枋尺寸是32毫米。至于电锯锯去的部分，也就是电锯锯路消耗的木材，应当由消费者承担，不应当由加工者承担。一张电锯片的厚度在4毫米左右，在分开锯路（锯齿）后，再在动力作用下，以及操作者水平高低不同，可能会消耗4毫米至6毫米以上的原木材，故而标的32毫米尺寸的木枋，便只有24毫米左右尺寸大小。其锯屑是另外加入人造木板材的原料。从这个角度说，加工木枋的公司（企业）或锯工，是将锯割木枋消耗的原材料强加在消费者身上，自身获双倍利润，是准赚不亏的赢家。

而在家庭装饰装修中，在应用木枋上，一些操作者，便借木枋加工不规范为由。又变本加厉，本是按工艺技术，应该采用32毫米木枋的，却变成20毫米左右尺寸的，还理直气壮地说是按木枋市场上标的尺寸购买的，企图浑水摸鱼，把应用木枋变成转嫁给业主，自嫌利润的砝码，实际则成为偷工减料，坑害业主的不轨行为，显然是不正常的。

12. 须知不锈钢材的奥秘

不锈钢在家庭装饰装修中，应用的范围越来越广泛。主要因为其表面光洁，有较高的塑性和耐机械强度，耐酸耐碱气体溶液，以及其他介质的腐蚀，是一种不易生锈的合金钢。在装饰装修和制品上，有着洁净、清秀和美观的效果。

作为一种合金钢，有着耐腐蚀和能达到清洁美观的效果，主要取决于其合金成分：铬、镍、钛、硅、锡和锰等，及其内部组织结构。但最起主要作用的是铬元素，具有很高的化学稳定性，能在钢表面形成一种纯化膜，使金属同外界隔离开来，保护钢表面不被氧化，增强钢的抗腐蚀能力。如果纯化膜不够或被破坏后，钢的抗腐蚀性便会下降，达不到防锈的要求。

在人们的日常生活中，应用的不锈钢有着热轧和冷轧两种。经常接触和看到的不锈钢有亮光型及亚光型的。亮光型的不锈钢，以其清亮、光洁和美观被不少人青睐；亚光型的不锈钢，在外观上不如亮光型的好看和光亮，认为起不到抗腐蚀的作用。其实，是对不锈钢性能太不了解的缘故。从使用角度上和抗腐蚀的效果上，亚光型的比亮光型的要可靠一些。主要是同一种不锈钢材，在有着同样的合金纯化膜后，亮光型的不锈钢，再次经过表面打磨抛光。在打磨抛光中，其合金纯化膜或多或少地被减少；而亚光型的不锈钢，其表面的合金纯化膜是没有经过打磨抛光减少的，保持着其固有的合金纯化膜厚度，在耐腐蚀和抗氧化功能上理所当然会更好一些。

另外，作为亮光型的，不仅有着亮光型的不锈钢，而且还有着钢表面镀铬或镀锌的。这种镀铬或镀锌的钢材表面，比较亮光型的不锈钢的区别，就在于钢材表面的铬元素或锌元素厚薄的分别，还有着其他抗腐蚀元素多和少的差别。于是，人们从长时间使用亮光型和亚光型不锈钢的实践中，总结出一种检验真假不锈钢很直接的方法，便是应用磁铁试一试，有着铬元素或镍元素厚实的，便是真不锈钢。如果磁铁发生磁性作用，则是镀铬或镀锌的一般钢材，是充当不锈钢材的。因此，选用亮光型不锈钢材，经常出现以不锈钢价格购买的却是镀铬或镀锌的普通型钢材。让业主及其家人吃亏不少。这是需要提醒广大业主，千万要引起注意和重视的。

13. 须知仿瓷材料的奥秘

用于家庭装饰装修墙面和顶面批刮仿瓷材料的种类越来越多，也越来越适应于不同地区天气情况变化和环境要求，比过去用的熟石炭及辅助材料批刮起来，不仅粘结强度要好，而且施工操作也显得简单方便多了。

现用于仿瓷批刮材料的配方，比较过去的种类日益增多，它包含着方解石粉、锌白粉、轻质碳酸钙粉、双飞粉、灰钙粉等。其主要是便于水溶性甲基纤维和乙基纤维素的混合胶体溶液作为混合粉溶剂。这些水性的仿瓷涂料中，可适量地掺入钛白粉、滑石粉和石膏粉等。掺入这些成分在于针对不同情况。不同气候和不同用途，以及不同需求。在进行调配和施工中，是不存有着刺激性气味和其他有害影响的。例如，在气温稍低，又需要批刮的仿瓷能尽快地干燥起来，便在调配水性的仿瓷中掺入石膏粉，就能加快干燥的速度，以免出现先批刮的仿瓷未干透，接着批刮新仿瓷层，发生外先干，内后干，引起起壳脱落的质量问题。

这种溶剂性仿瓷有着树脂性的成膜物质给予保护，在增稠剂保温助剂和增硬性及细填料等配制下，其批刮的适应面便能广泛起来，既可在内墙表面，又可在木板和塑料板，以及其他材料的表面，甚至在金属材表面进行刷涂和滚涂，有着钢化性、高光性和高强性的效果。不过，这种仿瓷有着防水和不耐水的区别。用于居住室内批刮和滚涂的多用不耐水的。如果用于外墙面或露天面的，则要选用耐水的，以达到更好的使用效果。

对于仿瓷材料的选用，一定是无气味和无怪味的。主要是应用嗅觉和眼看的方法，辨别其有没有变质和过期。辨别仿瓷调配的各式材料，仅凭其包装和经销商打印出的生产日期是不够的，必须从眼看和嗅觉上，看出和闻到有无变质和出现霉变的状况。针对过期变质的材料，用鼻可以轻易嗅到怪味和刺激味来。如果从嗅觉和眼看，没有发生异常情况。则说明材质是好的。否则便是不好的，不能应用于家庭装饰装修的使用。

14. 须知表层涂料的奥秘

在批刮完仿瓷和打磨好后，其表层面便要刷涂，或滚涂，或喷涂，或淋涂涂料，这种涂料对批刮的仿瓷起着保护的作用，使得批刮的仿瓷更能防脏、防潮和洁净，不轻易地出现质量问题。

在家庭装饰装修中，得到广泛和常用的有溶性内墙涂料、乳胶漆内墙涂料、溶剂型内墙涂料、多彩内墙涂料和幻彩内墙涂料等几十个品种。在施工中，应用最多和最常见的为乳胶漆内墙涂料，它具有阻燃、无毒、无气味、又有一定的透气性特点。有亮光类、亚光类和半透明类等。

在选用内墙仿瓷表层涂料时，人们总结出用看、摸、搅和嗅的多种方法，以此确保使用的涂料质量万无一失，不出问题和不出现假货。按照正常情况，以看盛装在桶里的涂料物质是否分层和有沉淀，沉淀的物质是否出现异常；看在搅拌时的感觉，其黏稠和均匀性，好的乳胶漆必须要用力搅才搅得动。黏稠和均匀性则表示其质量是未过期和靠得住的；再看从桶里挑出来的涂料进行辨别，将挑用的棍斜放着，能形成三角形流帘的，便证明该涂料是好的。同时，将从桶里盛装的涂料挑起来后用手摸，感觉是否有黏度。质量好的乳胶漆是有黏性的，并能感觉到涂料内的物质是细腻均匀的。

在挑选涂料的实践中，人们还采用“闻、问、切”的方法，更能保障挑选出好的涂料，不出现问题，有着放心大胆的把握。当打开盛装的桶盖时，如果闻到刺激性和工业香精味，或是闻到使人头晕、恶心、喉咙发涩发痒的涂料，便不是好的涂料。无论其牌子怎么响，也不能“信”其名，只能相信自己鼻子闻到不正常的气味，该涂料不是假冒货，就是过期的。使用问的方法，便是问生产厂家、时间、涂料特性和使用效果。对于懂得涂料性能和用途的经销商，便会如实地说出性能、特征和注意事项等。购买者可以通过问和自己的看、摸，从中了解经销商真实性和诚实性，才决定是否同其做买卖。

至于“切”，就像中医看病一样，在选用涂料时，认真仔细地体量和把握。好的和质量过得硬的涂料是既不出气味，又看不到异常的。

15. 须知选用油漆的奥秘

在做家庭装饰装修中，由于日益讲究“环保健康”的缘故，对于有着危害性的油漆，使用逐渐减少，大多以水性涂料进行替代。不过，由于受条件和需求的局限，油性涂料，即油漆在不少装饰装修的部位还得使用。（在装饰装修行业中，油漆和涂料，统称为涂料，分为油性和水性两种。）油漆称为油性涂料。在家庭装饰装修中，使用得多的为清漆。主要是由装饰装修工艺技术条件决定的，特别是人造材料的日益增多，油漆既可起到保护材料面的作用，又可以使表面的纹理、色彩和图案等仍能清晰可见，不被遮掩和覆盖，致使装饰件保持原有美观状态。同时，涂饰清漆的工艺技术要求并不高，还有着流平性好，干得快和易操作等优势，又有着对人体的危害也很小特征。

虽然，油漆有着影响环境和危害人体的副作用。但在现阶段，油漆比较水性涂料在附着力、保护性和装饰性上要强，以及有着其独有的特性。自古以来，人们称涂料是一种材料，可用不同的施工工艺将其覆盖在适宜的物体表面，形成粘附牢固，并具有一定的强度连续固态的薄膜。随着时代进步和科技发展，能逐步地扬其所长，克其所短，将油漆的优势发挥到最好程度。因此，在选用油漆这种油性涂料时，要注意其危害性，以减少对环境和人体的副作用。

针对油性涂料，即油漆的选用，一是要避免其甲醛的危害，只要是选用正规厂家生产的产品,以及有着环保标志的油漆,其所含有的甲醛是控制在一定范围内，是国家规定允许的，对环境和人体不会造成太大的危害，让人也不会有着明显的感觉，只要经过一定时间的通风释放，则感觉不到。就是说，凡使用油性涂料在家庭装饰装修上，一般让其释放 1 个月时间左右，便不会对人体健康造成太大的伤害了。二是要避免苯的危害。油性涂料含苯的成分是比较多的。其根源在于油性涂料的溶解物中。其挥发性是比较快且气味性比较大，让人很难闻和难以接受。因而，在家庭装饰装修操作时，旁人一般不要靠近接触，最好是远离。操作完成后，让油性涂料自然挥发一定的时间，至少在 20 天以上，对人体的伤害便会小得多。如果不是万不得已，最好选用水性涂料替代。油性涂料以选用清漆，是为达到家庭装饰装修风格特色要求的。

16. 须知装饰壁纸（布）的奥秘

壁纸（布），也叫墙纸（布）。它以具有色彩多样，图案丰富，豪华气派，安全环保和施工方便，以及有着防开裂，耐擦洗，覆盖力强，颜色持久，不易损伤，更换容易，装饰效果好等特点，被广大业主及其家人青睐，成为家庭装饰装修中不可缺少的一种材料。可以说，对于现代人讲究环保健康的装饰装修，充分地运用壁纸（布）的长处，发挥其美观清秀的作用，不仅在节省装饰装修费用上，而且在环保健康上，都是一种很不错的选用。因为，相对而言，壁纸（布）在装饰装修材料中，对环境和人体的副作用是最少和最低的。

现阶段，在装饰装修用材市场上，壁纸（布）随着科技发展和提高，品种越来越多，用材也日益广泛。由于 PVC 材料的出现，也成为壁纸的用材，且在经过涂布、印花等工艺的制作，其品种、花色十分地丰富。这种壁纸比其他的材料，还有着柔韧耐磨，可擦洗，耐酸碱，有吸音隔热的功能。同时，壁纸（步）的种类，还有着植物纤维类、织物类、金属类和高泡类等。各种类材质的壁纸（布），都有着各自的长处和特征。在家庭装饰装修中，应当依据不同需求和喜爱进行选用。

在选用壁纸（布）时，应当注意不要随心所欲，更不要贪图便宜。而应当从家庭装饰装修的实际需求和适宜风格特色，以及环保健康上，选用正规厂家的产品。所谓正规厂家的产品，不是为贪图什么品牌，主要重于产品质量，以闻一闻、看一看的方法，发现有问题和不顺眼的就不要选用。闻一闻有刺激性气味，看一看有色泽不清晰，折印和褪色等，绝不是正规厂家生产的，说不定是冒牌货。凡是有着品牌效应和名牌的产品，一定要注意冒牌货，谨防上当受骗。

同时，选用的壁纸（布）色彩和花样，一定要同整个家庭装饰装修风格特色相协调，不能由此而出现问题，或者是破坏了风格特色，就有着“画蛇添足”之嫌。例如，本是“暗室”的居室，做现代式风格特色，选用暖色调的浅黄色，就不能选用冷色调的壁纸（布）。如果是西晒，太阳光直接照射时间长的居室，才适宜选用冷色调的壁纸（布），便有着抑制燥热的状态。但必须注意到颜色和花样上，要同整个家庭装饰装修风格特色相协调。

随着科学技术的发展和进步，壁纸（布）的种类，将会依据装饰装修行情，产生出更多更好的种类。像具有特殊功能的，有着防火、防水、能阻燃、能耐潮、不惧洗和能吸烟，以及带着自粘贴功能，或发光变色显现出不同图案、花样的壁纸（布）等，给予人们的多样要需求，带来更多方便和更好的选用，以适宜于家庭装饰装修风格特征变化的多效性。

17. 须知铝合金材料的奥秘

铝合金，即是指以铝为基本金属的总称。其主要合金元素有铜、硅、镁、锌和锰，次要合金元素有镍、铁、钛和铬等。分有铝镁合金、铝铜合金、铝锌合金、铝硅合金和铝稀土合金等材料。铝合金虽密度低，但强度比较高，接近或超过优质钢。有着良好的导电和导热性。塑性好，有着机械、物理和抗腐蚀性良好的特点，可以加工成各种型材。现在装饰装修用材市场，有不少铝合金材料被加工成型材，广泛得到应用。像铝镁合金材料扣板、铅硅合金材料用具等。还有着基本用板材、带材、管材、线材和型材等。在家庭装饰装修中的用材占有相当的分量。

用于家庭装饰装修中，仅铝合金门窗型材规格，就有着 35 系列、38 系列、40 系列、60 系列、70 系列和 90 系列等。其系列是指型材的宽度。其型材板厚有 0.8 毫米、1.0 毫米和 1.2 毫米的规格等。应用其规格系列是依据不同部位和承重的需求进行选用的。例如，选用型材做门、窗，一般采用材厚 1.0 毫米和 1.2 毫米的比较好。做门通常选用 70 系列或 90 系列，小于 70 系列的门框坚固和稳定性很难得到保障。假如做窗框，一般是选用 35 系列或 38 系列的。不过，窗框过大的，其选用铝合金型材系列则要大一些，不宜超过 40 系列的。

针对铝合金材料的选用，应当依据不同家庭装饰装修部位和使用效果及资金情况进行，不能胡乱选用，像铝镁合金材料加工出来的产品价格要高于一般性铝合金材料加工的。选用铝合金材料，主要看其表面氧化着色膜的光洁度和厚度。按理说，在铝合金的强度和稳定性上，材质厚一点比薄一点的要好一些。假若材质厚度太薄，就达不到工程质量和安全使用效果。像铝合金门窗的型材厚度便不得低于1.0毫米。若低于这样一个厚度，只有0.8毫米以下，便是不能保障质量和安全，有着偷工减料的嫌疑。

选用铝合金材料，除了看其外表氧化膜的光洁和未受损坏外，则要看其色泽是否纯正，不脱色，无划痕，手感稍重，证明其材质是有保证的。材型边线条流畅，切断面有着银亮色不变形，刚性好，便是比较可靠和耐用的好材料。

18. 须知塑钢型材的奥秘

塑钢材是近几十年间发展起来的新型材料。塑钢材，即塑料（PVC）里掺钢的材料。顾名思义，其材质比较纯塑料的要好得多。实际上，塑钢材的特征也正因如此，有着减摩。耐磨、耐疲劳和耐药性的特点，其刚性和弹性及尺寸稳定性都很好，是铜、锌和铝等金属材料的最佳代用品。尚且，还有着绿色环保无公害和施工方便的优越性。塑钢材在家庭装饰装修中，应用的主要是型材，有其系列产品。

挑选塑钢型材，应当根据需要选用合理的尺寸，不能过大过小，其尺寸应当合理，壁厚均匀，需要时可将不同塑钢材的断面放在一起进行比较，很容易辨别出优劣来。选用塑钢材，主要是观察其外表颜色。好的塑钢材应当是青白色的，而不是白色。优质的塑钢材在其配方中，含有抗老化和防紫外线的化学成分。因而，从其外表上看颜色是白中泛青，这种色泽抗老化性能强，风吹日晒三五十年都不会老化变色和变形，差的塑钢材因其配方含钙较多，看上去会是白中泛黄，所以，其抗老化能力较差，防晒性差。如果是用于门窗，有着太阳光照射的部位，使用几年后，便会越变越黄，很快老化、变形和脆裂，必须更换。不然，会出现安全事故。

如果是直接挑选塑钢门窗，也是需要从外观看起，外表是否光洁有损，焊角是否平整好看，清洁美观，五金配件是否齐全，有无钢衬，是否是正规厂家生产的产品。门窗是否端正和变形。其门窗扇页的外形尺寸，长度在1.5米以内的，其偏差不得超过2毫米；对角线长度在1米以内的，其偏差不得超过3毫米；对角线长度超过2米以内的，其偏差不得超过3.5毫米；对角线长度超过2米以上的，其偏差不得超过5毫米。相邻的物件装配间隙不得超过0.4毫米；焊接处间隙同一平面高低差不得超过0.6毫米；装配合页缝隙不得超过1.5毫米；两扇门窗之间的搭接缝隙偏差不得超过1毫米；门窗扇页内玻璃安装分格偏差不得超过2毫米扇页角缝最好是对缝平整，不得有偏差，如果偏差大于0.1毫米，便会影响到门窗安装美观，也证明其质量是不合格产品，不能选用。

19. 须知玻璃材料的奥秘

作为家庭装饰装修的现代用材，玻璃的用途日益广泛。其种类也越来越多，知晓其“奥秘”，对于做好工程更为方便且获益颇多。现应用得多的玻璃，由过去的平板玻璃和压花玻璃，发展到钢化玻璃、夹丝玻璃和中空玻璃等。随着科技进步还会应用到更多的新品种。

应用玻璃是依据不同要求进行的，而不是随意选用。主要依据业主及其家人的意愿来做的。如果仅由家庭装饰装修操作人员独自选用，就有可能出现不按规范做的现象。例如，用于围挡的钢化玻璃，按规定应当选用 15 毫米左右厚度的，却以 10 毫米厚度进行替代，而预、结算的费用又要按厚度 15 毫米以上规格费用进行计算。本是夹丝玻璃的要求，又用普通平板玻璃替代。像这一类现象在实际中习以为常，都是坑害业主的不轨行为。

在家庭装饰装修中，选用玻璃厚度尺寸，虽然没有严格的规定。然而，对于工程中选用的玻璃厚度尺寸不能低于 6 毫米，尚且必须是钢化玻璃，或其他特殊性能的玻璃，却不是普通的平板玻璃。钢化玻璃，又称强化玻璃，是一种特种玻璃，是由普通平板玻璃加工成型后，再进行钢化的。

钢化玻璃有着安全性好，耐冲击强度高，抗弯曲度大和热稳定性好的优点。其最大的特点是在玻璃被撞碎后，出现网状裂纹，破碎的玻璃成为细小纯角颗粒，棱角圆滑，对人不会造成重大伤害。其耐冲击力高于普通玻璃的 4 倍左右。热稳定度高达 110℃。主要是从其角和边上，容易被尖击和冲击损坏。在选用钢化玻璃材料时，应当看懂说明书上是否标明经过均质处理和平整度。如果没有经过均质处理的，便容易出现自爆，会影响到使用时效，而平整度则影响到美观和整洁效果，千万要把好关。

至于在家庭装饰装修中，应用中空玻璃材料，有着双层和多层的，则要根据实际情况来选用。中空玻璃双层或多层的原片，由透明浮法玻璃、压花玻璃、彩色玻璃和钢化玻璃等组成。不同材质必须依据不同需求选用，不同材质的质量和性能是有区别的，价格也相差很大。这种玻璃最大的特征是，花色品种多，可依据业主的喜好进行选用。其有着隔音、隔热和隔尘等优势。选用的中空玻璃材料做装饰，一定要起到好的作用。不可以张冠李戴，做出错误选择。

20. 须知铁艺特性的奥秘

铁艺是艺术凝铸的钢铁，是钢铁锻造成的艺术。铁艺以其淳朴、沉稳、古典气概味的表现和金属无所不能的延展性，在家庭装饰装修中，得到了广大业主及其家人的青睐和应用。

现代铁艺既是以原铁为基材，运用锻造、铸造和焊接等工艺技术，加工成各式各样的饰物，同时，又能依据不同业主及其家人的喜好，加工出各式各样的造型式样，既融入了简约、高雅、明快风格，又结合传统和民间特色，特殊和特有的风范，以其独特的艺术魅力和环保安全的特性，给不同的装饰装修风格特色带来了新的意味。其实，铁艺是“舶来”品，有着悠久的历史，进入中国应用于家庭装饰装修中，也有一百多年的时间。在当今的铁艺品上是有着现代痕迹的。当被一个家庭装饰装修选用时，一定要结合装饰装修风格特色进行。

按照家庭装饰装修用材市场，铁艺制品在制作工艺上分为两大类：一类是应用铸造、锻造等工艺技术，以手工方式打造生产的铁艺制品，再进行加工修饰，克服在锻造和铸造中出现的问题，使其由粗糙变得细腻好看起来。一类是用型材，经过机械、焊接和人工修饰的做法而成。铁艺加工，虽然采用并不复杂的加工方法，却能够做到造型丰富，工艺精细，美观大方，高贵华丽，有着极强的装饰装修的生命力效果。

选用铁艺制品，首先得依据整个家庭装饰装修风格特色确定部位来安装铁艺制品，并在选用造型和花色品种上也要适宜，不能盲目选用，以免出现不伦不类的状态，反倒有些弄巧成拙。在选用铁艺时，应当注意到表面处理和加工精细状态。对于铸造和锻造的，要仔细观看其铸造和锻造得好不好，对表面处理得精细和到位情况，有无剥落、起泡和开裂的，能否呈现出古铜色、红古铜色、古铜金、黑金边、铜金边和白金边等意味，才能呈现出古色古香和铁艺独有的特征来。针对运用型材加工的铁艺，则要注意到其表面的氧化皮、焊渣、锈迹、油脂和脏物等，是否处理得干净彻底。如果马虎处理的，这种铁艺再好看，其使用寿命也是短暂的。特别是对于锈迹和焊渣一定得处理得好。不然，使用不到半年时间，其锈迹便会从外到内或从内到外锈透的。因为，应用型材加工出来的铁艺，大多采用油漆和手绘的方式做表面涂饰的，最容易被锈迹透出来的。同时，其焊接的焊渣处理一定要干净透彻。如果焊渣处理马虎，在其表面涂饰油漆和手绘的涂料，会使用不了很长时间，使用寿命是很短的。凡是有着锈迹和被锈透的铁艺，也就失去了其装饰装修的效果。

21. 须知角线条材的奥秘

角线条材虽然不是主材，但算得上是辅材。在家庭装饰装修中，不少部位都用得上，其作用还不是一般铺材能够相比的。主要起着装饰、平衡、连接、包容和美观的效果。装饰角线条材有木质、石膏、金属、陶瓷和石材等材质的。是经过特殊加工制作为专用部位做装饰的。可直接在现场做现成的安装，致使家庭装饰装修施工中，一些不好收边收口的缝隙或角隙等，得到很好的解决。尚且，还使得缝隙问题在角线条材的装饰下，变得美观和好用起来。

角线条材针对家庭装饰装修造型中，收边收口和细部处理不可缺少的材料。有着很好的实用功能，除了给缝隙和装饰装修的阳角及阴角收口，及窗框、门套包边收口之外，有的角线内还可以走电线路、电话线和网络线等。既巧妙地解决了线材外露的问题，美观了居室内装饰装修状态，又节约了线路改造的时间和费用，还为家庭装饰装修细部处理，起着协调和美观的功能作用，是其他装饰装修手段难以达到的目的。致使不少界面和边角缺陷，在角线条材的作用下瞬间得到解决。

角线条材在使用功能上，涉及家庭装饰装修的多个方面，有阳角、阴角、踢脚边和挂镜线边等，除了安装强化木地板的踢脚线角边，是有着配套角线条外，其他角线条都是专用的配套材料。按角、边式样，分有素线和花线条等。材质上若是木质的，大多是用天然软质材料加工制作的，以往局限于淡黄色和栗色的色泽，给予家庭装饰装修风格特色造成一定的影响。如今有着人造的木塑材料和其他材料，其色泽便丰富起来，解决了色泽配套问题。在选用角线条时，一定要注意到同家庭装饰装修风格特色的色泽相配套。不然，会因色泽上的差异而破坏了装饰的美观效果。

由于角线条生产用材越来越广泛，除了天然木质材料外，如今有不锈钢、木塑和石膏材，以及塑料材等。选用哪种材质适宜，也应当依据家庭装饰装修风格特色进行。像不锈钢材角线条比较适宜于现代式和自然式风格特色，能进一步地体现出现代家庭装饰装修风格特色。不锈钢材角线条应用的范围是很广泛和多方面。如今，在解决仿瓷阳角上的包角线条，出产了一种塑纸式，解决了边角美观呈现出简单化得到了普遍应用。

至于挂镜线是装饰装修造型专用的角线条，起着规范和美观造型的作用，丰富了造型的内容，是作为一种特有效果使用的。其材质从过去的木质材料，发展到不锈钢材料和镀钛金等材料。但使用得多和效果好的挂镜装饰线条，还是以木质和塑料材料为主，主要同家庭装饰装修风格特色更配套。

22. 须知吊顶扣板的奥秘

扣板是家庭装饰装修厨卫吊顶的专用材料。由于科技进步和家装发展迅速，扣板材的应用也很广泛，原以塑料和石膏材料为主，现在却以铝合金和不锈钢材料为主，兼用 PVC 材料，以及石膏板材，PVC 材料比塑料材料在环保健康和适宜上又进了一大步。也由过去的镀铬、镀锌铁皮材扣板式样简单，发展到各金属材料的花色品种日益增多，简直成了“花园内选花”一般，有着美不胜收的状态。

现呈现在装饰装修用材市场上的扣件规格，大多为 600 毫米 ×600 毫米的正方型，从材质和价格及其造型上，选用铝合金材质为最多。其中，有铝合材、铝镁材、铝铬材和铝锰材等。因从其轻质、美观和安装方便，获得了广大业主及其家人的青睐。材质和价格上较低档的为PVC（塑料）及轻质石膏材料。PVC材料是聚氯乙烯的简称，加入适量的抗老化剂，经冶炼、压延和真空吸塑等加工工艺制成。PVC扣板有着材轻、隔热、保温、防潮、阻燃和施工方便等优势。其规格、色彩和花样诸多，极富有装饰效果。但若同由铝合金等金属材加工制作的扣板，从材质、花样、美观和应用时间上，却还是要差了许多。已逐步地被取代。

由铝合金等金属加工制成的扣板，从外表到内质都有着比塑料（PVC）材质更胜一筹的优势。到装饰装修用材市场挑选扣板，几乎都是铝合金材料加工制成的。铝合金材质又以铝镁合金加工制成的扣板，从外观到内质好看和经用，其式样图案，花色品种为上等货，价格也稍高一些，耐用钢性、耐腐性能和抗老化上，比其他材质都有着优势。

选用扣板，不但看外表，有拼花和素板，即无拼图案。首先选用和板也应当依据整体装饰装修风格特色和不同部位需求，有针对性地进行，就更有利于选用扣板的适用性。其次是看扣板边沿的制作质量，主要是搭接边榫、凹槽平直度和光洁性，有无变形和发生其他不利于安装状况等，尤其对板表面的质量要看仔细，有无污损，拼花图案是否清晰。同时，还要注意到看的样板和送货的扣板材质及式样是否一致等。可以说，铝合金材质的扣板，在环保性和安装稳定性，以及使用寿命上，在目前是有着优势的。总之，挑选扣板，主要注意的是正规厂家生产的产品，其质量靠得住，也差不到哪里去。

23. 须知五金配件的奥秘

五金配件是家庭装饰装修中，几乎都要被采用的。可以说，没有五金配件，工程难竣工。如今，在装饰装修用材市场上，都设立了专用五金配件的柜台，品种齐全，琳琅满目，眼花缭乱，让人有着不好选用和无所适从的感觉。就是说，五金配件的产品，完全能够满足家庭装饰装修的需求。

在家庭装饰装修中，选用五金配件最多的是螺钉、汽钉、拉手、锁类、铰链、开关和插座等。其材质有着钢铁、陶瓷、不锈钢和镀铬件等。按理说，选购五金配件，不存有“奥秘”。然而，由于现在装饰装修用材市场的复杂和用途不同，以及每个业主的喜好原因，还是有着其“奥秘”的。像用于家庭装饰装修紧固件的有螺钉、圆钉、直钉、钢钉和纹钉等。螺钉、直钉和纹钉是使用最多的。如今，应用直钉比过去在钉材上进了一步，钉身稍粗了一些，螺钉普遍都是经过碳化（黑色）和氧化（黄色见蓝底色）是不易生锈的。选用螺钉一定要看其表面和色泽，表面是否存有缺陷和变形，可以用手摸一摸是否有毛刺的感觉，还可掂一掂是否是真3#

钢的材质。如果出现生锈和毛刺的状态，就不是正式厂家生产的产品，是冒牌货不能选用。在工程上，不少的操作者，不应用碳化螺钉，采用普通螺钉，就有着“偷梁换柱”的嫌疑。

拉手是家庭装饰装修中，普遍应用得到的。其材质多是不锈钢、铁皮镀铬和陶瓷等。在选购时，一定要注意到表面是否光滑和做工是否精致，是否为业主及其家人喜欢的款式。尤其对于标明是不是锈钢的，要仔细地检验一下，是否是真货，千万不要被镀铬产品假冒。不锈钢材质同镀铬材质的轻重是不一样的。镀铬或镀锌产品的材质厚度要适宜，不能太薄。太薄的产品，能用手力捏得变形，显然是不能用于家庭装饰装修使用的。至于陶瓷材质的五金配件，也要仔细认真地检查，是否有破损痕迹，有必要的轻轻敲一下，听一听是否是清脆的声音，声音好的，则是好货。同样，选用门锁，也要注意其质量好坏，锁芯同外壳的结合是否配套，外表是否光滑手感好。其中有镀铬、镀锌、镀铜和仿古色的，不要同真不锈钢和真铜质产品搞混淆。连体把手，金属的会好于木质的。凡内用铁皮的把手或锁，会因时间的缘故生锈或有斑迹，不能选用。门锁的材质好坏，可用手掂一掂，会体验到差别来。再就是用钥匙试着反复拧开锁芯，配套好的和不好的会有感觉。钥匙齿浅的好于齿深的。齿深的钥匙容易被扭断。钥匙铜质的好于铁质的。仿古色的最好是黄铜，而不是紫铜材质的。同时，对于穿门安装的锁，要注意到锁的长短是否适宜于厚度和门的风格特色，还要同家庭装饰装修风格特色相协调。

至于安装推拉窗或门选用的滑轮，也有多种材质的。按传统观念选用铜质的最好。由于铜资源的原因，铜质滑轮不是很多，锦纶材质不会逊色于铜质的。锦纶材质是一种耐磨性能高，回弹性能好的材质比重小的锦纶材质使用寿命，比其他材质更经久耐用。还有电器开关、插座的材质基本上是 PVC，应根据需求选用，要检查其质量，以免出现假冒产品而影响使用效果。

五、须知工序理顺奥秘篇

从表面上看，家庭装饰装修工序很简单，由泥、木、油和水、电等组成。如果要将每一个工序细化出来，尤其是细化到每一个工序的工艺技术环节，便不是那么简单。往往还出现工序和工艺技术上，让业主和操作者都感觉不到的问题。工序是由工艺组成，工艺有着技术和质量的规定及要求。做好家庭装饰装修，就是要在工艺技术上下功夫并落到实处。为将家庭装饰装修做好，有必要知晓和明确工序理顺的“奥秘”。以免出现人们意想不到问题，造成不必要的麻烦发生。

1. 须知房检必要的奥秘

在做家庭装饰装修前，对住宅居室有没有必要做认真细致的检查，一直以来被家装公司（企业）和业主忽视，而往往又成为两者之间发生矛盾或引起争议的“导火线”。因此说，忽略房屋检验工序是不应该和不明智的，应当建立健全这一工序，有利于家庭装饰装修的顺利进行。在实际情况中也确实如此。当装饰装修施工没有发现房屋质量问题，其工序展开是很顺利的，不会出现“搁浅”和停工现象，若是在施工中，发现房屋有质量问题，还影响到装饰装修的施工质量时，似乎就有了说不清、道不明的事情，引出业主同家装公司（企业）的矛盾和争议，有时还让做家庭装饰装修的施工人员，有着哑巴吃黄连，有苦说不出的感觉。主要在于有的业主为扩大使用面积，不通过物业管理部门（即房产商的代理），要求装饰装修的施工人员敲间墙或扩大门窗等。如果不出现问题，则相安无事。若是出现问题，引起墙面开裂，或者梁、柱等本身存在的质量问题暴露出来。于是，争论便产生。作为房产商代理，即物业管理部门，是不愿意承担责任的。因为，在家庭装饰装修未动工前，发现居室存在质量问题，要求其修补，都是推三阻四，不愿整改。更何况动了工，就有理由拒绝，则顺理成章。只有业主和家庭装饰装修施工人员承担责任。

一般情况下，大多是由业主出资，要求家庭装饰装修施工人员进行整改和补救。小问题好解决，出资也不多，工期也不长，也不会影响到家庭装饰装修工程质量。作为从事施工的人员，在不影响到其利益时，便会帮助业主给予修理后，继续做装饰装修施工。对于住宅居室出现问题，不是事先做房屋检查发现的，而是做家装施工后发现，又没有告诉给房产商或其代理，即物业管理部门，便一声不吭地做装饰装修施工。日后出了问题，则会引出不少麻烦的。所以，在家庭装饰装修施工前，由业主和家装公司（企业），会同物业管理部门人员，或者邀请房屋检查专业部门，事先对房屋质量进行认真细致检查，显得很有必要，也减少了诸多的矛盾和纠纷的产生。

事先进行房屋质量的检查，不仅仅是关系到家庭装饰装修的顺利开展。主要还在于涉及房屋建设和装修质量责任减少矛盾产生，甚至不产生矛盾，以及影响到家庭装饰装修工期的问题。房屋质量在家庭装饰装修中发现问题，产生争论和矛盾，往往还在于事前没有检查工序。建立健全这一工序，为的是弥补房屋建筑做房屋检查出现的漏洞和其他状况。而当做家庭装饰装修发现了房屋建筑质量问题后，房产商或其代理，即物业管理部门又不认同。如果做家庭装饰装修事前建立健全房屋检查工序，又认真地坚持落实下去。在发现房屋问题时，作为房产商及其代理，即物业管理部门，便没有理由推卸责任。这样，家庭装饰装修公司（企业）在房屋建筑质量上，便不会同业主产生矛盾和纠纷。因此，不要小看了事前房屋检查这一道工序的作用，只要稍作重视和坚持，必定为家庭装饰装修顺利进行和保证其质量，创造了一个很好的条件。

2. 须知房检重要的奥秘

一般情况下，每当一个家庭装饰装修公司（企业）同业主达成稳定的意向关系后，公司（企业）便会要求相关的设计人员，到现场进行看房和测量房屋面积等一系列工作。然而，这一工作的进行，至今没有作为一道必要的工序建立起制度，更没有健全验房质量的制度，显然是家庭装饰装修公司（企业）管理制度的一项缺乏。按理说，凡是属于家装公司（企业）人员，所从事的每一项工作，都必须纳入管理中来，看房和测量房屋面积，作为一项工序确定下来，既能提升公司（企业）管理的规范性，又能提高每个人员的工作责任性，是一项很重要事情。

在现实中，每个家庭装饰装修公司（企业）都要组织人员到承接的住宅居室中，查看房型和测量实际面积，而不只是看房产证上标明的房屋面积，便作装饰装修的谋划设计。如果不到现场看房型和给予每间居室测量面积，显然是做不好设计的。因此，将这一过程确定为做家庭装饰装修的一道工序，既能为公司（企业）规范管理做了重要工作，又能让业主充分体会到企业管理的细致提供依据。既然在行动上是这样做的，何不纳入管理程序，促进家庭装饰装修的顺利进行，创造有利条件？

将事前房屋检查作为家庭装饰装修的一道工序，纳入公司（企业）的规划管理要求，从表面看，似乎没有什么。尚且，在有人心目中，还觉得未确定或未签订家装合同，没有必要那么做，做了也不值得以一道工序确定下来。凡有这种思想者，显然是不正确和未做过企业管理的。家庭装饰装修，虽然是一个新兴的行业，其管理模式却在套用房屋建筑管理的那一套，从长远观念和做好家装管理要求上，既是一种短视行为，又是不精明体现。从家庭装饰装修管理上，人们心里都清楚其管理要求，不能同房屋建筑管理那样。房屋建筑管理，是从每一个不相同的空地上建筑起一座房屋，是从无到有，而家庭装饰装修，则是从有到有，给予形形色色的建筑空间，做各式各样的补充健全。尤其是面对几百上千平方米，有着十几间不同形状的房屋空间，有毛坯房、简装房和大空间房等不同情况，还有不同地区、不同环境和不同楼层，做出一个个完美漂亮的装饰装修效果来，必须要建立健全不同于房屋建筑的管理规章和有着自身特征的管理制度来。做事先房屋检查的制度规定，确定为一道很重要的工序，不仅很适宜自身管理需要，而且是把实际做法规范和总结出经验，是很有利于家庭装饰装修管理上台阶的。如果一个企业管理制度不健全，管理不到位，是难以长久生存和发展下去的。

确定房屋检查作为一道重要工序，不仅是规范公司（企业）管理，为家庭装饰装修长远发展着手，而且是提升员工责任心，提高服务质量，采取的有效措施。现实实践也告诉了人们，给予即将进行的家庭装饰装修的住宅做着房屋检查这一道工序，不但给家庭装饰装修带来方便，防止了诸多不必要发生的矛盾和纠纷，而且让广大业主省去了许多担忧，增进了信任融洽了彼此间关系，为提升以人为本的和谐社会理念，做了一些实实在在的工作，何乐不为！

3. 须知房装谋划的奥秘

从表面上看，做家庭装饰装修，似乎不要做谋划，直接由设计人员依据房型和面积，以及业主及其家人的意愿做设计画图便可以了。其实不然，在相关人员看过房型并测量了住宅居室面积之后，设计人员必须依据业主的意愿和确定的风格特色，不是想当然的做设计，却是要先做出自己的谋略和计划的。只有在其谋略和计划符合业主的意愿，并经过其认同后，再通过线条和图形呈现出来，满足施工要求，方能达到设计圆满的目的。这个过程便是家庭装饰装修设计前的谋划。

按一句话概括谋划的意思，从广义上便是把计谋、主意和想法，以及筹划，组织成具体的计划、规划的行为。具体到家庭装饰装修上，家庭装饰装修有着多种风格特色，而每一个业主对自己的住宅，装饰装修成什么样的风格特色，都有着自己的打算和愿望，不是做家庭装饰装修职业人员可以替代的。因此，必须有着“谋划”的过程，才能使设计达到业主及其家人满意的目的。

家庭装饰装修设计，并不是一件很容易的事情。要想获得业主及其家人的认同，作为设计人员在看过现场之后，头脑中先对整个空间进行谋划，但这时还不能确定，必须再次同业主交换意见，认真听取业主的建议和意见。如果遇到对家庭装饰装修完全没有接触，或一窍不通的，还必须得做详细解释，让不懂的业主能了解基本的设计情况，并让其认同后，才能给予确定，做进一步地设计。尤其是针对一些业主对家庭装饰装修很熟悉的情况，更需要将谋划情况很详细地叙述清楚，得到认同。承担设计的人员方能将自己的谋划，通过设计图表达出来。

其实，针对一个家庭装饰装修设计，要想做出让业主及其家人满意的效果，凭空或凭设计人员的主观愿望是难以实现的。在进行设计谋划后，还须征求业主及其家人的意见和建议。每个业主要求做家庭装饰装修时，也是有着自己的谋划的。设计人员能够将业主的谋划同自己的谋划有机地结合一起，其设计方案便会有着一个好的效果，不然，就有可能发生矛盾和争议。所以，做家庭装饰装修，必须有一个谋划过程，是为设计出满意效果，做的准备和前提工作。

4. 须知签订合同的奥秘

一般情况下，做家庭装饰装修，是需要签订合同的。为的是明确业主（即甲方）同承担工程施工的公司（企业）（即乙方），双方的权利和责任及义务。如果业主（即甲方）不能直接做委托的，也可委托代理人实现自己的意愿。在签订家庭装饰装修合同时，作为业主及其代理人，应当有着“货比三家”的调查了解，而不能贸然行事，说不定会有后悔的可能。其主要在于现实的家庭装饰装修市场，竞争很不正常，管理也很缺失。不少公司（企业）只是取个名号，既没有施工资质，也不属于行业管理，形同“游击队”性质，出了问题，谁也拿这样的公司（企业）没有办法，出现不必要的麻烦，致使家庭装饰装修好事变成了麻烦事。

为避免这类事情的发生，很需要有着“货比三家”的做法。一是对家庭装饰装修公司（企业）进行相应的调查，了解其施工质资，最简单的方法，是从其工商经营许可证上可做了解，是否属于行业组织管理，与政府相关的管理部门有无管理关系。凡有着管理关系的，基本上是有从事家装质资的。二是同多家装饰装修公司（企业）接触，听听他们的谋划和设计情况，还可做多个设计方案的比较。设计方案涉及用材、工序、工艺、用色和费用等，再依据其具体情况，征求做过工程业主的意见和建议来筛选公司（企业）；三是对接触过的公司（企业）人员的素质和服务质量进行比较。同时，还可以到其施工现场看一看其管理状态，听一听与其合作的业主现场解释。在做了多方面的了解和比较之后，才确定一家业主自己满意家装公司（企业）洽谈签订合同的事宜。

签订合同一般都有着现成的格式。有着各方名称、工程概况，各方职责、工期、质量及验收、工程付款方式和结算、材料供应、安全及文明施工，防火、违约责任、出现问题争议或纠纷处理、保质期等，还有其他约定和合同附件说明。按照现成的合同格式，也不是很全面和没有缺陷、漏洞的。像合同中说到保证质量。其实，不少方面只是说到短期内就暴露的，还有没有暴露出，属于隐患的和偷工减料、偷梁换柱的行为，合同中是不会提出来的。例如，对于焊渣应除去，再涂刷防锈漆。就有借合同中未提出而不愿做；板缝未填仿瓷，待干透后，再补平仿瓷，面贴绷带，确保日后不开裂等工艺技术要求，也以合同中没有而不做的状况，在现实中体现出来，并以此为理由，给予工程质量留下了隐患。因为，有的隐患不是一两年时间能暴露出来的。可能要更长一段时间。其实，保证家庭装饰装修质量要求，属于设计工序和工艺技术规定的事项，是承担工程施工方管理的事情，同签订合同无关。

5. 须知家装设计的奥秘

按照委托做家庭装饰装修程序，也可以是工序要求，在签订合同后不长的时间里，承担工程施工的家装公司（企业），应当有设计图样提供给业主及其家人，让其清楚家庭装饰装修及费用情况。由于家庭装饰装修行业存在管理不规范的原因，各个公司（企业）的做法是不一样的。有的公司（企业）在签订合同前，便有了设计方案和预算结果；有的公司（企业）却是在签订合同后，才进行设计和做预算的；或者是在交了定金后，做出设计图和预算。其设计和预算是否令业主满意，不少公司（企业）都先将主动权抓在自己手里，让业主处于被动状态。这是现行家庭装饰装修不成文的做法，显然，有着欠合理和不合法，也是容易造成矛盾和纠纷的焦点所在，应当有所改进。

从承担家庭装饰装修施工的公司（企业）的角度来看，显然是无话可说的。但在业主及其家人就有话可说，却又没地方可说。作为有家装质资和有设计能力的公司（企业），能拿出让业主满意的设计方案（图），问题不是很大。若作为无资质的公司（企业），拿出的设计方案（图），达不到业主及其家人的愿望，业主不满意，必定会发生纠纷和矛盾。然而，在现实中，却出现了不管业主满意不满意，做设计的人员要求报酬，其报酬从定金中扣除，也不管双方能不能达成协议签订合同，就这么执行。出现这样的状况，显得既不合法，也不合情理，还有点“霸道”，让业主怎么来保护自己的利益，不受到无故侵犯，是值得探讨的。

按照规范设计要求，应当先从装饰装修的风格特色确定下来，是关系到体现业主意愿和整体效果很关键的方面。如果不能确定家庭装饰装修整体风格特色的设计，其他的设计是不能进行的。因为，家庭装饰装修的风格特色需要通过一些艺术造型和色彩表现出来。而涉及的每种装饰装修风格特色工序和工艺技术要求是不相同的，需要由设计人员对其确定下来。例如，现代式风格特色和古典式，简欧式等风格特色就很大差别，具体到施工工序和工艺技术，则更不相同，如果不按照各个风格特色的设计及施工，做出现定，施工人员便有可能做出不伦不类的装饰装修风格效果来。设计人员不只是以点、线、面和几何图形画出来，便万事大吉。其实，设计还涉及施工工序和工艺技术要求，及用材规定、色彩选择和功能要求等。只有按照各个装饰装修风格特色，做出详细完整的设计，有着技术、用材、施工和质量、安全及色彩要求，才是一个合格的设计。

至于具体到空间的分割，区域划分、家具式样和功能要求等的设计，必须是在确定整体风格特色基础上，才能依据实际要求和业主及其家人的生活习惯和喜爱进行设计，还有着灯具灯饰和后期配饰的配套设计要求，才能使施工操作人员照葫芦画瓢，完成整个工程的施工。不然，就有可能出现设计和施工的差异，致使设计不能落到实处，便是设计的最大失望和遗憾。

6. 须知工程预算的奥秘

在做出家庭装饰装修图纸设计后，便要按照图纸和规定做工程费用的预算。预算主要是依据设计图纸和相应的工序及工艺技术要求，做材料使用、人员施工、企业管理和工程利润等方面费用的计算。其费用一般是按照 40% 左右的材料费、30% 左右的人员施工费、5% 左右的设计费、15% 左右管理费和 15% 左右利润等费用计算的。然而，在实际中，往往同这种计算方法有着很大的区别。即使同样一个家庭装饰装修工程的预算，由于预算人员的预算方法和预算水平的高低不同，会出现许多种不同的结果。主要在于预算材料多少、施工工序和工艺技术的简易、流程多少的区别。还有着浮动性的项目及其用材高低，虽然有着装饰用材市场指导性价格规定，但不同的家装公司（企业）进货渠道的不一，各个公司（企业）的价格是不一样的，有高有低，相差比较大。要想了解到其家庭装饰装修的造价，一般从其预算书上，是不易看出破绽的。重要的是业主及其家人，能有着专业知识，了解家庭装饰装修用材、工价和管理等方面的价格行情，才有所作为。不过，尽管从预算书上不能很快地看出问题。却还得要针对自己家的装饰装修预算书，作认真细心的核算，认真看，仔细查，或请教内行人士，做一种类似审计的方式，便会看出一些端倪的。做，比不做要好得多。因为，在现实中，经常出现漏算又加价和乱做预算等一类情况，不能让预算成为“暗算”，让业主无端吃过多的亏。

针对预算要防止其成为一种“暗算”，还有着对其设计的工程档次，有着明显的关系。做家庭装饰装修设计，有着标准型，即基本的常规装饰型，用材普通；温馨型，即比常规基本型高一个档次，有着少量的工艺造型，用材一般；高档型，即指在温馨型基础上，有着更多的艺术造型，体现出更多的设计艺术和用材档次提高了一步，做工也精细一些；还有豪华型，从设计风格特色到选用材料上，都有着体现家庭装饰装修的独有特色，用材上也是精品级材料，做工上也有着独有特色到精致细腻和豪华美观。如果预算上是做豪华型的计算费用，而实际做工和用材却体现一般，便是不规范的预算或施工。将预算同实际状况很好地作核对，便是审查出预算和结算“奥秘”的一种好方法。

7. 须知不同风格的奥秘

所谓不同风格，是指装饰装修风格的多样性。而每一个装饰装修风格，由于其特色不一样，造成其施工工序和工艺技术上有着差异。作为业主及其家人，应当对其有所了解，对从事家庭装饰装修职业者，则应当懂得和依据不同的装饰装修风格特色进行施工。如果不能做到，不仅仅使设计变成一张废纸，而且还会浪费人力、物力和财力。针对这样的状况，恐怕不少业主及其家人不相信，还会提出质疑：做家庭装饰装修的公司（企业），还有不会做，甚至做错的？

针对业主及其家人存在的疑问，不足为怪。主要是对新兴的家庭装饰装修行业的不了解，更对一些家装公司（企业）不了解，一味地相信其宣传，不作实际调查。如今的家庭装饰装修市场，因管理上的缺乏，出现了成立公司（企业）有无质资，能不能做家装无人过问，形如“游击队”的情况。做简单的现代式和自然式装饰装修风格特色，请一些游兵散勇是可以应付过去的，而面对稍复杂和独有特色的设计风格，则不知道如何按照工序和工艺技术要求来做。于是，有的挂名“公司”在应付不了时，只好关门，改头换面，逃之夭夭。

现在做家庭装饰装修，显得风格特色比较复杂或同一般不一样的，有着古典式、简欧式、和式与综合式等。尤其是做简欧式风格特色的家庭装饰装修，还有着在现场做配套家具的，致使不少家装公司（企业），不知道怎么运作了。例如，做古典式和做简欧式风格特色的家庭装饰装修，在设计和施工工序及工艺技术上有着很大的区别。做古典式风格特色的，既在造型上有着古代传统的意味，在梁、柱和门窗上，有着古典民间特色，色泽上也呈现出古色古香，有的还呈现出地域的传统式样；虽然简欧式在一些造型上有着中国古典式的式样，但在用材和色彩上却都是仿造西欧式的，同做中国古典式风格特色在工序和工艺技术上，有着截然不同的区别。简欧式风格特色在用色上，是以白底浅黄色或金黄色相边色为主，做着石膏板（即石膏装饰线）吊顶，呈现金碧辉煌的样式。而做中国古典式风格特色，在用色上以栗色或深绿色为主，应用实木材或仿实木材，做各种造型，形成其独有的特征。让人一眼便能分清楚是什么样的风格特色。其施工操作的工序和工艺技术不是一般的家庭装饰装修公司（企业），更不是新开张的挂名公司能得出来的。

8. 须知高低档次的奥秘

做家庭装饰装修，除了不同的风格特色，有着不同的工序和工艺技术要求外，从一个风格特色上，因档次高低设计不同，形成选用材料不同和选用色彩的差别，从而出现工序和应用工艺技术的差别。例如，做同一个装饰装修风格特色，由于档次高低的差别，分有吊顶和不吊顶；或吊顶做造型和不做造型；造型多和造型少；做家具和不做家具；地面铺贴地砖和不铺贴地砖，铺地板和不铺贴地板；铺装实木地板和铺装强化木地板；不铺地板，不贴瓷砖，只铺地毯的工序和工艺技术及质量要求是有区别的。墙面有铺强化木地板，或实木地板，同铺贴瓷片，或张贴墙纸（布），或只刮仿瓷，不滚、喷饰面涂料，或批刮仿瓷，又滚、喷饰面涂料等各式做法，都是有着工序和工艺技术区别的。这样，便出现做家庭装饰装修的高、中、低档次，高档次的家庭装饰装修，在做居室家具、顶面造型和选用材料等方面，以及做工精致上，同中档次和低档次是有严格区别的。高档次的家庭装饰装修，是依据居室的具体情况和业主的意愿，在每一个部位或面上做艺术造型，选用环保精致的材料，做精心的施工操作，呈现的质量是给人一个很美观和舒适的感觉。仅以墙面批刮仿瓷为例，选用仿瓷配料是最好，批刮仿瓷的次数和面上体现出来的平整度和光洁度及打磨都是显示出中档型装饰装修比不上的，对于中档型的家庭装饰装修，比低档型的，要在显眼的电视背景墙面，或餐厅，或书房里，或走廊墙面和顶面，有选择性地做一些造型，材料选用普通的便可以。而低档型的家庭装饰装修，则是比简装要好一些，铺地面，刮墙面滚、喷涂料，做简约型吊顶，没有造型和做一般的水管及电路的改造等。看上去的装饰装修显得很一般。因此，由于档次高低不同和选用材料的差别，从而，造成了工序及工艺技术要求不一样。

要想懂得和分出家庭装饰装修的“奥秘”，必先从设计上知晓其反映出来工序工艺要求和造型高低多少，以及选用材料的精致性和做工的精细程度，本是做高档型的家庭装饰装修的意愿，却做出中档型或一般性的，不少工序和工艺技术被省略及简化去，选用材料很是普通化。人们可能只从外表上看出装饰装修的精致或粗糙来，却不能从其选用材料和隐蔽工程上，看出质量的精致和粗糙。不少实际操作人员，就是在隐蔽工程上，偷工减料，偷梁换柱，粗制滥造。例如，选用吊顶石膏板，便有着质好质差的明显区别。即使是同一个品牌，就有高档型的防开裂、防踩踏和防潮等作用，一般的石膏板是做不到的。用于家庭装饰装修中，体现出来的效果和使用时间长短都是不一样的。

9. 须知住宅差异的奥秘

所谓住宅差异，是说住宅居室结构及内部状况是不同。像住宅中有着别墅、大型房、中型房、小型房、毛坯房和简装房等。这些房型在做家庭装饰装修时，其工序和选用的工艺要求是有着很大差别的。如果一味地按一套工序和工艺来做工程，必然会出现不少的问题，不仅做不成功，而且会造成错误，浪费人力、物力和财力。例如，做毛坯房和简装房的装饰装修，从开始施工操作，便有着不一样的工序和工艺要求。毛坯房是没有做过任何装修的，墙面、地面和顶面，都没有做面层，无内门，只留有土建门洞，甚至只是个大空间，卫生间没有任何设施，无电无水，房外只有一个整水管及总开关强电的接线头和接水口，室内没有任何水管电路，厨房、卫生间只留有下水管头，不封阳台，既无区域划分，又无功能区别，完全依靠做家庭装饰装修来实现住宅使用和居住功能。其做装饰装修，必须从做土建的装修开始，将一间毛坯房，按照业主及其家人的意愿，先做分割，划分区域，确定每个居室的空间大小。做这样大空间毛坯房的装饰装修，有着其优势，便于业主及其家人选择使用，却在安全性和规范性上存在着诸多弊端。尤其是遇到别墅、大型房及复式、跃层式大面积毛坯房的装饰装修，其工序和工艺要求，同其他房型是不能做统一性规定的，只能按照实际状况做工序和工艺规定，以满足业主及其家人的愿望。

针对简装房做家庭装饰装修，其工序和工艺要求，显然同毛坯房大不一样。简装房是给予居室做了区域划分、功能分工和简单的装修的。各居室内的顶面和墙面做了面层，厨房和卫生间的地面铺贴了马赛克或吸潮的瓷片；有内门，卫生间有简单的卫生洁具设施；厨房内有料理台、水龙头和洗涤池；有简单的灯具可照明；不封阳台等。简装房装饰装修的工序，不再需要从做土建划分区域、功能分工开始，而是从清理和改造开始，一般是依据业主的需求，先从改造水管、电路起步做隐蔽工程。然后，依据设计要求做装饰装修的每一项工序。有从顶面吊顶工序开工的，有不吊顶，从包门、窗套、包暖气罩和做家具起步的，也有从做地面装饰装修开张的，地面的装饰装修工序，应以采用不同材料而出现不一样的工序和工艺要求，有铺贴瓷砖是先要做的工序；铺装地板，不管是铺实木地板，还是铺强化木地板，其实施的工序和工艺是稍后。因此说，由于选用材料上的区别，也就形成了做家庭装饰装修的工序和工艺的大相径庭，不可以一概而论定工序。其工序安排显然不同，有先有后。只要是适宜于家庭装饰装修的需求，不要影响到工程施工质量和安全，就是适宜的。最可怕的是因工序和工艺规定不当，而影响到家庭装饰装修进度和质量，就是错误或不适宜的安排，由公司（企业）把握的。

10. 须知准备开工的奥秘

做家庭装饰装修的状态是多种多样的，不是简单的一种情况，只有一个业主做工程。而是有着几家，或几十家，同时在一个新住宅区开工做的；有一、二家在一个半新住宅区开工做的；也有仅一家在一个老住宅区开工做的等。无论是在什么样的住宅区开工做家庭装饰装修，就有着同做工程密切相关，但又不完全属于做家装工序的一种特殊工程，即要进行的程序，是现实中做家庭装饰装修必须履行的，便是要在各住宅区物业管理部门办理相关开工手续。然而，在现阶段还存在着不很健全地方，则是没有很好地控制住“游击队”，给予家庭装饰装修行业管理造成一定困难，让业主上当受骗不能把好关。

做家庭装饰装修开工前的准备，主要是指到住宅区物业管理部门，办理好相关的手续，取得合理合法的做家庭装饰装修的理由。特别是针对涉及拆改建筑体，或影响到住宅区物业管理要求。按照住建部第 46 号令《建筑装饰装修管理规定》

第八条规定的程序到有关部门办理审批手续：进行简易的装饰装修的（如仅作面层涂刷、贴墙纸、铺地砖等），应当到房屋产权单位或物业管理单位登记备案。拆改煤气管道或增加煤气热水器，需经煤气管理部门批准，并必须使用其认定合格产品，由他们审定合格的专业施工队伍安装，经他们验收合格后才可使用。对于这些有关影响到房屋使用安全和人们的生命财产安全的装饰装修工程，都需要得到相关部门同意后才能施工。

除此之外，还需要做一些不影响到正常装饰装修工程施工的相关事宜。这一程序也一定要像做工程一样做得做认真扎实，不能出现敷衍塞责的状况。否则，对家庭装饰装修施工是很不利的。像临时用电用水的安排，是同正式做家庭装饰装修密切相关的前提条件。可以说作为一道工序很好地处理并不为过。为防止与业主及其邻里不发生矛盾和纠纷，承担工程施工的公司（企业），应当遵守住宅区物业管理的相关要求，教育好施工人员严格遵守，不能出现让业主或邻里很反感和向相关部门反映问题的情况，这样使工程施工遭到干扰。往往受到干扰的工程，就出现很不顺畅，在工期上一拖再拖。而一拖再拖的家庭装饰装修的质量会受到很大的影响。干一道工序，出现前后脱节，不但让施工人员的情绪受到影响，而且执行工序和工艺也会受到干扰，使施工质量大打折扣，显然不好。同时，在用材上也会出现问题，一道工序上用材不顺畅，前后出现紊乱，停停打打，拖拖拉拉，是很不适宜于家庭装饰装修的。例如，铺贴地砖用水泥；做家具用胶粘剂；批刮仿瓷选用材料等，都是以连续不间断地使用，给使用者有着得心应手的感觉，致使工程质量的保障也要好得多。因此，对于承担家庭装饰装修施工的公司（企业）和业主，都不要小看了这一特殊工序（程序）的作用，也是做家庭装饰装修所特别具有的工序，要好好地把握和作业安排，不要因小失大。切不可因一道特殊工序未执行好，而把一个家装工程给做砸了，是得不偿失的。

11. 须知管线开槽的奥秘

针对做家庭装饰装修，无论是在毛坯房里做，还是在简装房里做，都要做水电工程，而现时做水电工程的管、线路，很少有做明管、线路的，基本上都是做暗管、线路，走墙体内或用其他方法将管、线路隐蔽起来，居室内表面根本看不到。这样做管、线路工程，是有利于家庭装饰装修的方便和美观，却不利于保养和维修。

既然是实施预埋管线。人们常将其称为水管电线做法，是隐蔽工程。其实，在家庭装饰装修，能称为隐蔽工程的绝不只是水管电线的预埋。这种预埋是在墙体内开槽来实现的。在现实中，却经常看到水管电线路不是从墙体内开槽铺设，而是从地面或顶面吊顶上走的。如果做得好，还是可以的。但有一点却难以释怀，便是安全性和使用长久性。主要针对水管电线走地面，一般不是沿着墙脚边走，从人经常活动的地面铺设，虽然在其表面铺贴瓷砖或地板，还是容易出现质量和安全隐患。若是铺贴瓷砖，因干铺很难影响到水管损坏。只要水管材是合格的且正规厂家生产的，连接部位不出问题，其使用还是有保证的。假若要其面上铺装实木地板和强化木地板，恐难避免不出现问题。铺装实木地板，就有可能钉伤水管。当时发现不了，时间长了，钉伤处就会造成渗漏和长流水，其惨状可想而知。如果铺装强化木地板，在人经常活动中，必然会伤害到水管路。电线路走吊顶上方，但经过墙体，仍要穿墙打洞，不适宜于现实的电线要求。故而，多以直接从墙体内开槽走水管电线适宜。

在墙体内开槽预埋水管线路，有着好看方便的特征。但也确实存在维修麻烦和影响墙体结构的弊端。不过，只要选用材料正确和做得适宜，还是利大于弊的。从墙体内开槽预埋水管和线路，一般是离地面 300 毫米高度开槽为佳，槽深不超过管道直径尺寸 3 毫米，只要能用水泥浆封平就行。高度不超过 1200 毫米（最好以家人使用习惯高度为宜）。洗浴龙头以明装最好。因其使用会经常出现维修情况，还要防止其龙头渗水会沿墙体内下流至楼下邻居，影响墙面发霉。开槽太深，会影响到墙体安全，太浅，不能覆盖管道，预留的龙头接口最好平墙面铺贴瓷片面，利于接头在人能看得见的面上，防止渗水流入墙体内造成损害。电线路开槽处不能出现潮湿现象；槽深不超过穿线管 3 毫米 ；强、弱线路平行开槽距离相差 500 毫米为佳，开关或插座底盒预埋也要隔开一定距离，以免造成强、弱电相互干扰。如果出现干扰，对使用会造成诸多的麻烦。

12. 须知隐蔽工程的奥秘

隐蔽，即隐藏遮蔽。隐蔽工程，即指家庭装饰装修工程中，在表面装饰装修后，被隐藏遮蔽起来，表面上无法看到的施工项目。根据家庭装饰装修的实际状况，不少的工程，都会被后一道工序所覆盖，是很难从面上检查出质量好差来的，查出使用材料是否符合规定，做到规范和达到规格。对于家庭装饰装修的隐蔽工程质量，要让人放心，不会存在质量和安全隐患，必须得做好各个隐蔽工程的质量和用材验收。在正规家装公司（企业）施工中，都会实行这一验收程序。由此，从对隐蔽工程作验收工序中，也能区别出家庭装饰装修做得规范和不规范，能否保障质量和安全的主要标准之一。

在现实中，不少家装公司（企业）只重视水、电隐蔽工程的把关验收，显然是不够的。虽然说，水、电隐蔽工程很重要。其实，每一个隐蔽工程都很重要。像铺贴地面、墙面的基层，吊顶的龙骨架，门、窗套基层架，批刮仿瓷的基层和涂饰基层等，都是家庭装饰装修质量验收，看不见，又有着装饰面的，都属于隐蔽工程，必须在给予检查验收合格后，才能够做饰面工程的。

俗话说得好："真金不怕火来炼。"做家庭装饰装修，不仅要检查验收饰面的质量，而且每一个隐蔽工程的用料和工艺质量经得起检查验收，才是过得硬的家庭装饰装修质量。其"奥秘"也就在这里。不少家庭装饰装修表面来看，从色彩、平整、光滑和细腻上等，都还过得去，但其隐蔽工程的用材、工艺和结构却是经不起检查的，不是偷工减料，就是偷梁换柱，或是表面冠冕堂皇，却败絮其中，从工序到工艺上都是不合格的。若是做到让人放得了心的家庭装饰装修，就得从隐蔽工程的工序和工艺要求上，进行认真和细致的检查验收。如果不能做到，便是有"猫腻"，见不得人，过不得关，更不要说是过得硬的家庭装饰装修质量好的工程。

对于隐蔽工程检查验收，把关质量的管理还没有走上正轨时，有不少正规的家庭装饰装修公司（企业），都很自觉地进行自查自检和互查互验，或者是由公司（企业）组织专业人员定期和不定期做专门的检查验收，建立起规范性的检查制度，立信于业主和行业，值得倡导的。

13. 须知饰面质量的奥秘

从家庭装饰装修工序和工艺要求上，做饰面工程，一般是做最后工程了，是要掩饰和遮盖隐蔽工程，从业主及其家人到施工操作者，将其作为一道最为重要的工序和质量来把握的。不过，对于做家庭装饰装修，一贯重视质量的好的和规范的公司（企业），是顺理成章地和习惯性把饰面工程做好，保障其质量经得检查验收。而只有那些散兵游勇似乎以为做好饰面工程才是唯一，糊弄不懂行的业主。其实，做家庭装饰装修是将实用放在第一位，美观为第二的。饰面美观只是作为保障工程质量的讲究而已。

既然对饰面美观是一种质量讲究，就有着其特有的"奥秘"。然而，在现代人心目中，做家庭装饰装修，更为讲究的还是环保健康。据传能给面层有着好装饰和保护效果的油漆，或其他保护层，含有甲醛过重，对环境和人体有污染和伤害，便不那么讲究油漆涂饰，而是要求做对人体伤害少的水性涂料。如果水性涂料含胶过多，也是不行的。含胶量过多的，便是含苯量多的，也是不符合环保健康的家庭装饰装修。因此，饰面工序比过去不容易做。

说饰面装饰装修质量美观，从工序和工艺上有两层意义：一是从工序和工艺上把好关，不能出现做工不精致，选用材料粗糙，做不出好质量和美观效果来，是值得注意的；二是从施工操作上，怎样做出好质量和美观饰面，让业主及其家人满意。这样，便产生出一个严肃而又真实的现状，要求做饰面工序和工艺上，一定要做到施工操作认真精细，严把质量关，将饰面做好做精致，不要出现"麻布袋绣花，越绣越差"。做好饰面工序和工艺，则是从做基层面开始的。有的家庭装饰装修为什么做不好，问题出在做饰面工序，不是从基层面下功夫，却是粗制滥造，是无论如何也做不好饰面工序，显然是不行的。一个饰面好或美观的体现，是要求施工操作者，对于一个面布局方法的讲究。一个面有明显部位和不明显处，就要把明显处布局安排好，不能出现做不好的状态。在实际中，经常看到对明显部位布局很差，不能体现饰面美观的效果来。这样的做法，当然不能做出好的饰面工序，也保证不了工作质量。像铺贴瓷砖（片），就要把铺贴好的放在明显部位，将拼接或零碎的铺贴放到不明显的部位，才是好的铺贴布局。

14. 须知铺贴面材的奥秘

说到铺贴面材，人们一定会想到地面和墙面铺贴瓷砖和瓷片。其实，随着装饰装修用材的发展，铺贴的面材种类越来越多和日益广泛。除了铺贴瓷片和瓷砖之外，有着木装饰装修的铺贴面材；也有着仿瓷面的铺贴面材，还有将实木地板和强化木地板铺贴于墙面的，这些铺贴面材的工序和工艺技术要求是不相同的，给予家庭装饰装修面目一新的感觉。

对于铺贴面材，显然是家庭装饰装修发展出现的新工序和新工艺，是过去未有过的。因而，就有着铺贴用材不同，其需要的工序和工艺是截然不同的。例如，铺贴瓷片同铺贴墙纸（布）的工序显然不一样。铺贴瓷片可以在毛坯墙面上直接铺贴。铺贴前，只要将粉饰的水泥墙面清洗干净，除去油污和填补好缝隙，温润好水泥面，便可以按照镶铺瓷片的工艺技术要求施工操作。不过，镶铺瓷片，一定得给予瓷片浸水或清洗干净后晾干，才能保证铺贴的质量。而铺贴墙纸（布）是不能直接在毛坯墙面上施工操作的。必须将毛坯墙面或顶面，先清理干净，填补好缝隙，最好使修补的缝隙不再开裂有缝隙，以在修补过的缝隙面上胶粘绷带，或是在缝隙面上加铺钢丝网后，粉饰水泥面。在处理好缝隙，接着给水泥面上批刮好仿瓷，打磨光滑平整，再涂刷防潮膜剂，涂刷打底的涂料。待干透，就可以做铺贴墙纸（布）的工序。

铺贴墙纸(布)是一项很细致精巧的工序。不管是针对批刮打磨好墙面或顶面，一定在铺贴前要清理干净，使铺贴的底面要平整光洁，不得有麻面，更不能有沙粒和墙刺，墙面或顶面的阴阳角应平直。不然，铺贴的墙纸（布）不美观。在给予墙面或顶面处理好后，铺贴前，要给墙纸（布）浸水晾干，基层面涂刷粘胶剂，给墙纸（布）的贴面涂刷粘胶剂，再做铺贴（裱糊）的操作。在铺贴完成后，给予其表面清理干净和压实,不得有粘胶剂。特别是给予阴阳角和边沿处要整平压实，不得出现有翘角起边的现象，并对多余部分切割平整，整理干净。

同样，对于木装饰装修的饰面材的铺贴，也不一定得严格按照其工序和工艺技术要求操作，不能够马虎施工，先要将基层板面和饰面板的贴面清理干净，再给基层板面和饰面板贴面涂刷上胶粘剂，必须均匀全面，不得有遗漏，厚薄一致，铺贴压实一样，保持良好的铺贴效果。

15. 须知地面防水的奥秘

做完水、电隐蔽工程验收合格后，为保护其不受到损坏，在卫生间和厨房及其用水区域，接着便要做面上的镶铺工序。不过，在之前，则要给予做地面和墙面的防水，这是做家庭装饰装修必不可少的一道工序。不然，会给居住和使用，以及邻里造成诸多的麻烦，就会有着悔不当初的心理，不该偷工减料，省了防水层未做。

从建筑住宅工程的要求，凡是用水的区域都必须是要做防水层的。除了地面外，其防水标高要求做到离地面300毫米处。在做家庭装饰装修中，为防止遗漏和损坏，也必须给予用水的区域，像卫生间、厨房和洗涤房等做地面等防水的工序。其主要在于做家庭装饰装修时，由于施工操作和受业主意愿要求，或多或少地给予建筑地面和结构有一些振动性影响，难免给予其建筑做的防水有破坏。从表面是不容易看到的。而水是不讲“情面”的，有着无缝不入的功能，只要有缝隙，便会渗入进去。于是，针对建筑做的防水层，便不能怀有侥幸心理。

补救不如先救。重新做防水工序，为的是防止日后出现渗水问题做补救，还不如做家庭装饰装修时先自觉地做好这一工序。其防水工序施工操作，应当依据家装用水区域来做，却不能按过去的防水层状况做。因为，做家庭装饰装修出现用水区域的差别，其做防水区域只能按照现状进行。按照常规，次卫生间同厨房是相隔的，还有主卫生间同主卧室或客房是相隔的。针对这样相隔的状态，其卫生间的地面防水层，不仅有着四周离地面300毫米需要做防水层，与地面形成一个无法渗水出去状态，而且对于相隔的卧室墙面需要做储藏柜的，还要做1800毫米高度的防水层，其储藏柜背面增加贴防潮膜，以便影响到储藏柜材的发霉和减少使用寿命。而针对有的业主将洗涤间移至生活阳台的状况，则在给予生活阳台地面铺贴瓷砖前，也一定得先给予基层地面及四周离地面300毫米处做好防水，保障不出现渗水状态，是很有必要的。有的业主有着常洗厨房的习惯，就必须给予厨房地面做好防水层。尚且，这种防水层，既要依据普遍要求，给四周墙面做离地面300毫米高度，还要依据橱柜高度做好墙面的防水层，才是正确的做法。

16. 须知干铺湿铺的奥秘

给予瓷砖（片）进行干铺或湿铺工序，是最近兴起来的。按理说，做铺贴瓷砖（片）这一道工序，应当是做了顶面吊顶和墙面工序，才是符合情理的，先上后下。然而，在实际家庭装饰装修施工中，却没有严格要求，有不少是做了水电管线的隐蔽工程后，接着做地面铺贴瓷砖和墙面铺贴瓷片的工序，似乎有些不合情理。在铺贴完地面瓷砖，又多了一道需要做成品保护（养）的工序。如果成品保护（养）做得不好，或木制工序及其他工序操作人员没有很好地遵守瓷砖（片）养护规律和相关的事项，造成损坏事情发生，便会发生不必要的矛盾和纠纷，应当引起做家庭装饰装修人员高度重视，要合情合理并更具科学性地按有效工序进行施工操作。

针对干铺和湿铺的工序进行操作，有着需要人们重视的“奥秘”。在实际中，人们经常遇到铺贴出现空鼓的状态，并不是学徒的施工操作，而是干了近二十年镶铺瓷砖（片）工序的老师傅，有时发生空鼓和脱落问题，连其自己也想不通其中原因。实质上是不能针对不同情况、不同环境和不同时间，采用相适应的方式，一味地按自己的一般经验做常规性镶铺，才会发生意想不到的状况，也就不足为怪了。

所谓干铺，是指水泥和砂的体积按 1∶3 或 1∶2 的比例调拌成干硬性的水泥砂浆，用其做结合层铺设瓷砖或石材。对于其基础同样要求清理干净，尤其不能有油渍一类杂物。做干铺的瓷砖最好用清水浸湿和清洗干净，待瓷砖晾干，再在瓷砖背面铺满水泥浆后，才正式镶铺，如果水泥浆未铺满铺贴面，便容易发生空鼓问题。就是说缺少水泥浆镶铺的瓷砖，其少浆部位必然会空鼓。湿铺，同样最好给瓷片浸泡一定的时间，带晾干水珠后，再用水泥浆铺满其铺贴面，再按照瓷片图案特征，或背面商标图案统一方向进行镶铺。在镶铺前，对于铺贴面一定要找平清理干净，不能出现大的高低差，墙面的垂直面平整度，同样不能相差很大。不然，会出现镶铺面的平整性和垂直度相差太多，不能呈现出美观镶铺效果，需要返工的。

针对没有按照先后工序进行操作的情况，一定得将先做的产品进行好的保护（养），假如出现马虎现象，便有可能使先做的工序，出现事与愿违的问题，引起纠纷和矛盾发生，就不是好的做法，应该从中吸取经验教训。

17. 须知木制操作的奥秘

按照现行的家庭装饰装修的实际做法，在做完镶铺地面瓷砖工序，接着便是做顶面吊顶和木制工序。如今，一般是做局部吊顶，为配装顶部灯具创造条件。不过，在厨房和卫生间还是坚持吊全顶。其应用的材料不是石膏板，而是 PVC 和铝合金型材，或是其他新型板材。

顶面吊顶的形状有很多种类，既有四方形，即沿居室顶面墙角做一圈，其吊顶面宽度在 450 毫米至 600 毫米之间，高度距顶面为 240 毫米至 260 毫米之间，并在距顶面 80 毫米至 120 毫米处，留出空间做灯带槽，而在面向地面的吊顶面中间部位，开口安装筒灯等。这种做局部吊顶的装饰做法，为客厅或餐厅形成立体形灯饰照明创造了一定的条件。除做四方形局部吊顶外，还有着吊“U”型顶，“L”

型和“一”字型顶的，是依据业主的意愿设计和施工操作的。居室中间部位吊顶的不多，是安装主要灯饰的部位。无论做什么形状的局部吊顶，必须要求按工序和工艺技术施工操作，不能出现问题。尤其对于木制主龙骨的安装，必须打膨胀螺栓。其他做法，便是偷工减料。

顶部吊顶工序有着上人和不上人的质量区别。要求上人的主龙骨和次龙骨架的安装，必须做吊杆，能承受得住人的踩踏重量，不出现塌顶的质量和安全问题，顶板也是有着防踩踏和防开裂性能的材料。不然，便达不到允许上人的吊顶。不上人的吊顶的主龙骨和次龙骨架的安装，虽然不是上人安装的严格要求，却要做到选用主龙骨材，能做膨胀螺栓的安装，其质量能经得起使用和时间变化的检验，绝不是选用主龙骨材只能应用 3 寸圆纹钉做安装，却不能应用膨胀螺栓做安装。显然是达不到吊顶工序的工艺技术要求的，是一种坑害业主的不规范行为。

在家庭装饰装修现场制作木制件或家具的施工操作，除了给予做配套用主要木制品外，更重要的是充分地利用闲散的空间，既不是主要活动和过渡性的部位，也不是明显区域和用途大的空间，能够将这些空间做相应形状的木制品，便扩大了储藏空间，发挥出居室应有的作用。如果还能利用顶墙角做一些吊柜之类的木制品，更是有效地利用了居室有限空间了。不过，必须是业主及其家人的意愿，而不是家庭装饰装修从业人员的个人行为。作为从业人员却一定要具备这样的工作能力。否则，就不具备做家庭装饰装修木制件的资格。

18. 须知家具涂饰的奥秘

做家庭装饰装修，家具涂饰占有很重要的成分。显然，有越来越多的业主及其家人讲究环保健康的涂饰，但或多或少对墙面批刮的仿瓷有着一定的影响。因而需要先做家具的涂饰，再做墙面仿瓷的涂饰。如果是给家具做油性涂饰，例如给中式或古典式装饰装修风格特色家具涂饰，就必须得先做家具的涂饰。不然，会给予墙面仿瓷有着很大的影响，让白色仿瓷变色，失去新装的感觉。如果是给予家具做水性类涂料，给予墙面仿瓷色泽的影响便小多了。

水性涂料虽然不含甲醛，没有甲醛给人体和室内环境的伤害和污染，却含有苯的成分。如果是非正规厂家生产的水性涂料，其含苯成分必定过大，对人体还是有伤害的。若是正规厂家生产的水性涂料，含苯的成分，一般是在国家标准控制的范围之内，对人体和环境的伤害及污染是很有限的。因此说，涂饰家具，无论是应用油性涂料，还是水性涂料，只要是正规厂家出品的，其控制的有害成分多是在国家规定的范围之内，是可控可防的，在进行家庭装饰装修时，给予家具的涂饰，必须安排在墙面和顶面仿瓷面涂饰前，待其完全干燥，或是有害气体自然挥发一段时间后，再做仿瓷面的涂饰，其装饰装修效果会好一些。

对于家具和木制品的涂饰，一定要选用正规厂家生产的品牌油性或水性涂料，而不能选用不合格的冒牌或非正规厂家出品的。如果选用不合格的涂料，不管是油性的，还是水性的，不但对涂饰效果很差，而且对人体和环境的伤害及污染是较大的。于是，一定要把住涂料选用关。虽然，有的涂料，包括油性的常用品牌，却要注意到生产日期，不能因过期货而影响到使用效果和给人体及环境造成伤害。好在现行的家庭装饰装修做家具，大多是粘贴饰面板，很少有做原木材料的，在做表面保护性涂饰时，大多采用清漆，又名凡立水，属于透明透亮的。清漆分有油基清漆和树脂清漆两大类。品种有酯胶清漆、酚醛清漆、醇酸清漆和消基清漆等。其涂饰的效果有着光泽好，成模快等优点，应用很广泛。为使家具和木制品表面有着好的保护效果，选用清漆是很不错的方法。涂饰清漆，一定要有好的表面纹理和平整光滑性。否则不宜涂饰。不透明涂饰，宜选磁漆。该漆是以清漆加颜料研磨制成，很适用于木制品的涂饰，不过，涂饰后，一定得待干透和自然挥发一定时间，才能进行下道工序的施工。

19. 须知批刮仿瓷的奥秘

批刮仿瓷是家庭装饰装修稍后的一道工序，是涉及工程质量好坏的重要一环。看上去似乎很简单，只要会做粉饰的泥工或涂饰工，都可以做这一工序。其实，情况不完全是这样，却是有着不少的“奥秘”需要知晓，对批刮仿瓷保证质量，不出问题至关重要。

做家庭装饰装修，对居室吊顶面及其顶面和墙面批刮仿瓷工序的工程量是比较大的，稍有差池便会影响到整个家装的效果。假如有了防水防潮的仿瓷材料，整个住宅居室的顶面和墙面都可以批刮仿瓷。由此可见，批刮仿瓷的重要性越来越明显。

针对毛坯房的水泥墙面及顶面和简装房粉饰过的墙面及顶面，批刮仿瓷是有着区别的。做水泥面的仿瓷批刮，按其工序要求，先将干燥的水泥面喷水湿润晾干后，再做仿瓷的批刮。如果保证批刮的仿瓷不出质量事故，最好在批刮仿瓷前，能给予墙面及顶面滚涂或喷涂一层调配仿瓷的胶水，再在面上批刮仿瓷是最适宜的。倘若简装房的墙面及顶面在批刮仿瓷前，一定得清除其面上灰尘、油渍和杂物，尤其对油渍层要清理干净。如果没有清理干净，则会影响到批刮仿瓷的质量，出现起泡、起壳、开裂和不相粘贴等问题。在给予简装房墙面及顶面批刮仿瓷前，在清理干净的面上最好涂上一层调胶水，或洒水湿润晾干，再进行批刮仿瓷的工序，对保证质量更有把握。不过，也可以在其清理干净的面上直接批刮仿瓷，但批刮的质量效果会稍差一些。

给毛坯房或简装房墙面及顶面批刮仿瓷，一定要严格按照其工艺技术规定规范操作，不能有着为赶进度不顾批刮质量，或偷工减料，或不给细缝处铺贴绷带接缝，要求批刮仿瓷面能经久耐用，不出现再裂缝现象。尤其是对调配的仿瓷，要做到均匀，粉胶融合，不能出现胶是胶，粉是粉，这样的仿瓷在批刮中必然会出现“蜂窝麻面”的，就达不到质量标准了。同时，对每一次批刮的仿瓷，一定要待其干燥透彻后，才能接着批刮新一层，不能够急于求成。对于批刮层未干燥透彻，便急于批刮新一层仿瓷，就会外先干内后干，会引起开裂脱落，成为“欲速而不达”，需要重新返工。批刮的仿瓷面，一定要打磨平整光滑，方能进行饰面涂料的滚涂或喷涂。如果为了急于求成，对批刮的仿瓷面不打磨好，便急着涂饰表面，不但不能达到仿瓷面的质量要求，还给予整改返工带来很大的麻烦。涂料的涂饰，一定要在气温 5℃以上进行施工操作。不然，会出现滚涂长时间不干，喷涂不均匀的状态，或者是出现容易起皮翘起达不到涂饰质量要求。

20. 须知特殊装饰的奥秘

按理说，给墙面及顶面批刮仿瓷打磨平整光滑，再进行饰面涂饰乳胶涂料作保护，便完成装饰装修了。如今，却出现不同的装饰形式，便是在做好的表面上裱糊墙纸（布）、绘画和做其他的装饰，是业主及其家人喜欢和爱好出现的一种特色装饰装修形式。在这里将其称之为特殊装饰。

这种特殊的家庭装饰装修模式，给行业发展，不仅增加了装饰形式的多样性，而且增添了工序特征，还增进了美观效果。例如，在批刮仿瓷打磨平整光滑的墙面做绘画。其部位还是选择特别显眼处，仅次于电视背景墙面的重要部位。利用绘画方式做特殊的装饰装修，人们通常称其为绘画装饰，即在被批刮仿瓷完成一切工序的墙面上，采用作画的方式和提高墙面的装饰装修效果，给予其风格带来了更好的独特性。像自然（田园）式装饰装修风格特色，有许多是在地面铺贴瓷砖拼出田园或山水风格特色图案来体现的。再在显眼的墙面上，以山水、花鸟和田园风格的绘画进行表现，便能将其风格特色更明显地反映出来，必然会增添装饰装修的风格特色和魅力。这显然是业主及其家人的喜爱，更能体现出风格特色的效果，值得充分肯定的个性装饰装修。

此外，便是在批刮仿瓷完成其基本工序后，再给予裱糊墙纸（布）的做法，增加其装饰装修效果。这也是一种具有特殊效果的装饰装修手法。由于墙纸（布）的表现形式多种多样，给予现代式、自然（田园）式、和式及简欧式装饰装修风格特色增色不少。尚且，裱糊的墙纸（布）还有着吸音、隔热和装饰效果好等优点，其工序和工艺要求特别高，是耗费工时较多的作业。因而，得到诸多业主及其家人的喜爱，应当是给予重视的家庭装饰装修的工序，不能看作是多余。不过，值得提醒的是，业主在选用墙纸（布）时，一定要遵循整体装饰装修风格特色，把好选用关。若是把握不准，则要请设计人员帮助把关，更能发挥出墙纸（布）的装饰装修效果。

随着科技的进步和发展，做家庭装饰装修，进行特殊性的装饰，以增进各风格特色的效果会越来越多。例如，厨房墙面和顶面的装饰装修特色，现阶段普遍选用有色彩、花样和图案的拼贴瓷片，或普通瓷片，顶部吊铝合金等专业性顶面。时下，又悄然给予厨房的墙面和顶部应用新材料——飘逸板材做统一性装饰装修。使用飘逸板材来做装饰装修，不仅有着便利、简单和实用的优势，而且又有着自然、美观、优雅、别致的特征，还具有实木木质感的自然纹理，让人有着回归大自然的朴实感。这种材料做装饰装修，又有着防水、防潮、抗油污、抗老化、阻燃、耐腐蚀、吸音、无毒、无异味和无污染，属于真正的绿色环保的装饰装修。

21. 须知器具安装的奥秘

器具安装似乎不是家庭装饰装修公司（企业）承担施工的部分，却是家装工程不可缺少的。不能做好各类器具的安装，便达不到使用的目的。因而，对于业主则必须要了解器具安装的“奥秘”，以利确保家庭装饰装修顺利达到实用的美好愿望。

安装器具看似简单，若不懂得其中“奥秘”却不能在不损坏家庭装饰装修的墙面和地面情况下，实现安装的目的，说不定会造成诸多损坏，让业主感到很难为情。

在一个家庭装饰装修即将完成时，仅厨房和卫生间内需要安装的器具就不少。在现阶段安装器具还不是承担家装工程的公司（企业）分内的事。笔者认为，在不久的将来，会成为家庭装饰装修不可缺少的工序，才能真正算得上是家装服务一条龙。安装器具，都是在家装工程基本完成，余下配装和配饰工作量。按理说，应当划入家装的一道工序中。只有能完成这一道工序的施工操作，才能实现让业主拎包入住和使用。今后，随着家庭装饰装修的发展和一条龙服务，必然是要求器具安装完成的。

器具安装事情不大，却难倒了不少器具安装施工人员。由于方法不当和急于求成，往往在安装器具时将墙面或地面铺贴的瓷砖（片）损坏，使原本很美观的装饰装修破损难看，造成矛盾和纠纷。有的还影响到使用功能。例如，卫生间的坐便器在安装时，没有处理好冲水接口部分，造成坐便器漏水出来。这样，不但影响到业主的使用，而且给邻里带来损害，三番五次地找业主的麻烦，要求修复坐便器使其不漏水，并要求给予损害的赔偿。或者在卫生间安装放衣架和洗浴龙头时，没有划线定位和细心处理好瓷片表面时，便猛然间地应用冲击钻钻孔，不但定位不准，还给予瓷片表面划上痕迹，或是将瓷片角或边沿冲破或殃及整个瓷砖（片）破裂。业主为保障墙面完整美观，还不得不重新拆下破损瓷砖（片）换上新的。换新的瓷砖（片）不是一个批次，就会出现色差，给业主留下永久性的遗憾。

要使器具安装不出现问题和做得顺利，在没有专用工具做安装的，必须得小心翼翼地做安装。在墙面或地面瓷砖（片）面上钻孔时，必先找平和用笔划好定位后，应用一个小钢钉在定位点的中心，轻轻地打上痕迹，最好是打通直达水泥面上，再使用专用工具顺着钻孔，才会达到钻孔安装的要求。对于坐便器或蹲便器的安装，一定要将下水管头接口处用胶粘剂或水泥密封好，不能出现任何的漏水问题才会使用得放心，不会造成后遗症。至于不是承重很大的一些小器具安装，则不一定要购买需钻孔固定的，应用吸附在墙面上的，也一定能达到长久使用的要求。

22. 须知灯饰配件的奥秘

安装灯饰及其开关、插座等，恐怕是与家庭装饰装修直接相联系的最后一道工序。由于灯饰等电器配件生产发展迅速，促进了家装行业进步，为实现人性化要求创造了更多的便利条件，也使得家庭装饰装修变得更加实用和美观。

从现实中让人感觉到，应用于家庭装饰装修的灯具灯饰，及其开关插座等配件，已达到按需所有的程度。灯具灯饰品种非常多，造型千姿百态，灯饰色彩琳琅满目，应有尽有。按品种外形分有吊灯、吸顶灯、壁灯、射灯、地灯、镜前灯、落地灯、筒灯、台灯、床前灯等，从材质上分有不锈钢、全铜、铸铁、铁皮、塑料和亚克力材等；从功能上分有纯照明、防爆和防水等；从光源上分有白炽灯、日光灯、节能灯和感应灯等，到了数不胜数的地步。而插座、开关等配件种类，同样有很多，大多以 PVC 材料制造，也有直接应用程控开关控制的。致使家庭装饰装修灯具灯饰应用十分地方便，不再像以往没有太多挑选的余地。

在选用和安装灯具灯饰及其开关插座等配件，是依据不同的居室和使用要求选择的，却不是带有随意性。从现有安装灯具灯饰数量不能太多，以免造成浪费，只要达到实用便可以。对于灯型和灯照度及规格，则是根据业主及其家人的喜爱来确定。一般情况下，是按照设计方案选用。尽管业主及其家人有着个人的喜爱，却不可以太过我行我素，要依据家庭装饰装修风格特色和实际情况，多做权衡为佳。例如，本不是很高的空间，便选用外形很大的吊灯做客厅中央灯具灯饰，就不是很适宜。本是古典式风格特色的装饰装修，却偏要选用现代式风格特色的水晶灯或玻璃灯具，显然不适宜，有着张冠李戴之嫌。从实践经验中得出结论：安装灯具不宜过大或过小，体积过大，会给人带来压抑感。居室层高不超过 2.8 米的，不宜选用吊灯，宜选吸顶灯为客厅主灯。

选用居室灯具灯饰，重在“形、质、光”上面下功夫。灯为居室中的“眼睛”。做到“形”即为美感，选用灯具的外形，要同家庭装饰装修风格特色相协调，选择适宜的会给家装增光添彩；“质”即为材质，灯具外形的材质很重要，不能相差太远。不然，会给人一个不伦不类的感觉。例如，古典式的家庭装饰装修风格特色，便不宜选用水晶材质和不锈钢材质一类灯具，宜选用古色古香木质材质和全铜及铸铁材质的灯具，色泽宜深不宜浅；“光”即光照度，光照度要依据不同业主及其家人的使用习惯和视力高低程度来选用，能达到实用效果就是好的。最好不刺激眼睛，也不要过暗看不清楚。一般选用光照度的瓦数不超过 100 瓦，宜在 25 瓦到 40 瓦为适中。如果遇到特殊情况需要增加灯饰光的，则以增添临时灯饰为佳。

临时灯具灯饰，以安装在预留好的电源插座上。通常情况，客厅安装电源插座不得少于 10 个 5 孔的；卧室安装电源插座不得少于 8 个 5 孔的；书房安装电源插座不得少于 6 个 5 孔的；厨房安装电源插座不得少于 8 个 5 孔的；卫生间安装电源插座不得少于 4 个 5 孔的；活动室安装电源插座不得少于 4 个 5 孔的。有的还要有防水或漏电保护装置，以保障用电安全。安装足够的电源插座，以备不时之需，做好充分准备，而不要造成临时抱佛脚的难堪情况发生。

23. 须知软装效果的奥秘

现阶段大部分家庭装饰装修没有将“软装”，即配饰作为一道工序看待，主要是业主及其家人认为这项工作不很重要，也没有要求。但是，作为设计人员是有安排的。从其给予业主的设计方案中，针对业主选中的家庭装饰装饰风格特色，将“硬装”和“软装”都作了设计，并很明显地体现在装饰装修效果图上。

其实，家庭装饰装修工序，本就是由设计人员作出安排和提出要求，从做水、电隐蔽工程到泥、木、油等工序，做装饰装修出现一个什么样的效果，都是很清楚没有太多变化的，只是由各不同的操作人员，按照其设计方案一步步地实现。作为“软装”，即配饰，如何来成为一道工序硬性执行，关键在于各业主的个性和生活习惯，以及喜爱不同，也不一定同设计人员认识相同，便出现执行“配饰”工序的差异性。有的业主及其家人，严格按照设计人员的“软装”设计要求执行，出现了“硬装”和“软装”相协调，呈现出设计效果图上的效果；有的业主及其家人，虽然知道设计人员有“软装”安排，却没有严格地执行，按照自己的感觉做“软装”，充分体现出“萝卜白菜，各人所爱”的结果。然而，作为家装公司（企业）的设计人员，是需要将“软装”当成其设计意图不能放弃的，并随时应业主及其家人的需求做好这一工序工作。

从如何执行好“软装”这一道工序，作为业主最好要有着长远的观点和增长见识的虚心态度，不要过于我行我素和太有习惯性，也不要因为自己的行为，而影响到设计人员的精心设计效果。从每一个家庭装饰装修设计人员角度上，是希望自己的设计成果能在实际中得到充分的体现。因为，设计方案及设计图纸，毕竟是设计人员的思维愿望，却不是实际成果，很愿意将思维愿望得到实践证明，能不能达到思想和实际的统一，是其特别希冀的事情。

从“轻装修，重装饰”的理念上，“软装”有时比“硬装”有着更好的实用和美观效果。“重装饰”的重点，从美观的角度上，并不在“硬装”，却在“软装”上。“软装”比“硬装”有着其特有的灵活性。具有可以随意改装，随意更换和随意搭配的特征。像活动的家具，床上用品、绿化和工艺品等，既可传达一种生活方式，又可填补“硬装”缺陷，致使家庭装饰装修呈现出更美好和美观的一面来。

六、须知工艺技术奥秘篇

◆［装饰柜 餐柜 吊顶 餐桌］

◆［隔断］

◆［橱柜］

做家庭装饰装修，既有工序理顺，也有工艺技术。工艺技术的体现，是职业人员利用自己的技术。使用工具，按照设计图纸的要求，对各种原材料和半成品进行增值加工或处理，最终使之成为制成品的一个过程及其方式方法。如果没有这些方式方法和这些过程，家庭装饰装修便不能完成，更不能实现设计人员的设计方案（设计图）。问题往往出在施工操作人员身上，不能按照设计人员的设计要求，做认认真真和实实在在的操作，而是出现这样或那样的偏差，既有着不懂的原因，也有着故意乱作为的行为。为此，将其中“奥秘”点破，为的是使家庭装饰装修越做越好。

1. 须知铺贴空鼓的奥秘

铺贴瓷砖（片）或石材地面，最不愿意的是出现空鼓问题。出现铺贴材空鼓，显然要给予整改或返工的质量事故。在现实中，不少做了近 20 年时间铺贴工艺的老师傅，对自己铺贴材出现的空鼓现象感到很不理解，尤其是针对成片空鼓感到有些茫然，不知所措，很是委屈。在查找原因时，还一再陈述自己是按照铺贴工艺技术规定规范操作的。即清理地面或墙面，湿润基础，按照瓷砖（片）或石材的图案、颜色、纹理等进行试拼，又按照铺贴面打直线绳进行铺贴施工操作，没有乱铺乱来的行为。干铺的砂浆是按照 1 ∶ 3，或 1 ∶ 2 的比例，在清理干净的基础上，也铺实干硬性水泥砂浆，自里向外地摊铺。铺材也是试铺合格后，再在其铺贴面抹满泥浆正式铺贴的，拍实，用水平仪找平，完成铺贴的工艺程序。每次铺贴瓷砖（片）或石材，都是这样按照其工艺技术规定进行施工操作，其铺贴的质量都是很好的，唯有这次出现质量事故，实在想不通问题出在哪里？其实，许多出现空鼓事故的情况，往往不是规范做铺贴操作的结果，有可能赶进度，毛躁施工操作，忽视施工工艺技术要领和不同情况、不同环境和不同条件，仅凭自己的经验，便以“放之四海而皆准”的做法，显然要出质量事故的。然而，主要的原因还是没有严格地按照铺贴工艺技术规定执行。凡是在干铺或湿铺时，瓷砖（片）没有经过清洗，而给予铺贴面抹的水泥浆水分过多，造成水泥在自然干燥时，水分渗透到基层，给瓷砖（片）背面水泥浆少，又形成大大小小空洞，不能与基层之间充分地粘贴；再就是基层清理不干净，湿润也不够，垫层砂浆铺设太厚或加水过多，瓷砖（片）等铺贴材背面抹的水泥浆又有空缺，或背面没有清理干净，影响到水泥浆的粘贴。同时，与环境和气候条件也有着密切的关系。假若是当阳光直射，或风刮得太大，造成干燥快，以及气温太低，致使粘贴的水泥浆出现问题。针对环境和气候条件的变化，便不能按照常规经验进行施工操作，而是有必要地针对实际情况采用相应的对策进行施工操作。像针对阳光直射和风太大的情况，便要给予铺材做浸水处理，水泥浆水分不能太多，铺贴面抹水泥浆必须均匀，不能有缺失等便可避免空鼓现象发生。至于应用劣质材料造成空鼓，则另当别论。

2. 须知铺贴不平的奥秘

铺贴瓷砖（片）或石材出现不平的状况，让业主感觉到心里很不舒服，或觉得铺贴操作者的工艺技术水平太差，或施工操作不认真，或因赶工不讲质量等。而施工操作者也觉得很委屈，抱怨铺贴材质量不好，变性太大，不好操作，将自己害苦了，特别是对于修补的镶铺状态，难以保证与前铺贴材面难达到一个水平面等。在现实中，出现铺贴不平的问题，是让业主及其家人都感到不满意的事情。

面对这种镶铺不平的状况，确实是一件让每一家业主及其家人心中不快，使承担家装工程的公司(企业)和施工操作者感到难为情,似乎又有点无可奈何的事情。为何会出现镶铺不平的状况，还不好解决？从表面上看，是铺贴材的平整度有问题，不是施工操作者执行铺贴工艺有错，也不是个人铺贴技术太差和不认真。显然是忘却了一个很重要，又很实在的一道工序没有执行，是镶铺工艺中不可缺的：选材。

凡对瓷砖（片）成型有着基本常识的人都清楚，瓷砖（片）入窑热加工，由于受高温的影响，瓷砖（片）结构在成型过程中，或多或少都会变型。作为亚光砖（片），其砖（片）型变化比较大，有着 1 毫米至 2 毫米的形变，从国家规定的标准上，其形变误差是允许的，符合质量合格标准的。如今，这种亚光砖（片）应用得不多了。现在装饰装修用材市场上，基本上是抛光砖（片），抛光瓷砖（片）是亚光砖在出窑成型后作进一步的抛光，比亚光砖的形变尺寸要小了许多。从外形上使抛光砖（片）的平整度达到基本一致。由于抛光砖（片）形变状态的不同，有向表面微翘的，有向背面微变的，如果将这两种形变的瓷砖（片）镶铺在一个平面上，必然会出现铺贴不平的状态。而这样有着形变的瓷砖（片），不仅是国家规定标准允许的合格产品，而且是国际公认的合格产品。

针对有着不同形变的瓷砖（片）误差和方向区别，就需要有着“选砖（片）”的工序来解决问题。所谓误差，是指变形尺寸大小；方向，则是指向正面或背面两个方向的变形。正是这样变形方向出现正反状态，如果不进行选择，将变形方向不同的瓷砖（片）镶铺在一个平面上，必然会出现大的误差。无论负责铺贴的施工操作者怎么调整，也是解决不了其平整误差的。只有经过“选砖”这一工序，将变形误差和方向一样的选择出来，铺贴在一个平面上，便很容易解决铺贴不平的问题。因此说，解决铺贴瓷砖(片)不平的根本问题，就必须要认真执行和落实“选砖（片）”的工序。

至于在检测出空鼓瓷砖（片），需要进行重新镶铺，达不到新旧铺贴面不平的状态，主要还在于镶铺施工操作者经验问题，善于总结经验者，在做这样的施工操作工序和工艺一、二次后，便不会出现同样的错误。主要是新镶铺的材面应高出原有铺材面0.5毫米，才能使新铺材面在水泥浆干燥透彻，水分挥发后，便自然而然地降下，致使新旧铺贴面水平一致。假若将后铺贴材，在铺贴时便达到水平面一致，则会使后铺材在水分挥发干燥透彻，便要低于原铺材的面，出现先后镶铺材不平的状态。

3. 须知镶铺瓷片的奥秘

镶铺墙面瓷片的工艺技术要求很严格，做不好就会出现不平、空鼓和脱落等情况，掉下的瓷片砸伤人和物，发生安全事故，并让业主及其家人产生提心吊胆的感觉。

执行墙面镶铺瓷片的工艺技术规定，先从检查墙面垂直不垂直和表面平不平开始。如今，大多数的墙面为毛坯型。针对不平和不规范的状态，要先抹平做得规范，给予墙面基层处理好，做到干净平整，再湿润透彻。然后，进行选瓷片，浸水或清洗干净，排砖（片）弹线，贴标准点，按照弹线铺贴标准瓷片。整个墙面镶铺瓷片面规不规范，美不美观，齐不齐整，便在于起始的一排瓷片铺贴好不好。尤其是针对太不规整的墙面，一定要善于处理好显眼部位和不明显处的瓷片镶铺的方法是否得当。对显眼部位必须镶铺整块瓷片，铺贴平整规范。不然，整个墙面瓷片的镶铺是不成功的，也不美观，达不到家庭装饰装修的效果。

在实际中，一些施工操作人员，为赶工时，不从家庭装饰装修角度，只按照自己顺手不顺手，操作方便上，做出不符合要求的镶铺结果。同时，在给干燥透彻的墙面镶铺时，不少施工操作者不是提前一天时间用水浇透湿润基础面，而是当天镶铺之前浇水，是达不到湿润要求的。尤其是在中国黄河以南炎热的夏天时间内，除了前一天给墙面浇水湿润外，当天镶铺瓷片前，还要浇水湿润墙面。针对阳光直射或风力直刮的墙面，更是要给基层面湿润工作做得扎实一些，不能出现敷衍的做法。敷衍湿润墙面，往往出现整体镶铺的瓷片空鼓和脱落的情况。做墙面镶铺，铺贴标准点和第一排时，一定要待其基本能固定住时，才接着继续镶铺瓷片的施工操作。不然，就有可能发生意想不到的情况。

一般瓷片镶铺离地面铺贴瓷砖的面低10毫米左右，其第一排镶铺的瓷片必须规范平整，不能出现高差，以免镶铺地面瓷砖出现不好收边的状况。镶铺墙面瓷片材，最好做浸水处理和清洗干净。特别是针对阳光直照时间长，风力直刮比较大的墙面，将瓷片做浸水处理，以免防止因水泥浆干燥同瓷片干燥相差太大，而造成空鼓现象。这是谁也把握不准的。按照瓷片镶铺工艺技术要求严格执行为好，切不可以各种理由自行“走捷径”，偷工减料是不能保证瓷片镶铺质量安全的。

镶铺墙面瓷片，一定得坚持自下向上，依次镶铺工艺技术要求施工操作，而不能为赶工时，不顾亏灰和操作严谨的做法，盲目赶进度，是很难保证镶铺质量和美观一致。出现质量安全事故和返工，将悔之晚矣！

4. 须知木制吊顶的奥秘

做家庭装饰装修，木制吊顶有着吊全顶和吊局部顶的。吊顶，主要是使居室空间过高，显得有点空荡荡的感觉，特以吊顶的方式降低高度。如果是层高空间过低，便是通过吊局部顶，利用视觉上误差，使居室空间便“高”；假若居室顶部紊乱，有碍眼的横梁，交错繁杂的管道和线路，以及其他设施，很不美观，便以吊顶来进行掩饰，使顶面显得平整有序而没有杂乱的感觉。同时，通过吊顶做各种造型和灯池，以提高家庭装饰装修美观效果和丰富光源层次，达到良好的照明效果。对于屋顶面阳光直照时间长的居室，吊顶还有着隔热保温、隔音、防燥防尘等功能，致使住宅居室有着更好的居住和使用效果。

做家庭装饰装修吊顶，现阶段除了厨房和卫生间及特殊居室外，大多是应用木枋做主龙骨和次龙骨为木制框架。主龙骨选用的木枋，必须能承受膨胀螺栓固定于顶面的要求；次龙骨选用的木枋子，必须同主龙骨木枋相配备，不能过小。若是做能上人的吊顶，木龙骨架选用的木枋要更大，能承受得起上人重量不出现断裂的情况。安装主、次龙骨架是在地面将基本架组装好后，再按照找好的基准面进行施工操作的。找吊顶基准面，是依据设计图纸规定的工艺技术要求，先定出地面基准线，一个地平面的基准线点上，量出顶上吊的高度点，弹出一个高度线，便定出吊顶的高度。然后，又通过这个高度的水平线找到墙面的其他三个高度线点，接着找到四周墙面上的高度水平线，才能确定吊顶木龙骨的基准线。过去是用一根透明塑料管注满水，堵住两头，找到墙面高度水准的。时下，则是利用远红外线平衡仪，测量其高度和墙面水平标准线的，显得简单和快捷得多了。在确定基准高度水平线后，便可以进行吊顶木龙骨架的安装。不管是吊全顶，还是吊局部顶，都必须按照测量确定的墙面高度水准线进行施工。

安装木制主龙骨架，分有吊全顶，是应用吊杆把主龙骨架先吊起来固定住，再将次龙骨架连接在主龙骨架上，形成一个整体吊顶龙骨架。假如是吊局部顶安装龙骨架，便将主龙骨架先固定在顶部墙角的混凝土上，再将次龙骨架，依次安装在固定稳妥的主龙骨架上。不过，安装次龙骨架，致使其底面达到水平面，不是随顶部面做基准水平面的，而是按照地平面找到基准高度水平线进行安装的，形成一个吊顶水平高度。在完成主、次木龙骨的安装后，再按照不同情况，依据图纸设计要求，依据次龙骨架要求铺装石膏板或其他板材。石膏板铺装分双层或单层之别。随着铺装板材的进展，有造型的吊顶面便逐渐地呈现出来。铺装其他吊顶板材采用的是硅介板、飘逸板等，是好于石膏板的吊顶板材。

5. 须知木制家具的奥秘

在家庭装饰装修中，制造木制家具是必不可少的。木制家具由框架式和板式组成。框架式家具，有仿古框架式和现代式框架式，是依据不同家庭装饰装修风格特色进行选用的。例如，仿古框架式木制家具，只能适宜于古典式、和式及简欧式家装风格特色。如果是现代式和自然（田园）式风格特色的家庭装饰装修，就不应用仿古框架式做配饰家具，一般便选用现代框架式制作家具。如果选用现代框架式给古典式、和式及简欧式风格特色配制家具，会让人有着不伦不类的感觉，大煞风景的。在实际中，就出现过这样的情况，不但业主及其家人不依不饶，而且承担家装工程的公司（企业）名声扫地，在行业中也抬不起头来。

仿古框架式和现代框架式的制作工艺技术是大不一样的。仿古框架式比现代框架式的制作要复杂得多。仅在选用材质上，便有着截然不同的区别。在现实的家庭装饰装修中，很少采用仿古框架式制作家具，大多以现代框架式制作家具。主要是运用仿古框架式制作家具，不仅在枋木选材上很严格，而且在框架里装配木板的选材也很严格，大部分业主不能满足配材的要求，只有选用现代框架式制作家具，其选配材料和制作的工艺技术便简单得多了。只要学过木工技术的，就能承担起现代框架式木制家具的工艺技术操作。

如今，在做现代、和式及自然（田园）式等家庭装饰装修风格特色中，不再应用框架式工艺技术方式配制家具，却以板式结构方式配制家具。只是在配制家具的外观色泽上，依据不同的家庭装饰装修风格特色，选用不同的色泽。板式结构的木制家具，具有结构简单，拆装方便，功能多样等特征。板式结构的木制家具，基本上都是选用大幅面的人造板材，很少选用自然拼接板材。选用自然拼接板材做板式结构的家具，其板材幅面很难达到，或是板材质量也难达到。做人造板材家具，既不要榫眼制作工艺技术，也不要钉胶接合的工艺要求，只要按照家具大小尺寸锯割板材，钉装在固定家具的相关部位上，再在底板面上加贴饰面板。如果业主及其家人不放心结构的牢固性，制作人员便在家具内部相关处，应用汽钉钉上几根木枋，便万事大吉。板式结构家具都是另外配装推拉门，是专业加工制作的。而且，还得由业主自己另请人配装。

6. 须知木护墙板的奥秘

木护墙板在家庭装饰装修中，曾风靡一时，时下，制作使用的并不是太多，但还是有制作使用的。制作木护墙板同木制护栏是不一样的。木护墙板主要用于室内，既起着保护墙面的用途，又有着强化家庭装饰装修美观的作用。在实际应用中，还是有着其独有的特征。

木护墙板在家庭装饰装修制作中，由两部分组成，却有着多项制作工艺技术。首先是给予木护墙板制作木龙骨架，都是选用杉木枋条，其截面尺寸为32毫米 ×26毫米。木龙骨架按照其垂直和水平双向中距为450毫米 ×600毫米固定。竖架要垂直，横撑要水平，整个木龙架的外观必须呈现出一个垂直水平面。安装木护墙板的木龙骨架，面对着各种状况，有在砖混结构墙面的；有在钢筋混凝土和红砖抹灰墙面做的等，其固定木龙骨架的工艺技术便有着不同。在架与墙面结合固定上，有用水泥钢钉直接固定的，有用冲击钻眼打入木楔，再用铁圆钉把木龙骨架固定的，也有在红砖抹灰墙体内应用预埋木砖，再用铁圆钉将木龙骨架固定的。固定木龙骨架，一定要依据不同的实际情况，采用相适应的工艺技术进行施工操作。无论采用什么样的工艺技术固定木龙骨架，一定要符合图纸设计要求。最好是按照设计方案（图纸）的工艺技术要求操作为好。不过，在安装固定木龙骨架前，必须按照工艺技术规定给予墙面做好防潮处理，给木龙骨做好防火和防腐处理，对安装的墙体面弹线定出来水平线利于安装美观，还有必要在横向木龙骨架上的下部木枋上钻一些孔，留有通气孔，有利于墙体内通气干燥。

在安装好护墙木龙骨架后，接着铺钉木护墙板。按照人造板生产品种情况，可依据业主及其家人的喜爱和意愿，按不同的要求做工艺性铺装。以往多选用有纹理的水曲柳或五合板，依据木龙骨架的尺寸进行钉胶结合平铺的方法。如今，可先用底板打底铺钉完成后，再选用不同纹理的饰面板进行铺贴。这样，比过去要硬朗和结实，还美观得多。饰面板纹理有多样性，可随业主的喜爱选用不同色彩和纹理的，还有不少仿形的饰面板，给予家庭装饰装修增色不少，更能彰显出家庭装饰装修风格特色来。

铺钉木护墙板做得好与不好，关键是做木护墙板的转角处和收边收口，是要求较高的细部活儿，其转角分有外转角和内转角，有着不同的转接法。如果能做好这两种转角接法和其收边收口，其木护墙板便会做得精巧，呈现出美观的效果。在做完木护墙板的铺钉工艺技术操作，还须给其板面做保护性涂饰。其涂饰多选用透明的清漆。清漆涂饰，既不会影响到板面色彩、纹理及图案，又对人体和环境的伤害和污染是极小的。其必须严格执行涂饰的工艺技术，便能保证工程质量，达到好的涂饰效果。

7. 须知楼梯扶手的奥秘

木制楼梯和扶手在家庭装饰装修中，以其特有材质和式样，越来越受到古典式、简欧式和综合式等风格特色的追捧。在室内使用也显得其高贵、雅致、美观和舒服的感觉。不但其外观高雅舒适，而且使用起来更觉舒服，比金属楼梯和扶手更适宜于家庭装饰装修。

用于家庭装饰装修中的木制楼梯和扶手其木材大多是硬杂木。以往都是原硬杂木材直接加工制作，但随着自然硬杂木材资源的匮乏，时下，加工木制楼梯和扶手的材料多是由很小块杂木材拼接起来，很少有整体原硬杂木材。只是其拼接技术比较手工拼接更细腻、美观和自然。拼接的杂木材也是很多种类，不是内行者，是看不出来的。

安装木制楼梯和扶手，楼梯架和踏板都是由专业加工厂制作配套的，在家庭装饰装修中进行现场组装。扶手安装也多在现场组装。一般是在铁栏杆顶部焊接一根通长的扁钢板。安装时，把木扶手下面加工成与扁钢板厚度及宽度一样尺寸的槽形，底部对着扁钢板，正好嵌入槽内，再通过事先在钢板上每间隔 300 毫米距离钻一个孔，用不易生锈的碳化螺钉或氧化螺钉牢牢地紧固在扁钢板上。扁钢板一般选用宽度为 40 毫米 ×4 毫米厚度规格。小楼梯扶手则选用宽度为 30 毫米 ×4 毫米厚度规格。选用固定木扶手的螺钉长度，要依据木扶手截面厚度，分别为 30 毫米、50 毫米和 70 毫米等不同规格的，木扶手截面厚度尺寸有 120 毫米、150 毫米和 200 毫米等多种。其截面厚度尺寸一般由业主及其家人选择。表面色泽则要依据家庭装饰装修风格特色选定，最好是按照设计方案（图纸）的要求选定。木楼梯扶手安装高度室内为 1000 毫米，即从踏步上台阶面和休息平台面上至扶手表面上的垂直高度；室外安装高度为 1100 毫米；专门为幼儿园小朋友安装的高度尺寸为 600 毫米。

针对家庭装饰装修楼梯木制扶手的材质工艺要求，中、高档次的木楼梯扶手上，不准有明显的节疤。一般允许有一些小节疤。从现有的木材质量，由机械拼接起来的外表观看，是不存有节疤的，可以说全部达到了中、高档次标准。其拼接加工出来的木制扶手，经过涂饰处理，既看不到缝隙，也看不到节疤，像是一根原木加工出来的一样，只是没有树生长的年轮纹理。

木制楼梯扶手安装是一件工艺技术要求高的工序，要牢固稳健，结合部位，特别是转角结合部位应显得顺利流畅，不得有高低不平现象。整个楼梯扶手安装从上到下，从视觉上感到舒适，手感滑顺，最好不要有结合缝隙的明显痕迹。

8. 须知地板铺设的奥秘

作为家庭装饰装修，不少工程里都有木地板的铺设工艺。木地板的铺设质量好坏，成为业主及其家人评价家装工程质量高低的重要一环。因此，木地板的铺设质量必须讲究且不能出问题，需要严格按照其工艺技术要求进行铺设，显得尤为关键。

应用于家庭装饰装修的木地板种类有很多。从材质上分有原木材地板、实木地板、复合木地板、软木地板和高强木纤维地板等；从式样上分有原木材长地板、长条形实木地板、短条形木地板和薄形木地板等；从铺设方式上分有企口式木地板、平口式木地板、错口式木地板和拼花式木地板等等，给每一个家庭使用带来极大的方便性。

木地板的铺设看似容易，其实却存有不少的“奥秘”。铺得好不好，对业主及其家人使用顺不顺当关系极大。木地板有着遇热膨胀，遇冷收缩开裂的性能。铺得过紧，便有着遇热膨胀鼓起状况；铺得过松，便出现遇冷开裂难看的情景。使用起来因热胀鼓起，会引起走路绊倒的可能，因冷缩见缝，使人担心掉下物件不见踪影。由此可见，木地板的铺设方法，要做改进和变化了。铺设木地板的工艺规定，要随着材质变化和式样的不同，实施新方法和改进新方式。像铺设强化木地板的方式，就有很大的改进。仅其踢脚板的铺设，不再如过去那样，使用铁圆钉，而是使用橡胶扣，扣住的方式，比钉板的方式进步了不少。

按照常规铺设木地板，都是从固定木地搁栅开始施工。如果能从做好木地搁栅施工上，有好的做法，铺设木地板用不着给房屋地面预制件，伤“骨”又伤“筋”。尤其是随着自然木材资源的越来越紧张，更有必要给予木地板的铺设做大改进。时下，不少铺设木地搁栅的木枋尺寸都是“缩身”的。而且变形性也很大。如果一成不变地应用老工艺方式铺设，并不是很乐观的事情。应当依据新情况、新环境和新要求，尽可能地利用新型材料。例如，胶固方法，发挥胶粘剂的用途，比完全依靠铁钉的做法，会好了许多。就是说，充分地利用钉胶结合固定木地搁栅及木地板，比仅用铁圆钉固定的方式要好不少，算得上一种进步。

同样，对于木地搁栅运用整体结构固定的方法，只在木地搁栅的几个点上，以纵向和横向固定方法，将木地搁栅组装成一个整体，比以往将每根木枋在地面，只作横向固定，不作直向固定的“散体”状要好一些。对“整体性木地搁栅”应用钉胶结合固定起来，对地面预制件的“伤害”肯定小多了。这样，铺设木地搁栅，并不影响木地板的铺设和使用质量，是值得推广的。铺设木地板，一定要注意留出伸缩缝，使其遇热遇冷，不会致使木地板发生很明显的变化，是有利于居住使用的。

9. 须知特别木制的奥秘

针对家庭装饰装修的木制工艺，还有着许许多多，像木栏杆、木搁栅、木雕刻和木挂线等，都有着其特别性，其施工工艺和操作要求，都是不一样的。必须严格按其工艺规定执行操作。不然，很难保证其工件质量，尤其不能给家庭装饰装修带来锦上添花的效果。在这里对家庭装饰装修中应用得多的作“奥秘”介绍。

像木制栏杆的安装，看上去很简单，而实际却不是这样。其安装好坏，对家庭装饰装修质量评判起着很大的作用。安装木质栏杆，主要在于实用和安全，其次才是美观。每次安装木制栏杆，都处在楼道、楼梯和阳台等部位的边沿。进行临边作业，其安装栏杆的质量要求特别的牢固稳妥。因此，必须要严格按照其工艺技术规定安装，保障质量和安全，不能出现丁点马虎状况。一方面要求整体安装上去的栏杆横杠插入柱子或墙体内要可靠，将其基本安装稳妥了，才能将其外装部分钉胶牢固，不得有脱落问题，另一方面要求栏杆的各个隔柱必须稳固，不得有松动现象。按照栏杆施工工艺规定，将隔柱安装在横杠上，确保稳定牢靠后，才整体安装上部木制横杠，达到安装完成的要求。

安装挂镜线和挂镜点，都是在墙面为方便悬挂装饰物、艺术品和其他物品而进行的一项施工。其安装高度是按照设计方案（图纸）要求和业主及其家人的意愿确定的。挂镜线和挂镜点有木制和金属等材质。选用的材质，是依据家庭装饰装修风格特色进行的。

木制挂镜线和挂镜点的木质材料，多以不易裂和材质细腻的杂木为佳。长度和大小尺寸都随业主及其家人的意愿确定，一般宽度尺寸为 40 毫米，厚度尺寸为 20 毫米，沿室内墙面都能安装，高度不能超过窗顶和窗帘盒，也有随悬挂方便在 2 米左右高度的。木制挂镜线和挂镜点，以往多采用预埋木砖，又应用螺钉安装的。时下，便不需要预埋木砖方式进行安装，而采用其他方式。例如，应用冲击钻孔方式打入木楔，使用螺钉安装的做法。每个螺钉距离为 500 毫米左右，也有应用胶固的。无论应用钉固或胶固方式，还是预埋件固定挂镜线和挂镜点，均要牢固稳妥，不得出现脱落现象。同时，安装必须保证垂直水平，不得倾斜，不得留有伤痕在表面而影响到美观。如果有连接，其连接件搭缝不得出现明显的缝隙。不然，也会影响到美观，不符合安装细腻、质高的要求，致使挂镜线和挂镜点安装，不能为整体家庭装饰装修增添一道美丽的风景线，就不是好的做法。因而，必须要做好，不能成为多余。而且，还要达到实用效果，实现其美好的愿望。

10. 须知胶粘用途的奥秘

胶粘剂在家庭装饰装修中的用途越来越广泛、主要起着胶粘作用。同时，也有着固定、防腐、防漏、防火和绝缘等用途。由于胶粘剂生产发展很快，只要选用得当和应用适宜，按照其工艺技术要求操作，便能给予家庭装饰装修带来诸多的方便。

做家庭装饰装修中，需要给予某工件进行加固，提高其承载能力，消除一些不放心的缺陷时，应用圆钉、汽钉或螺钉加固又不方便，则可应用胶粘剂胶粘的方式给予解决。例如，做吊顶担心吊杆的拉力，不能达到安全保障效果，就可选用硅酸盐类和磷酸盐类无机胶粘剂、有机类环氧树脂丙烯酸类和聚氨酯类胶粘剂进行粘结加固，便能提高工件的加固质量和加强其安全保障。

如果在家庭装饰装修使用中，发现阳台装饰件、房屋架和家具等，出现被腐蚀的现象，尤其是针对潮湿和酸碱破坏严重的部位，便可以选用环氧树脂配制的胶粘剂涂饰在该部位上，便能起到很好的防腐蚀的效果。不过，在涂胶粘剂之前，一定得按照其工艺技术要求施工，将被腐蚀的表面处理干净，不能留有杂质和油渍等在表面，胶粘剂防腐胶固的作用，才能充分地发挥出来。不然，其作用便会打很大的折扣。

在做家庭装饰装修前，遇到一些墙面或地面出现缺失情况，特别是外墙面逢雨天发生渗漏问题，给装饰装修施工操作带来了极大的不便，就可应用胶粘剂将渗漏部位面上涂敷一层，像环氧树脂类的结构胶、防渗漏胶等，能轻轻松松地解决这一类问题。如果遇到流水量较大，有着一定压力的漏点，需要给予堵漏时，也可将相应的胶粘剂混合好后，先将胶粘剂进行一定时间的预固化，待快要固化时，再堵上漏点，并施加点压力，待胶粘剂完全固化后，再在外面及周边做出补强处理。例如，家庭中的卫生间的一般性泄漏，供排水设备的渗漏，以及窗户、阳台上的防漏等，均可应用胶粘剂进行治理。

同时，对于胶粘剂在其他方面的用途，也是可以充分利用的。只要按照其工艺技术要领，处理好涂胶的表面，应用先涂胶的方法，提高物件粘胶的强度。这种涂底胶的做法是涂层很稀和很薄的胶粘剂。使用相适应的稀释剂稀化胶粘剂，再将这样的胶粘剂涂刷在物件将胶粘的部位表面，待干燥透彻后，再使用相适应稠度的胶粘剂进行胶粘，就可使粘贴的物件更牢固，以实现胶粘剂另有的用途。

11. 须知胶粘性能的奥秘

针对胶粘剂，要想发挥出其应有作用，还必须按照不同的胶粘剂的性能特征和其粘结（接）方法，才能达到其最好的效果。

各种类的胶粘剂是有着不同性能特征和粘结工艺技术要求的。为达到最好的粘结（接）效果，便要很好地利用其粘结（接）力，而其粘结（接）力是由其次价力（物理力、静电力）、主价力（化学力）和机械综合力组成的。其中，粘结（接）物的物理力和静电力是产生粘结（接）力的主要作用力。

实现粘结（接）力的效果，是按照胶粘剂的粘结（接）工艺技术要求，在处理好被粘结（接）的表面后，先给粘结（接）的表面涂敷一层胶粘剂，当胶粘剂具有良好的流动性，充满两粘结（接）物粘结（接）表面的任何空隙后，又有着良好的渗透力填充于表面多孔内后，于是，才将两粘结（接）物通过压力，使两粘结（接）物表面的流动性和渗透性紧密地接触或结合在一起，分子间接触距离融合缩小；或紧紧地融合在一起，经过某些物理或化学变化，该流动物质被固化，变成为坚实的固体后，便会产生粘结（接）力，这样便实现了粘结（接）。

然而，这种粘结（接）是依据作业工艺技术要求，还需要应用各种助剂的“帮助”，才会产生不同的粘结（接）效果。例如，有的粘结（接）由于受着气候环境和条件的影响，有作防老化的，便有必要在其粘结（接）的胶粘剂中，加入防老化剂；有的胶粘剂属于高分子材料，在氧的长期作用下，会降低自身材料的强度和粘结（接）强度，则要加入阻止材料氧化变化的抗氧剂；有的粘结（接）物为了粘结（接）和材料色泽协调一致，便在其胶粘剂中加入相类似的着色剂，以达到粘结（接）物美观的要求；有的粘结（接）时，需要固化温度降低，固化时间缩短，或加速固化反应过程，经常在胶粘剂中，加入一定量的催化剂，以实现尽快粘结（接）的目的。这是依据粘结（接）工艺技术和各种不同实际情况，采用的相对应措施。

不过，对于一般性的粘结（接），选用相适宜的胶粘剂，在通常情况下，是不需要加助剂给于“帮助”的，只要按照出品的胶粘剂上的说明书操作，便能实现其粘结（接）的目的。粘结（接）任何物品，都不能操作过急，必须按照其工艺技术程序规定，一步一步地施工操作，才能达到粘结（接）牢固且不出现差错的要求。

12. 须知木竹胶粘的奥秘

做家庭装饰装修，经常遇到木、竹材需要胶粘的情况。如何做好其胶粘，是保证工程质量的关键。像木制品材的胶粘；饰面材的胶粘，以及不小心弄坏了木、竹材等胶粘等，都离不开木、竹材胶粘工艺技术操作的施工。

通常情况下，木、竹材胶粘的胶粘剂是很多的。而最适宜其特征，经济实惠和应用得多的，则是白乳胶、水基胶、脲醛树脂胶和水溶性酚醛树脂胶等。胶粘的效果，能达到牢固稳妥，不易脱落和保证质量要求。

像白乳胶是胶粘木、竹材质中，经常使用的胶粘剂。是由聚醋酸乙烯乳液为主要组分而制成的水乳型胶粘剂，因其颜色发白，故称白乳胶。在木、竹材的使用中，主要在于其具有良好的安全操作性能。白乳胶是由水为散剂的乳液胶种，因而无毒、不燃、操作、储存和运输都很安全。使用中对人体和环境，以及胶粘物都不会造成污染。白乳胶可制成常温下固化较快和粘结（接）较高的胶种，用于多孔的木，竹材的粘结（接），可在短时间内，达到较高的粘结（接）强度。同时，该胶的施工操作工艺技术简单，一般在室温下，便能胶固。其胶层有韧性，也不影响到木材的加工。

白乳胶的胶结（接）操作，一般按照产品说明书进行操作便可以。但是，对于胶粘的木、竹材的含水率要求不得超过12%；如果材质含水率超过12%，会影响到胶粘速度和固化效果；若材质含水率超过18%以上，会明显地影响到粘结（接）强度。同样，白乳胶是水性胶种，气温太低，会发生结冰（主要是在中国黄河以北的冬季），要使用白乳胶时，必须使用较高温度解除冰冻后再使用。解除其冰冻不能使用掺热水方法。掺水的白乳胶便不能用于胶粘木、竹材。如果白乳胶调剂有防冻的助剂，便不会存在结冰和解冰的状况。对于白乳胶粘结（接）过程。还是需要施加一定的压力的。常温下，施加压力时间不得少于1小时，温度越低，则越要延长加压时间。白乳胶在常温下的固化时间，夏天为8小时左右；冬天为24小时左右。若是遇上结冰的气候，是不能用于胶粘的。

至于水基胶、脲醛树脂胶和水溶性酚醛树脂胶等，多是在特殊情况下，用于木、竹材的胶粘。例如，在潮湿情况下，不便使用白乳胶时，就使用这些胶粘剂进行施工。其胶粘性能都很好，能保证胶粘的质量。主要是其购买价格要高于白乳胶，其工艺技术操作也复杂一些，没有白乳胶操作方便，因而，使用得不是很广泛。

13. 须知软材胶粘的奥秘

软材，主要是指用于家庭装饰装修中橡胶、塑料和地毯等，相对于木、竹材质而言，软材也是应用得比较多的。因其具有美观、简洁、耐用和价廉等优点，使用起来让人感到舒服，尤其对于上了年纪的人使用更觉方便、安全和好感，从而得到不少人的青睐。

铺装软材的胶粘剂种类也有很多，只要按照产品说明书和其工艺技术规定操作，便能达到胶粘牢固稳妥，保证使用质量的目的。为保障胶粘质量和使用安全，还是要依据各不同的软材性能来选用胶粘剂比较适宜。像针对塑料软质材料，就有着其专用的胶粘剂。如溶剂型塑料地板胶、热塑性弹性体塑料地板胶、水基塑料地板胶、水溶性脲醛树脂胶和改性环氧树脂胶等。其对于塑料材质的胶黏性是很强的。

针对橡胶软质材的胶粘剂的选用，有使用以橡胶原料做成的粘结胶，也有以天然胶、氯丁胶和丁苯胶等，都是以橡胶做原料，很适宜于橡胶材的胶粘。不过，因氯丁胶来源广，粘贴力强，又能阻燃，故此在橡胶材的粘贴中，应用得更多一些。

应用胶粘剂胶贴塑料和橡胶材的施工操作工艺的要点，主要是先将铺装的地面清理干净。如果有条件和有必要，最好用清洁水刷干净晾干，接着用刮刀将调配好的胶，刮于铺装的地面上，胶层要刮得厚薄均匀，不得有损坏。然后将塑料或橡胶铺材平整地铺装上去，施加一定的压力便可以。不过，对于铺张的地面要做到有好的平整度。其整个地面的平整度不超过2毫米。如果达不到这个平整度，就要在铺装软质材前，应用水泥砂浆进行修整。铺装软材的地面含水率不得超过8%。铺装软材应当依据现场情况和业主的意愿进行施工操作，既要注意到铺装的地面面积，又要计算到铺装软质材的实际状况，保证铺装显眼处的美观漂亮，背眼处的平整适宜，才会让业主及其家人满意。

铺装地毯同铺装橡胶及塑料材，还是有一定的区别。地毯大多是大面积性的。橡胶和塑料，既有大面积的铺材，也有小块的拼装材。小块拼装材比较不好操作施工。地毯铺装是大面积性的，先要将基层表面处理好，达到平整清洁和干燥的要求，选用相适宜的胶粘剂涂刷粘贴面，再将铺装的毛毯平铺上去，压平压实。中间不得留有空隙，待胶粘剂固化后才能使用。对于有特殊要求铺装的地毯，是在地面和地毯之间，再加一层薄毯片，以延长地毯的使用时间。铺贴地毯的胶粘剂，要依据不同材质有针对性地选用。像混纺地毯选用塑料地板胶，化纤地毯选用丙烯酸酯类的胶粘剂等。如果毛地毯不适宜于用胶粘剂进行施工操作，则可选用双面压敏胶带进行粘贴，也可以保证粘贴质量。

14. 须知石材胶粘的奥秘

石材，有天然材和天然人造材，在家庭装饰装修中，针对其室内，不主张应用天然石材或由其加工的板材。有的业主因特别喜爱石材的装饰性，最好是选用由天然材加工出的人造石材板。不主张选用天然石材板，主要原因在于天然石材板对人体的辐射太大，引起人体内发生病变。天然石人造板材，是经过处理的，其辐射性对人体的危害便小多了。特别是人造真空大理石材，对人体的辐射影响，几乎不造成危害。但人造花岗岩材，对人体辐射造成的危害还是比较大的。不过，在住宅外的装饰装修和一些特殊的室内装饰装修中，还是有应用石材板的。除了地面铺贴外，墙面、柱面或做窗台板，以及厨房间的灶台板，洗、切面板、台面板的铺贴，都是使用胶粘的工艺方式施工操作。应用胶粘石材板，都是选用专门的胶粘剂。现选用得多的有环氧树脂类和聚醋酸乙烯类等。应用胶粘工艺技术施工操作，比应用水泥浆铺贴要方便、稳妥、耐用、安全和简单多了。

应用胶粘石材的工艺技术施工操作，大多是在悬空部位进行的。像墙面和柱面悬挂石板材、厨房搁物板、搁菜台板和桌面板，以及茶几板等，都是应用胶粘的工艺技术。其选用胶粘剂也应当依据实用效果进行。像在实践中，选用的云石胶比 A、B 胶胶粘效果要好得多。做台面板的胶粘，是在柜架和台面板的接触部位涂胶粘贴，一般要几个小时才能凝固稳妥。做墙面和柱面悬挂石材板，则是采用在铁龙骨架上钩挂和胶粘同时进行的。

这种工艺技术施工操作，先将角铁龙骨架固定在墙面或柱面上，使用焊接方式形成一个牢固的框架，再采用钩挂和胶粘的工艺方式悬挂石材。其龙骨架多选用角铁材，是依据悬挂材大小规格，选用的角铁规格为 30 毫米 ×30 毫米 ×4 毫米、40 毫米 ×40 毫米 ×4 毫米、50 毫米 ×50 毫米 ×5 毫米等，确保框架的承受能力。悬挂石板材的龙骨架，依据不同情况，按照其工艺技术施工操作，焊接必须牢固稳定，不能出现缺焊和假焊情况，焊节焊疤要清除干净检查质量问题，给予焊节焊疤作防锈处理。横杠上，必先根据挂材大小，每隔一定距离钻孔，孔径为 $\phi 8$ 毫米或 $\phi 10$ 毫米，做安装挂钩备用。横杠上钻孔一般不得超过 30 毫米。最好是按照设计图纸规定确定孔距。

悬挂石材板采用从下往上悬挂方式进行。悬挂程序同铺贴石板材相同，也要从确定基准板和基准面开始，严格执行其工艺技术规定，在悬挂点开槽和涂胶，要认真规范，不能马虎。每悬挂一层，还得待胶干燥透彻。为加快胶的凝固时间，需要增加固化剂，可加快施工操作速度。胶挂石材，重点是要做好质量和收边收口，方能满足要求。

15. 须知室内涂饰的奥秘

涂料在家庭装饰装修中，应用的范围比较广泛。在木制装饰装修方面需要进行涂饰的，有木制家具、木制制造品、木制工艺品、木楼梯扶手、木制栏杆、木护墙板、木地板、木踢脚板和木门窗，以及门窗套等。这些家庭装饰装修中的木装饰和木制品，由于各用途和使用状况不同，以及置于装饰装修风格特色的不同，各业主及其家人的要求区别，选择和配用的涂料，也是有差别的。例如，家具置于现代式装饰装修风格特色中，业主及其家人要求是环保健康的涂饰，便需要选用水性涂料进行涂饰。要是给古典式风格特色的家具涂饰，就不能选用水性涂料做涂饰，便需要选用适宜于其风格特色的栗色或棕色涂料，饰面另加清漆保护。在现阶段对于古典式风格特色的装饰件和家具的涂饰，还不能选用纯水性涂料，至少保护面层要选用油性涂料。还有像木门窗的涂饰，如果是在现场加工制作，其涂饰也多是选用油性涂料涂饰。

在给木制品和木装饰涂饰，由于多选用人造材料，且多是专用性饰面板，其木纹理是很清晰和美观的。如果选用不透明水性涂料做涂饰，显然是一种浪费和不明智的做法。一般会“借花献佛”，不再做过多的涂饰，选用清漆，给饰面板做保护层的透明涂饰，便能达到涂饰效果。

在给不同的装饰装修风格特色作涂饰，显然是有区别的。对于古典式、和式或综合式风格特色的装饰件和家具的涂饰，依据业主及其家人的意愿，有选用高光泽涂饰的；也有选用丰光泽和平光泽饰面涂饰的；有选用透明涂饰和不透明涂饰的。透明涂饰是以原装饰纹理做底面，在其表面做透明涂饰，仅选用透明的普通清漆或聚氨酯清漆等透明性涂料涂饰就可以达到涂饰要求。如果是做不透明涂饰，就要依据其家庭装饰装修风格特色，选用不同色泽的涂料打底，按照其涂饰工艺技术要求完成其基础性涂饰后，再在其涂饰表面增加保护性涂饰。其涂饰选用的涂料不需要透明，只要求能起到保护效果便可以。如果业主及其家人允许，有的不透明涂饰，则要显示出光泽，就不是水性涂料，便是油性涂料的选用。

如今，不少做家庭装饰装修的业主及其家人，对于木装饰件和木制品及家具的涂饰，要求环保健康，一般都是选用水性涂料做涂饰。这种水性涂料，虽然不含有甲醛，给予“零醛”装饰装修带来了一定的条件，却有着苯的危害。苯，虽是无色液体，却易燃烧，其蒸气给予人体产生一定的影响和危害。如果是非正规厂家出品的超标含苯的水性涂料，会对人体伤害防不胜防。重要的是选用水性涂料或油料涂料，必须是正规厂家出品，在涂饰后，让其自然挥发一定的时间，再进入居室中居住和使用，其对于环境污染和人体的伤害会有限的。如果是选用非正规厂家出品的产品，无论是水性涂料，还是油性涂料（即油漆），其含有的有害物质，不是甲醛超标，就是苯超标，还有着其他氨、氡等的污染及危害。

16. 须知室外涂饰的奥秘

用于家庭装饰装修室外的涂饰范围也是很多的，其涂饰的涂料比室内应用的涂料要更经得起日晒雨淋，风吹雪打，尤其还要经受不同环境、不同情况和不同程度的酸碱性和紫外线辐射腐蚀。因而，要求室外涂饰的涂料选择和调配的质量，比室内使用的涂料有相应提高。同时，室外木装饰装修和木制品涂饰效果也是要讲究和严格的。

室外涂饰基层面的涂料，不能同室内基层面涂饰的涂料一样，必须选用有着抗击室外各种影响和侵害性能的涂料。同时，其性能又要同饰面涂料的性能相一致，不能出现不同性能的涂料使用在一个涂饰面上。如果出现表里不一的，必然影响到整体涂饰的质量效果。例如，用于木制装饰装修材涂饰的油性调和漆、醇酸树脂漆或乳胶漆等，则需要依据装饰装修风格特色配用着色剂和拒水防护之类的油性涂料；针对木质走廊地板便选用专门的外用漆，木门窗的涂饰，便选用酚酸清漆、普通清漆和能拒水防护的油性涂料。时下，为追求环保健康，不少业主选用对人体和环境产生危害不大的水性涂料，也必须需要依据家庭装饰装修风格特色和业主及其家人的意愿选用更适宜的涂料。

除此之外，还要根据城镇建设的需求，在选择和配用涂料色泽上，尽可能地同整个城镇建筑室外相协调统一。针对污染严重的地方，则要依据其污染成分，选用能进行抗拒性的涂饰，而不能因个人喜好作涂饰选用，其涂饰效果是既不明显，使用时间也不会太长。到时还得做相适宜的涂饰，便有点得不偿失，费时、费力费财和费物了。如果是处于潮湿易发霉的区域，则要注意到选用具有抗霉性能比较好的涂饰。若是原有涂料不具有这样的成分，便要有针对性地添加抗霉、抗碱、抗酸和抗腐性能的添加剂，以利于增加涂料中的抗性，提高涂饰面的使用寿命。

不过，对于室外的涂饰，不能在水汽重和气温低的情况下作业，更不能冒雨和留有水珠或含水率过大的情况下作业。针对涂饰的木质材含水率，在中国黄河以南区域不能超过15%，黄河以北区域不能超过12%，要保持涂饰面的干燥性，并保持无灰尘和无污秽物，接缝处和缺陷、钉眼及伤痕部位，都要应用腻子填平补实，打磨光滑平整，使之符合涂饰工艺技术要求，才能做涂饰操作，确保质量和美观。

17. 须知涂饰工艺的奥秘

家庭装饰装修中的木制品和木家具作涂饰，主要是对涂饰木质表面的保护，比不做涂饰的，在耐潮、耐水、耐污秽和耐化学侵蚀，以及在防冻、防晒等方面要好得多，可延长使用寿命。同时，能给予涂饰物品外观起到装饰作用。

针对家庭装饰装修中的木制品和木家具的涂饰，必须要严格和认真地按照其工艺技术要求执行，不能有半点马虎。不然，是做不好涂饰的工序和不能保障其质量的。涂饰前，必须对涂饰的表面进行清理和打磨。尤其是针对批刮全底层腻子的基层打磨和涂饰底面的涂饰，至少在3遍以上，不然，便没有达到工艺技术要求。如果仅是给予饰面板做透明涂饰，也要涂饰3遍以上，才能保证涂饰的质量。对于涂饰的面上存在的缺陷和钉眼等，必须在涂饰前，应用色泽相近类的腻子填补好，打磨平整光滑和修饰好，才能达到涂饰的基层要求。如果不将涂饰的基层面做好，就好比在“麻布袋上绣花”，显然是做不好涂饰的。尤其是做透明的涂饰，比做不透明的涂饰要严格得多。因为，透明涂饰是以基层表面的美观纹理或漂亮图案为标准的，假若稍有差错，便会对美观纹理和漂亮图案造成损坏，就会造成不必要的纠纷和矛盾。而不透明涂饰，主要是要给涂饰基层做好且不出现问题。即使基层没做好便做涂饰，没有达到质量标准，还可以进行返工，有着整改和再做一次的机会。但是，做透明涂饰必须一次成功。因此，做好涂饰基层标准面操作，是做好涂饰质量的关键。

给木制品和木家具做涂饰，是从上往下进行的。就是说，给家庭装饰装修做涂饰，要从木质顶棚开始，接着是挂镜线、挂镜点、木门窗、木楼梯和扶手、木护墙板、木踢脚板、木地板，以及木栏杆等。这样按顺序涂饰，可减少许多不必要的麻烦，也有利于木制品的涂饰有板有眼地进行。

此外，针对木装饰装修和木制品的涂饰时间，选择以春夏之交和秋冬之交涂饰的效果比较好。这两个时节的气候条件比较稳定，少受气温变化大的影响。涂饰方式，有着手刷、漆涂、淋涂和喷涂等。手刷比较节省涂料，喷涂比较浪费涂料。但是，喷涂效果比其他方式要好。在家庭装饰装修，应当依据实际情况和不同需求，以及不同环境、不同气候、不同条件，采用多种方式做涂饰，切不可拘泥于一种方式。例如，针对小面积和栏杆，以及呈条形的涂饰，以采用手刷方式为好；针对大面积的涂饰，则采用喷涂方式为佳。这样，以灵活多变，有的放矢地采用适宜的涂饰方式，既能确保涂饰效果，又少浪费涂料，对业主和承担施工的，都是一件好事情，何乐不为呢?

18. 须知涂饰防活的奥秘

家庭装饰装修木制品和木家具的涂饰，由于材质不同和手工及机具操作的差别，又因气候条件及涂饰方式的原因，不时出现这样或那样的弊病。于是，便有必要作针对性的防活，以保障涂饰质量，致使涂饰问题不会影响到工程的顺利完成和使用效果。

在刷涂或喷涂中，涂饰表面不能形成平滑光洁的膜面，而是呈现出橘子皮似的不平状态，行业内称这种状态为橘皮。发生这种状况的成因，是由涂料黏度和溶剂挥发得快慢所致，形成内干快而外干慢，从而造成涂层表面的不平滑，很难看，让人心中不快。产生这一状况，还有着涂料中含水率过多的原因。针对这种状况，有必要采用相应的方法，进行防治。主要是在调配涂料时，选用挥发慢的稀释剂将涂料细心地调配均匀，控制住刷涂或喷涂的工件表面温度不能太高，涂饰层每次不能太厚，要做到涂刷或喷涂得薄而全面。涂饰完成后，让其自然干燥透彻。再则，涂饰层的表面一定要打磨平整光滑，不能出现不平整的状态，便急于涂饰。涂料含水过多决不能做涂饰施工操作。否则，便容易出现橘皮现象。

对于刷涂和喷涂最容易出现的是流挂问题。其主要原因是，由刷涂或喷涂的涂料黏度低、密度大和过厚造成的，是最能影响涂饰效果的弊端。针对出现这方面的不利状态，便要先查一查操作者自身操作的原因，在涂饰工艺技术执行和落实上发生了偏差，在刷涂或喷涂上急于求成，不认真和不用心调配涂料，图快图省力，或不重视和不懂相关技术要领，粗心大意，或懒散应付，或不懂涂饰工艺和技能太差等，便勉强做涂饰作业。按理说，出现流挂，是涂料调配没有严格控制好黏度溶剂兑配不当，刷涂或喷涂想尽快完工，或选择低气温作业等，都是同没有严格认真执行涂饰工艺技术相关。因此，在进行涂饰操作时，一定要认真严肃和一丝不苟地按照工艺技术规定作业，保持涂饰表面光滑平整，蘸涂料不能过多，刷涂却要均匀，速度不能过快，但要均衡，才有可能克服这方面的弊端。

再则，要防治刷涂或喷涂的剥落现象。剥落是涂饰工艺技术执行最不愿看到的。剥落是涂饰面成块成片地起壳引起。其原因主要是涂饰基层面处理太马虎，打磨很粗心，污垢或残留物都没有清理干净，便急于涂饰，而且涂饰得很差，厚薄不均匀，形成整个面上在干燥时，有着内胀外捂反差力的状况，内胀发生作用出现剥落。还有是内外涂饰涂料品种不同，涂膜发生化学反应造成。需要在工艺技术和选用涂料上把好关。

19. 须知仿瓷涂饰的奥秘

按照工序和工艺技术规定，在批刮完仿瓷和打磨好平整光洁后，接着便要给仿瓷面作保护层，滚涂或喷涂乳胶涂料。这种涂料是水性的，却对仿瓷面起着很好的保护作用。针对批刮的仿瓷面，做与不做面层的涂饰，给业主及其家人居住和使用带来的感觉是大不同的，正规厂家出品的合格乳胶涂料，在刷涂后，对仿瓷表面形成一种很好的保护，有着弹性的氧化膜，不易开裂，看上去很舒服，手感很明显。而不合格或冒牌的乳胶涂料，涂饰在仿瓷面上，只会形成一层很薄的膜，很容易开裂，刷涂面看上去不美观、不纯正和不顺眼，也不能对仿瓷表面起着好的保护作用。

涂饰仿瓷面层乳胶涂料，主要采用滚涂和喷涂方式。滚涂比喷涂要好。滚涂层比较厚实，对保护仿瓷优于其他方式，还不容易浪费涂料。滚涂使用乳胶漆比较适宜。过稠和过稀都不适宜操作。过稠会出现滚不均匀和出现漏滚的现象，造成费力不讨好的结果。过稀，滚涂起来容易流挂，不易滚到位，让人误认为没有进行涂饰工序和工艺。而喷涂的涂层要薄一些，且挥发大，浪费多，容易出现误涂和影响到木制品被污染的状态。

仿瓷面的乳胶涂料好不好，关键在于仿瓷批刮平不平，阴阳角做得好不好，打磨平整光滑的效果。执行这一工序和工艺技术，在于认真细致和一丝不苟。如果以应付的态度做打磨，工艺执行不严格，表面涂饰就不会好到哪里去。本来，仿瓷批刮的色泽还不是很白，表面打磨光滑平整还不很显眼，如果将好的乳胶涂料滚涂或喷涂上去后，其批刮的仿瓷面便很清楚地显露出来，批刮不平，打磨不光，面层不净，便会看得一清二楚。因而，在涂饰乳胶涂料前，对批刮仿瓷面一定要把握好，打磨平整光滑，不能出现任何问题。一个面的阴阳角，表面的平整度。如果出现大凹面还好一点，若出现凹凸不平小面，在涂饰的乳胶涂料的影照下，会显得非常难看。问题的重要性还在于，凡经过滚涂或喷涂过乳胶涂料的表面，再进行返工整改是难上加难。乳胶涂料的保护效果，比批刮仿瓷层，不容易打磨，即使是应用机械动力打磨，也不容易将凸起部分打磨去。对凹下的部位也不能用直接补平的方式进行，必须将表面的乳胶涂料清除干净，才能在仿瓷面上做填补，不然，就不能保证仿瓷批刮的质量。

做批刮仿瓷表面的保护性涂饰，必须要做好基层面的打磨工艺，严格执行其要求，没有什么捷径可走，只有达到涂饰的标准，才能够做乳胶涂料的涂饰。不然，给施工者自身和业主造成的麻烦是不好解决的。

20. 须知专业吊顶的奥秘

所谓专业吊顶，即用于专门吊顶的，而非用于其他的专业性材料和工艺。就是说，从材型和材质，以及用途，都是为吊顶的。其吊顶还局限于家庭装饰装修的厨房和卫生间等顶部吊顶应用，或作用于特定的顶部采用。如生活阳台，以及小面积潮湿的室内，却不是用于家庭装饰装修普遍吊顶的区域。在装饰装修用材市场上，也组建有专业性吊顶用材展览专卖区。这种专业性吊顶用材，有用PVC（即塑料）、铝合金和不锈钢等材质加工的。仅铝合金材质，就有着铝镁合金、铝铬合金、铝锌合金、铝硅合金、铝铜合金和铝稀合金等材质组成，又加工成专门的尺寸规格为600毫米 ×600毫米，很受业主及其家人的青睐。不过，也有石膏板材的。

由于这种专业型材和专门作用，以及外观性好和施工方便缘故，难免不发生让业主们难以想象到的情况。按理说，专业吊顶用材，应当由专门厂家专业加工出品，但现有装饰装修用材市场，却有着仿型仿冒的产品，用人工加工，从外形到材质有着很大的差别。因为加工和修饰的原因，一般人是很难辨别出来的。不过，由人工加工出来的，尽管修饰得再好，从工艺技术到外观，以及质量保证，是比不上机械专门加工出品的。作为业主及其家人在购买时，一定要留心，千万不可做“花肉价钱，只买到豆腐货”的事情来。

除此之外，在应用这种专业性材料时，也是有着严格的工艺流程的。从现有的家庭装饰装修状况，厨房和卫生间地面和墙面多以铺贴瓷砖和瓷片来装饰，整个居室内都被装饰装修武装到家了，只留有顶部空间为吊顶作业。而这个居室的吊顶基本上都选用专业吊顶方式。一般是应用PVC长条型材，也有采用石膏板专业型材的，而大多数业主及其家人则选用铝合金专业型材进行操作安装的。如果能按照专业型材吊顶的工艺技术要求操作，是能够保证吊顶稳定性和符合质量安全要求的。按照正常的工艺技术要求，做这样的专业型材的吊顶，从稳定安全角度上，需要做主龙骨架和安装轻质次龙骨架的。但实际上却很少有这样做的。不安装主龙骨架，而是从墙面周边钉做一个龙骨边架，就直接将轻质龙骨架起来。然后，将专业型吊顶板安装上去，显然是不符合专业型材吊顶工艺技术要求的。

更有甚者，做这样专业型材吊顶，只为图快省工忽悠业主及其家人，在吊顶空间将轻质龙骨搁置在四周墙面几根木枋上，中间顶部胡乱找几个点钉几个钢钉，吊几根0.2毫米的铁丝，将轻质龙骨固定住，便在轻质龙骨上，将吊顶的专业型材安装上，便万事大吉。像这样的专业型材吊顶，显然是违背了其工艺技术要求，不能保证其质量安全，属忽悠业主及其家人的做法。

21. 须知配装门窗的奥秘

随着分工的细致，在家庭装饰装修中，如今，对房门、柜门和窗户的配装，也可作为一道工序安排，有着其工艺技术要求，是保障配装门窗质量不可不知的"奥秘"。

配装的房门是以实木门为主，有木框式嵌磨砂玻璃或压花玻璃的，有木框式嵌板的，也有木框式铺板的，其外表面却都是胶贴饰面板。门页、门框及门套一个色泽，形成套装门。说是实木门，有原材木加工成的，也有拼小材加工成。原材木实木门便是人们心目中真正意义上的木门，以整体自然材加工组装成，门框是整体材的，嵌板是整体木材板拼装的。这样的实木门，其价格是比一般的实木门要高不少。按照其材质不同，价格有着上万元一套的，最低价格也有好几千元。如果是现价格在两千元以下的实木门，几乎都是小木块拼装组成的。拼材有大有小，材好材差的。仅一根木门框枋就有 10 多根，甚至更多小木枋拼结（接）组成的。其价格由不同材质拼结（接）组装成实木门也是不一样的。其拼结（接）组装成的实木门及门套，只要是正规厂家出品，其质量是有保障的，不再是过去由人工拼装，却是由机械拼装，再经过涂饰加工，一般人是看不出来是否由小木块条拼结（接）组装的实木门。

对于柜门，其中的"奥秘"更多，有木质、竹质和合金材框架的。柜门的框架材和内嵌材不同，其价格也不一样，有高有低，任人选购。一般的木质、竹质门，基本上都是由小木条块拼结（接）组装成的，其正意义上由原木整材加工组装的柜门是很少的。至于合金材门，其合金成分，就有着更多类了。如果从柜门组装成型上分，有专业厂家生产的，有冒牌厂家生产的，也有本处自产，还有些框门是由人工配装的等。因其配装门的方式不同，就有着实施工艺技术要求的不一样。正规生产厂家加工出品和应用手工加工出产的工艺技术，显然是不一样的；不同的材质加工出产的门，应用的工艺技术也是不一样的。特别是选用铝合金材质加工出品的各类门，包括房门、厨房门、卫生间门和柜门等，几乎都是由本地人工加工出来的门，其加工质量，便是因人的手艺高低和执行工艺技术好坏来确定的。例如，选用铝合金或塑钢型材加工出产门窗时，在结构和细节上，不是很严格地执行工艺技术，而是能减则减，能简便简，显然是做不出高质量和美观漂亮的门来的。像柜式推拉门的轨道和滑轮是否合套，是否按照质量要求配件，两页门扇的图案、横挡和色泽是否一致，是否有高低不平和不对称等，都是检验门的加工质量是否严格按照其加工工艺技术标准执行，体现在产品的内质结构和外观效果上的。

同样，给阳台的装饰装修，由敞开式改为封闭式，安装的窗户，有推拉式玻璃窗，有铝合金推拉窗、塑钢推拉窗，以及各种材加工组装成的百叶窗等，都是能从其加工的质量上测验出来，是否按照其工艺技术执行好坏的。从配装上检查质量高低是不够的，有的还需要从其加工的源头上，才能了解清楚的。

22. 须知接电规范的奥秘

检查家庭装饰装修的质量和执行施工操作工艺技术规范与否，从检查用电及其开关、插座效果，也是能够反应得出来的。家装工程多是从做水、电隐蔽工程开始，到各电线路通电和各开关、插座的运行，便是家庭装饰装修接近竣工。其水、电施工操作是否按照其工艺技术，认真严格地执行，做得规范与否，便可见一斑了。

在现代家庭装饰装修中，用电配电工程占有很重要的分量。仅配电方面，从严格意义上，有着强电和弱电之分。强电和弱电线路的铺设有着很严格的要求。从住宅建筑上，强电和弱电的供应是要进入每家每户的。做家庭装饰装修，配电工程是按照业主及其家人的意愿，既要反映在图纸上，按照其工艺技术要求具体地实施落实到位。弱电的配装工艺也反映得很明显和直接，只要设施有反应能使用便不存在问题。有问题就得整改。例如，反映弱电的电视、电话、网络和安保监控装置等，必须是能够使用和没有问题的。而强电比弱电配装要复杂一些。例如，同是用于灯具的线路，就有着单控和双控的区别，应用单控开关的用电线路，也比双控用电线路要小。单控灯饰用电线路只有 2mm 便可以，而用于双控开关的电线路不得小于 4mm。而且，必须是铜质材料的。

家庭装饰装修中，铺设的电线路越来越显得细致。虽然说，用电电压是使用 220V 的，在分配电流上，各个家庭装饰装修上是有区别的。依据一般使用情况，有着照明、空调、厨具和洗具等各个不同的应用，形成各个用电线路需要的功率大小是不一样的。其线路用的电线材直径大小，也有着明显的区别。仅厨具用的电线路材和洗具用的电线路材大小就不一样。灯具照明用的电线路材和空调用的电线路材，也是有着大小不同的。一个家庭装饰装修中，有着灯具照明、空调、厨具和洗具等各个专门的电线路。如果家庭中有着动力设备的，还有着其动力用电的专用线路。空调、厨具和动力用电线路选用的电线材平方，不得小于 $6mm^2$，大灯具照明专用线路用的电线材，不得小于 $4mm^2$，甚至需要 $6mm^2$ 的。不然，便达不到使用功率要求。随着人们在家庭装饰装修中，用电项目的增加其用电量也会随着增长，给予铺设电线用材必定“水涨船高”，总开关电流量也会越来越大。

同样，在家庭装饰装修中，针对电线路、开关和插座等的接线，也是需要按照其工艺技术规定规范操作的。然而，在现实中，却存在很大的差异，从事用电操作的人员，不少没有上岗操作证，其操作存在许多问题。仅普通的开关和插头接线，都不能按其工艺技术要求操作，三线（火线、零线、地线）接头不能按规范作业，常将三线接头改为二线接头，缺乏接地保护线，更不使用用电保护装置，保障用电安全。接通电线路，必须有着左零右火的规范性。如果仅以接通电和使用为标准的，显然是达不到安全用电规范标准，说不定会出现问题，损坏设施，是谁也担当不起这个责任的。对于业主及其家人，一定要坚持接电线路规范和用电规范的原则，促使水电工程施工严格按照其工艺技术规定标准规范作业。

23. 须知厨具选用的奥秘

选准厨具，对于家庭装饰装修的完善和使用适宜，有着极其重要的作用。从现实情况中显示，大多数业主做装饰装修是为着居住和使用的。厨具的选用，不仅能满足居住生活的方便，而且在很短时间内不出现损坏，保持良好的实用效果。厨具的选用，既有电器方面的，也有完善装饰方面的，还有辅助性的物件等。哪个方面都得选用适宜，才是选用好厨具的目的。

厨具选用重在方便生活和实用。最重要的是依据厨房面积大小，作出合情合理的布局。布局形式，有着“一字形”、“二字形”、“L 形”、“V 形”和“岛形”等。“岛形”厨房布具面积至少在 10 平方米以上。一般情况，都局限于在其他形状中，面积在 8 平方米左右。不过，无论做何种形状布局的厨房，都少不了洗菜、切菜和灶台等，有的还有储藏功能。对于台面板的选用，大多是选用人造石材板，而石材板又不能选用花岗岩，一般选用人造真空大理石，有利于厨房使用环保安全。其实，最好的还是选用厚实的原木板材，既环保又安全，使用也很方便。如果能利用台下空间做储藏柜，便给厨房实用带来方便，更有利于厨房空间的充分应用。对于厨房灶台、洗菜台、切菜台和其他搁物台的选用和装配高度，不要局限于标准性尺寸，最好以使用方便和适宜来确定。

由于在中国现代家庭生活中，使用厨房的频率是比较高的，其摆放和搁置的电器设施日益增多。在选用时，一定要按照其具体情况，做出针对性的安排，切不可人云亦云，以自用方便为主，对于使用率并不高的洗碗机和消毒柜等，应当酌情选用。而不可缺的抽油烟机，又名净化器，则要依据家庭使用情况作适应性选择。例如，选用直接排烟器，还是向下排烟或向上排烟，都要以最适宜和最有效来选择。在行业中有句很流行的话:“不选贵的，只选对的。”便是最正确地选用。在做出正确的选择后，便要按照其工艺技术要求进行配装。即使是厨具安排顺序的排列，以及用电插座和开关等，也要做到井井有条，不要出现杂乱无章的状态。不然，便会容易出现使用安全问题，成为不实用，则不好了。

除了基本的食物和餐具储藏柜，在厨房里还有着餐柜。其选用的尺寸大小，一定要依据家庭使用的具体情况确定，切不可贪大求全，只要能达到够用实用要求，就是最好的。餐柜存放的餐具比较多，应当选用门类具全，显得比较科学和方便的。餐柜摆放应以不占有厨房实际地面空间为好，多以配装在存放取用都很方便的部位。若是安装在空间，其高度要以家庭人员使用方便为适宜，不要局限于通常高度尺寸，于实用为最佳。

24. 须知卫具配装的奥秘

家庭装饰装修中，卫生间里需要安装的设施越来越多，呈现出现代中国人生活方式是，“洗浴不出户，方便很容易”。然而，其卫具设施配装却是要求保障质量和安全，稍有不慎，便会有着接踵而至的麻烦发生，不能不提前做好防备工作，叫做备而无患，值得重视的。

卫生间设施配装有蹲便器、坐便器、洗浴器、洗面盆、浴盆和“浴霸”，以及各式放物架等。按照正常情况，家庭装饰装修中，使用的卫生间面积普遍在 4 平方米到 8 平方米之间。在这样一个小面积空间里，既要分出干湿不同区域，又要配装多样不同用途的器具。在布局上需要巧做安排，不能呈现紊乱和不适宜状况，更不能发生安全漏洞或埋下安全隐患，这是极为重要的。

干湿区域的划分，一般依据卫生间面积划分。小面积则显得紧凑一些。若面积允许，还要将洗衣机摆放在干燥区域，其干燥区域划分就要考虑到洗衣机占有面积，或者考虑到湿水区域摆放浴盆占有面积状况，其干湿区域划分面积情况是有区别的。划分干湿区域，是在卫生间中间部位安装一个推拉式铝合金或塑钢磨砂玻璃框架。这种隔断式的推拉门框架的安装，一定要适宜和平稳，不能出现任何质量问题和安全隐患。

卫具安装得按照其工序和工艺技术要求进行，坚持先上后下，先墙面，后地面，先里面，后外面的程序。对于干湿区域划分，在做地面铺贴地砖时，就有着明显的体现，有利于干燥区的真正干燥，不受湿水区域的影响。

安装蹲便器或坐便器，必须做好排水接头不出现渗水或漏水的问题。蹲便器的排水接头是陶瓷材料同铸铁的连接，相连处必须用水泥浆或胶粘剂密封严实，不得出现渗水的可能。坐便器排水孔的中心纵向距墙面小于 420 毫米，坐面距地面的高度约 380 毫米。在安装坐便器时，一定要处理好排水接头处。坐便器的地面安装要稳定，不能出现松动或摇摆现象。对于洗面盆和洗浴盆的安装也要合情合理，进出水顺畅。洗面盆的安装尽可能靠墙面，在墙面有着进水接头。盆平面距地面保持 800 毫米高度左右。安装洗浴盆要靠卫生间里侧墙面，在墙面留有直接进水口和淋浴龙头的安装处。其浴盆面距地面普遍为 500 毫米左右。也有安装浴桶的，其高度要稍高一些。进入浴桶里，则有着附属台阶，为着进出浴桶方便。

针对有着冬天气温的地域，在卫生间顶部吊顶面的中央和通往室外的窗户上，需要配装调节温度的“浴霸”和加速空气流动的通气扇，有利于寒冷的冬天，运用“浴霸”提高洗浴的温度，不发生过冷难受的状况。通气扇既利于冬季抽湿，又利于夏季通风透气。其安装的部位要适宜，才能充分地发挥出其应有的作用。

卫生间器具，最值得注意的是热水器的安装，热水器有着用电式和用气式，以及太阳能式等多种类。无论安装哪一种类的热水器，都不适宜安装在卫生间内。但是，又必须是距卫生间最近的和使用最方便的部位。若是有相邻的间墙，则选择在卫生间墙背面通风条件好的部位，可以穿墙面打洞配装。墙面必须牢固，不能出现配装的热水器在使用中坠落现象。如果是配装用电热水器，其电源线路不能同水管相接触，要有一定的距离，以免出现不安全的因素。

25. 须知新装准入的奥秘

家庭装饰装修在“硬装”竣工，进入“软装”和安装辅助使用设施时，即人们常说的家装完工和准备搬家入居使用的情况，有相当多的业主及其家人，有意识的放置间隔时间，为的是让装饰装修中存在的不宜气体和物质自然挥发一段时间，或一个月，或更长一段时间。其实，对于家庭装饰装修中有危害性的物质，在其施工操作中，便开始自然性挥发，在做“软装”即配饰的时间里，同样在进行着自然挥发。在“硬装”竣工后，业主及其家人，不管是有意，还是无意的，总是喜欢将安装时间不很长的门窗敞开放置着，理由是便于让新装饰装修的居室通风，让有害气体快速挥发去。看似有理，其实并不妥当，也没有必要。

做家庭装饰装修，本来时间就不短，按照正常情况，从开工到竣工，按照各工序和工艺严格执行操作，至少也要 60 天左右时间。如果出现气候和其他因素影响，甚至可能出现 3 个月到 6 个月时间的。仅从家庭装饰装修实施的泥、木、油和其他辅助工序及工艺性要求，是不需要这么长时间的，其正常存在着的有害物质，早已随着时间的流逝，挥发得差不多了。留有的有害物质不是一个月到三个月能挥发干净的。因此，不存在需要敞开门窗通气挥发的问题。

然而，有一个不为业主及其家人关注的情况必须引起重视，便是有些装饰装修件易变形的问题。从家庭装饰装修进展的具体情况上分析，不少制作品是在短时间加工成型的，尤其是居室中的房门、柜门和窗户等，几乎都是现加工和现安装的，即使是购买现成的也是在短时间赶制出来，没有空余时间给予“定型”和“稳固”。如果其加工材料是整体形的，加工组装质量又好，或许出现变形的几率不多。往往实际情况不是这样，在材质、结构和组装，以及装配上，都存在着这样或那样的不足，从外表上一时很难发现的，只有经过一定时间的“考验”，便会慢慢地暴露出来。为使这些不足和缺陷少一点暴露，在使用中给予防备是很有必要的。例如外加工购买的木门和窗户，都是临时急匆匆加工出来的，本来做得不很规范。像木门平面发生微变形，超过允许变形的尺寸。用于实际中，尽管在安装时做了些许调整，能勉强关合。针对这样一种状态，保持其不再发生形变，还是不影响使用的。如果再发生形变，便会出现关合不拢和大的误差。因此，对于门窗之类的加工件，在家庭装饰装修竣工后的准入时间内，是不宜长时间不关合而敞开的，必须给予一定时间的合拢。用行业的话说叫“定型”。在实际中，凡没有给予其“定型”的装饰件，尤其是门窗件，都会发生不合拢的变形状况。再则，安装木门用的合页，即铰链，也不允许长时间敞开垂吊着，特别是质量沉重的木门敞开垂吊着，或多或少会发生变形和合页出现形变的。这是经过实践中发现的，不得不引起广大业主及其家人认真对待和知晓的“奥秘”。

七、须知施工操作奥秘篇

做家庭装饰装修，有了很好的谋划方案和设计图纸，又有着严格和详细的工序和工艺技术要求，关键就在于如何的执行和落实到行动中去。按道理说，有着好的组织管理和装修具有施工经验的技术人员，又有着认真踏实的施工操作态度，将设计图纸和不很复杂的泥、木、油和水、电工序及工艺落实好并不难。而在现实中,往往难以让业主及其家人理解。有不少家装工程做出来的效果不能让人乐观，更不要说得到满意了。问题出在很简单的工艺技术操作不好，质量出现太多麻烦，甚至有着做不下去，发生诸多这样或那样的纠纷。其中有着不少的“奥秘”，需要弄个明白，让家庭装饰装修顺顺利利。

1. 须知隐蔽出事的奥秘

家庭装饰装修中的隐蔽工程很多，凡被装饰隐蔽起来的，表面无法看到的施工项目，都属隐蔽工程。在实际中，最容易发生麻烦的隐蔽工程，便是水管、电线的隐蔽。其他的隐蔽工程做得不好，也有不少麻烦发生，像吊顶木龙骨的不稳固；家具框架不牢靠、散架；铺贴基层清理不干净造成空鼓；涂饰底面打磨太差，造成饰面难看等都只涉及其整改和返工。而水管、电线隐蔽工程做得不当和发生问题，不仅影响其工序的整改和返工，而且还殃及多个方面，将整个家庭装饰装修遭到连累，还危害楼下邻居，造成安全事故。由此可见，水电隐蔽工程做得不好，是家装中的最大隐患。

对于水电隐蔽工程要求做得好，除了严格执行工艺技术规定，水管、电线尽量贴墙面安装，不在地面安装，按照横平竖直的规范做以外，水管接头、接口不出问题，在做其他工程中没有给予破坏，其使用得当，是很少出现麻烦的。因此，在水电隐蔽工程完工后，一定要运用相关检测工具细致检查，测压水管没有渗漏，电线通畅，是能够保障其使用效果的。

问题出在不按工艺技术要求规范施工操作，将水管电线在地面安装，接管、接线不规矩，就容易发生这样或那样的问题，埋下安全隐患。特别是水管安装在地面，既经不起家庭装饰装修的无意伤及，也很难防备竣工居家使用的长时间振动伤害。对于铺装在地面的水管，无论其面上干铺了瓷砖，还是铺装了实木地板，更不要说铺贴了强化木地板，在居家使用中，对地面铺装的水管是有影响的。曾出现水管面上干铺瓷砖，破坏到其接头而渗水，给楼下邻居家装造成破坏。更有甚者，将水管铺装在地面，其面上安装实木地板。两年后，业主及其家人发现实木地板下出水，揭开实木地板，才发现安装实木地板时，钉钉不当，将圆钉钉进水管内，在两年时间后，圆钉生锈，水管内的水沿着生锈的钉缝往外冒。不但整个实木地板被水泡坏，而且让楼下邻居家受到“水灾”的危害。

做隐蔽工程，不按照规范和工艺技术要求施工操作，为图方便，赶工期，或者是偷工减料、偷梁换柱，是做隐蔽工程经常发生的事情。尤其是没有质资的公司和游兵散勇做隐蔽工程，没有责任心，不按工艺技术施工操作，难免不出问题，给业主及其家人造成诸多危害了。

2. 须知梁柱空洞的奥秘

在做了验房检查和家装前重新查验房子后，能为做家庭装饰装修顺利进行创造了不少条件。但是，对于梁柱出现空洞的质量问题还是很难了解到的，尤其对于居室顶部的横梁，外看没有一点破绽，只有在吊顶施工操作时，才发现横梁“败絮其中”，梁表面包着一层像蛋壳一样的水泥面，稍动这一层外壳，里面像流砂一样往下掉落，直露钢筋。发生这一类问题，既有着验房不周全的过失，也有着房建质差防不胜防的担忧，显然是不能保障家庭装饰装修质量的，必须要求先给予整改，才能从事家装施工操作。

针对梁柱发生空洞的质量问题，必然要告之房产商或房产商的代理物业管理部门，要求其先给予整改好后，才能做家庭装饰装修的相关工序的施工操作。如果发现这一类问题，做家装的不声不响地继续做自己的工序施工操作，虽然可糊弄业主及其家人，却留下了质量和安全隐患，对于家庭装饰装修结构带来不稳固的因素，即使和家装结构无关，但存在着业主及其家人使用的不便，一旦发现，还会造成诸多不安。如果有着知而不告的现象，便会给装饰装修施工操作者造成“引火烧身”的麻烦，是不值得的。

针对梁柱或顶墙面出现质量问题，家装施工操作者采用不声不响的方式，可以毫不夸张地说，既是一种不负责的态度，不是做家装者应有的行为，更是一种自欺欺人的做法，不应为之。

对于一个家庭装饰装修公司（企业）承担工程，对在施工操作中，发现房建问题，不管不纠，不声不吭，显然是一种错误做法。作为家庭装饰装修现场施工操作人员，不但要按照设计人员的设计要求和工序及工艺将工程做好，而且要依据现场情况，主动和负责任地不折不扣解决和处理好。如果发现和发生问题，特别是对于家装前发生的问题，没有处理好，则是为自己找麻烦和过不去。埋下的质量和安全隐患，不再由别人来承担。对于这样的“奥秘”要搞清楚，切不可以糊里糊涂。在现时代，不少事情不是由个人想象的那么简单，千万不要将别人的责任揽到自己身上，尤其是不少的房产开发商的职业道德不很好，要防着的。而且，房建的质量隐患，也不是做家庭装饰装修者能承担的，不要给自己添麻烦。要真正懂得是谁的责任由谁负责，才是明智之举。

3. 须知墙面发霉的奥秘

墙面发霉，有做家装前出现的，也有在做家装竣工后发生的。若是在前出现，说明该墙面的顶部防水层没做或没做好，墙面是当风飘雨很厉害的方向，证明墙面建筑质量也有问题。家装公司（企业）施工操作人员进场后，发现这一类问题，就要及时地向业主和物业管理部门报告，并提出解决的建议和意见。不然，是不能开工做家庭装饰装修的。如果强行开工，便同家装公司（企业）有着说不清，道不明的牵连。

如果住宅开发商将墙顶部的防水层做完，下雨天还出现墙面浸水引起发霉的状况，无论是在居室内的哪个部位，是卧室、客厅，还是厨房、书房等墙面部位，再要求住宅开发商做水防潮层，恐怕是难以如愿。便需要做家装的公司（企业）同业主及其家人协商解决。针对墙面发霉的不同状态，则要给墙面做好外、内面防水层。只有当墙面不发生霉变，才能做装饰装修。不然，便很难保障其墙面不出现浸水发霉的现象。尤其是处于楼顶层的住宅，时时都经受着刮风下雨下雪和冰雹的侵扰，是不能不防的，必定会让业主及其家人担忧装饰装修好的墙面，被破坏得不成样儿。

针对墙面出现发霉的状况，还有是做家庭装饰装修的水管隐蔽工程出现了问题，发生了漏水或渗水的现象。在正规家装公司（企业）做水电隐蔽工程重视质量是一丝不苟的，不仅对质量自查自纠要求严格，不放过蛛丝马迹，而且请业主及其相关专业人士做监管和验收。在没有发现任何问题后，才放心大胆地进行下道工序的施工操作。如果在工程竣工验收时，还没有发现任何问题，便证明水管的隐蔽工程施工操作质量是可以的。然而，业主及其家人在使用不很长的时间里，便发现墙面有发霉的斑点，就值得从两个方面引起家装公司（企业）和业主及其家人的注意，一是该墙面是否遭到破坏，二是墙面有否钉钉子和受过强烈的震动。若是没有这类情况，就要寻找接水管龙头部位有无渗漏的问题。这是涉及现场施工操作做得好与不好。从实践经验中总结出，隐蔽的水管龙头接口的平面处，最好是同铺贴的瓷片面相平或略高于 3 毫米。若是水龙头接口处在铺贴面的墙体内 8 毫米以内，在接水龙头时，又没有注意到接口的松紧，出现了渗漏水现象，到了一定的时间后，便会将墙面浸湿到泡发，再经过一定的时间，便会出现墙面发霉。这是施工操作水管接口处不慎造成的，需要引起家庭装饰装修做水管工程的人员重视和注意的。

4. 须知防贴空鼓的奥秘

家庭装饰装修中，如何防止铺贴瓷砖（片）空鼓，是每个施工操作者和业主及其家人特别关注的事。铺贴瓷砖（片）空鼓不空鼓的问题，不是当时便能发现的，却要待铺贴的水泥砂浆完全干燥透彻后，才能经过仔细认真地检查发现的。这样，至少需要 20 天左右的时间。若是由家装公司（企业）承担施工操作，容易找到责任人。如果是由“游兵散勇”负责铺贴的，则不是那么容易找到人修复的，只有让业主操碎心，还有着“哑巴吃黄连，有苦自个明”。

铺贴瓷砖（片），不管是干铺，还是湿铺，为何会出现空鼓？说来说去，还是施工操作的问题。在实际中，出现铺贴空鼓，无论是做铺贴施工操作几十年的老师傅，还是才独立铺贴施工操作的新师傅，只要不很好地按照工艺技术规定操作，都会出现空鼓的事情。有时还有着大面积空鼓的问题。空鼓，往往出现在基层清理不干净，砂浆搅拌不均匀，水泥浆批刮空缺面，或是在特殊部位，铺贴瓷砖（片）没有浸水和清理干净等造成的。

按理说，铺贴的瓷砖（片）是需要浸水或清洗干净的。往往是大多数铺贴不给瓷砖（片）浸水，为的是少一道施工操作，本不是很符合水泥浆同干瓷砖（片）相融洽的道理。一般情况下，也许对融洽性影响不很大。如果到了太阳光直射或风力刮得很强的区域，便会出现干瓷砖（片）与水泥浆因干燥情况不一，发生融洽不强，甚至出现“剥落”状态。是自然中出现的事物规律法则，不是随意可以违背的。众所周知，形成铺贴瓷砖（片）能融洽地粘合在一起，既要处理好地面基层，不能出现脏物状态，基层要湿润，才能同铺贴水泥浆同时干燥，而不能发生一个面干燥很快，一个面干燥很慢，形成因干燥不一发生空鼓。同样道理，未经过浸水的瓷砖（片）的背面，也因各种原因，有着不干净，或同水泥浆干燥有快有慢，更有在操作中给瓷砖（片）铺贴面抹涂水泥浆不到位，或厚薄不一，边角没有水泥浆等，都是造成铺贴空鼓的原因。

特别是在太阳光直射和风力很强直刮的区域，铺贴瓷砖（片）稍不按照其工艺技术严格执行，或是按照自有经验施工操作，发生大面积空鼓或脱落的状况就不足为奇了。究其原因，是其墙面或地面未湿润好，瓷砖（片）未浸水是干燥的，或者瓷砖(片)背面,即铺贴面不干净,便急急忙忙地做施工操作铺贴,形成瓷砖(片)铺贴面、水泥浆和基层面干燥时间不一样，又在太阳光直接照射下，面上温度过高，形成瓷砖（片）膨胀运动，或者在风力直刮下，做“剥离”移动等，容易发生在一般情况下不曾有的现象。因此，针对铺贴严防其空鼓状况发生，必须严格按照其工艺规定施工操作，不能抱有一种侥幸心理，能分情况、地域、环境和气候等做有针对性的铺贴，就会提高铺贴操作质量效果。

5. 须知便厕渗漏的奥秘

便厕渗漏，即卫生间发生渗漏，是让业主及其家人很烦恼的事情，而这种烦恼往往是施工操作不当引起的。要防止这类情况发生，需要操作者安装蹲便器或坐便器时，能将其冲水接头做好，不发生渗漏，其问题便会防止，不再出现的。

安装蹲便器时，一方面将冲水系统的连接头同进水管接口要接好，不得出现渗漏现象，才能将其埋入地下后固定下来；另一方面则针对蹲便器下水的接口处，在瓷材口连接铸铁管或 PVC 管接口时，不能是简单的瓷材口对着铸铁管，或是 PVC 管，即使是蹲便器的瓷材口插入了铸铁管内，都要给接口处用水泥浆或胶粘剂密封好，何况是对口安装，就更需要进行密封。不然，便会发生渗漏。对于其接口需要过水的部位施工操作，决不能有丝毫的草率。要将蹲便器整个下部位用水泥浆做成底模一样，并给予接口处应用水泥浆堆砌 10 毫米厚度，再将蹲便器很规范地坐落上去，再用手在接口处摸一摸，将水泥浆填满和光滑圆润。却不得有露出的水泥浆，防备使用时阻碍流水，或是待水泥浆干燥后，再去除多余的水泥浆，便有可能破坏连接口，出现渗漏，就不是好的操作。

同样，针对进出水管的接口部位，也一定要保证施工操作不出任何问题。稍有不谨慎，就会发生渗漏，是施工操作中的大忌。给坐便器安装施工操作也是这样，不能发生渗漏。一方面做好进水的接口连接，让渗漏没有水源；另一方面在安装坐便器的下部分时，需要做一个坡度为 5% 左右的暗地漏，再在地漏处连接一根水管和一个斜三通同下水管连接起来，便可将因各种因素造成的渗漏水，引流到下水管内。这样，即使坐便器在使用中出现不当，造成渗漏水，也不会殃及楼下邻居，发生矛盾和纠纷。

值得重视的是，卫生间里埋入地下的水管接口，都要求做水压检测，就不会容易在使用一定时间后，受到各因素的影响，出现不知情的渗漏。这种渗漏是最麻烦的。在这一工序及工艺施工操作时，一定要认真严谨，确保万无一失不能发生渗漏水。每个接口在连接完成后，必须给予做水压检测，不可以省略这一道工序，更不能以怀有侥幸心理为由，偷工减料，偷梁换柱。凡有这种行为者，必然是害人害己，千万要不得的。

6. 须知做防水层的奥秘

一般情况下，做家庭装饰装修中，厨房地面是不做防水层的，卫生间是要做防水层。然而，有的业主却不做防水层，自认为土建交房时，已做过防水层，家庭装饰装修再做防水层是多此一举。显然是错误的不明智认识。因为，家庭装饰装修做防水层，是避免房屋建设做防水层的马虎和变化。房屋建设做防水层是其工序要求，没有经过使用检验的。而家庭装饰装修再做防水层是要应用的，避免发生渗漏给邻里造成危害，同房屋建设做的防水层的意义是有着很大区别的。实践也证明，凡是做家庭装饰装修，没有按照其工序及其工艺要求做防水层的，不但给邻里造成危害，而且给自身使用也带来影响，发生墙面发霉，邻柜潮湿腐烂，浸水进房等，还影响到地板和室内的洁净。做家庭装饰装修，给居室中每个用水部位做防水层是必不可少的。

即使在卫生间整个地面做防水层，因为需要分出干湿不同的两个区域。其实在干燥区域也经常涉及用水。水无出路，还得往湿水区域流动，很不方便。于是，在给卫生间做施工操作时，便预先将其隔成的干燥区域地面配装一个地漏，地漏下连接一根水管直通便池内，便池上蹲便器的下方配装一根三通管，这就是好的施工操作做法。

作为好的设计方案和施工操作，给予厨房铺贴地面基层做防水层，并能配装一个地漏连接一根水管，直通下水道主管或卫生间的便池内，给予厨房用水或清洗带来了很多的方便。但是，大多数家庭却没有这样做，不仅没有设计方案，更谈不上有施工操作。更有甚者，就是给厨房和卫生间的地面和墙面，有着做防水层的设计方案，往往是有不少施工操作人员，却偷偷地略去不做，或做得很不规范，给业主及其家人日后使用造成诸多麻烦，显然是施工操作者不负责任和偷工减料的结果。

按照家庭装饰装修使用需要，每个用水区域都必须做防水层的施工操作，在给基层地面清理干净后，没有灰尘、杂物和油渍，就在其地面上涂刷一层防水涂料，待其干燥透彻，再涂刷第二层，要连续涂刷三层，才会达到防水防潮的要求。给墙面涂刷防水层，也同样如此。但在实际中，往往没有按照规范要求做，只涂刷一遍，便说做了防水层，给墙面涂刷，也没有按照标准施工操作，随意地涂刷一遍，不涂刷到离地面300毫米标准高度。针对洗浴区的墙面，需要涂刷到180毫米高度，也没有做到。造成业主及其家人在使用中发现，其洗浴区的隔墙做的储藏柜背面发霉发黑，显然是没有做好防水层和来贴防水膜的缘故。这样的施工操作当然不能让人满意，也是必须给予整改和返工的。

7. 须知巧藏管道的奥秘

做家庭装饰装修，除了给墙体开槽隐蔽水管电线路外，针对暖气管道、液化气管道和中央空调管道等，为便于维修，不再预埋于墙体内，便采用其他巧藏方式，是施工操作的“奥秘”，需要知晓的。

对于家庭使用有着进水的自来水管，在做家庭装饰装修前，先给墙体开槽后预埋入其中，称为水管电线路隐蔽工程，是很方便的。然后增加的暖气管道、液化气管道和中央空调管道等都埋入墙体内，就显得很不现实且不方便了。那么，将其乱摆一通，随接随摆，也是不行的。于是，便采用巧藏的施工操作方法。在施工操作中，将维修率很低的液化气管道或中央空调管道隐藏于墙根边，只将其接口处或检修点布局在很不显眼的阴暗处或拐角处。又对不便隐藏的墙根边，应用装饰装修的方式给掩饰住。主要应用橱柜、吊柜和装饰柱等施工操作做法给隐藏。例如，厨房顶部有着液化气（煤气）管道吊于空中，还有着排风和电源管线，既不雅观，又不好清扫卫生，特别影响着使用安全。针对这样的状态，便可以应用既防腐，又防火，还防水的微孔铝合金板包装起来。若是仅在顶部横亘着，则以吊顶的方式给隐藏起来，便可解决不雅观的现象。假如是从顶部直落到地面，则以做一个包装柜或地柜的方法，将管道隐藏在柜内，并将不同颜色的管道，按照墙面或柜内板面的色泽进行涂饰，形成一样色彩，便不会很刺眼和不美观。

像有的房屋建筑将很粗的下水管道从阳台的墙角，从上至下地穿过，如果以其独有色泽形式置于家庭装饰装修中，给人就不是好的感觉，便采用做一个长形木质柜的方式进行掩饰，既可掩饰住落水管道，还可在柜内放置长条形的物品。做这样的长形柜，一定要做到柜内防潮，不能受到潮气影响而腐蚀去，使用时间不长，就不好了。

与此同时，便是采用施工操作借物掩饰的方法。既可利用橱柜背面预留的0.1米竖向管道区，将原没有隐蔽的管道由上至下沿墙面敷设，并在橱柜背板的相应部位开设阀门和清道所需的检修口。还有将各支管沿墙脚根进行布管，依据不同状况给予遮掩。如果条件允许，则采用装饰装修方式掩饰，或者给予管道直接进行装饰，以塑料花叶缠绕于上面，形成一道装饰风景线，从远看去，是花草绿叶，到近处才知道是管道，让人难以分清楚的装饰装修效果。

8. 须知木质连接的奥秘

针对木枋的连接，有纵接和横接（结）及T字形连接。在装饰装修件和制作家具及吊顶等多个方面，都少不了连接（结）的施工操作。按照木工工艺技术要求，也是有着连接（结）和切割的。连接牢固有着多种方法。以往有着榫眼和锯半搭接连接法，如今，很少有这样连接做法，都以钉接法为主，搭接法为辅，省去了不少的工艺技术施工操作方法。显然是不符合施工操作要求的。例如，做桌下抽屉，板材相框。按理说，横挡和直板相接，对横挡端面，应锯凿燕尾型凹槽，对直板端立应锯凿燕尾型凸榫，榫头嵌入凹槽内，再辅以钉胶方法，其结构连接便牢固，再在底部钉胶上底板，抽屉连接就不会变形。时下，却出现对直板和内端板，外端板，既不锯凿槽，也不锯凿榫，直接用圆纹钉或汽钉相钉，便成为一个抽屉框，另用汽钉钉上九厘胶合板做底板，就给做成了一个抽屉。这样的施工操作是不符合抽屉加工的工艺技术要求的。更有甚者，制作一个抽屉采用九厘板，运用汽钉钉成一个抽屉。只有面板应用大芯板。这样加工出的抽屉件，是典型的不合格件，却是“游兵散勇”的“杰作”。

对于“十字”或“T字”的连接，应当采用锯凿槽连接或搭接，才符合时下木工工艺施工操作要求。特别是针对“T字”搭接，还应当依据具体要求，辅以内侧角撑，用一条金属片钻孔后弯曲成“L”形拉接件钉在连接处，才能保障搭接牢靠；另一种同“T字”连接一样，用金属板做成“T字”形片，用螺钉平贴拧入工件上，还有应用扁平角撑螺钉平贴拧入工件上，再做是用一块直条形金属片，应用螺钉加固钉在连接处。这样辅助做“T字”形连接件，才能真正保障连接质量。仅凭交叉钉入圆纹钉是难以保障其连接质量的。

这是针对一般的连接工件，要求做的木工工艺技术要求。如果是做特殊部位和重要工件，还是采用榫眼相连接或组织成一个框架，才能符合真正木工加工工艺技术要求。尤其是应用人造板材或木枋做成的加工件，更要把握好连接和组织框架的工件质量。不然，对加工件使用，就会造成很大的不方便，或者其加工件的使用时间是不很长的。对于切口搭接或连接，必须应用搭接或连接的两根木枋切口深浅度是一样的尺寸，以保证搭接或连接处齐平效果。如果不是这样按照一样的尺寸进行切口，便会出现搭接或连接不平的状态。还会影响到下一步的施工操作质量，是做不好木工施工操作工序和工艺技术及木工件的。

9. 须知吊顶龙骨的奥秘

用于家庭装饰装修吊顶的木枋材，主龙骨木枋实际尺寸是32毫米 ×26毫米以上，次龙骨木枋的尺寸可小一些。如果是用于上人的主龙骨木枋尺寸，则需要更大一些，应用48毫米或 ϕ10毫米金属吊杆连接膨胀螺栓，贴顶楼面安装，方能保障承重的安全。如果是其他主龙骨木枋的安装，也必须是应用膨胀螺栓，贴顶楼面安装的。无论是做局部吊顶，还是做全面吊顶，其主龙骨木枋的安装，必须按照这样的工艺要求施工操作，才是正确和牢固的。否则，就是偷工减料的做法。

凡是正规的家装公司（企业）安装吊顶主龙骨木枋，都会选用尺寸相当的木枋的，并且在木枋上钻眼，眼距一般为600毫米左右，不能太长也不能太短，能经得起楼面长期震动而不发生主龙骨木枋下坠的状况。如果吊架比较大，则选用 ϕ10毫米的膨胀螺栓作紧固件。一般的吊顶选用膨胀螺栓为 ϕ8毫米作为主龙骨木枋的紧固件，便能达到紧固牢靠的要求。在垂直墙面紧固主龙骨木枋，便可采用冲击打眼打入木楔，选用3寸圆纹钉进行紧固。对于垂直墙面紧固次龙骨木枋，也可应用3寸圆纹钉钉入操作。

在实际中，有不少的吊顶紧固主龙骨木枋的施工操作，不是选用膨胀螺栓做紧固件，大多采用3寸圆纹钉施工操作做法。这种操作做法是选用的主龙骨木枋尺寸很小，不能应用膨胀螺栓钻眼紧固，是明目张胆偷工减料，糊弄业主及其家人的。应用圆纹钉施工操作紧固主龙骨，表面上也能应付当时吊顶不发生下坠，却是经不起长期震动的，显然不能保障吊顶的安全不出事故。因为，家庭装饰装修吊顶工程，不是几年便更换的，至少有着10年以上的时间，而整个楼顶面是在不断地有人活动的，仅应用几颗圆纹钉是很难保证吊顶架的下坠力和松动性。而膨胀螺栓却能越坠越紧，其确保安全性是可靠的。而选用圆纹钉做吊顶主龙骨紧固件，是其选用的主龙骨木枋，只有次龙骨规定的尺寸，有的甚至只是规定主龙骨木枋尺寸二分之一大小，当然，不能选用膨胀螺栓作紧固件，只能选用圆纹钉钉固的方法。这样从选材到选用紧固件，都不是按照工艺规定要求做的，其施工操作显然是不符合正规家庭装饰装修吊顶要求的，属于不合格的吊顶，其质量和安全也是不能得到充分保障，值得业主及其家人千万要注意的。

10. 须知吊顶施工的奥秘

家庭装饰装修吊顶施工操作，除了选用主龙骨和次龙骨木枋，有着不按规定要求，在吊顶紧固主龙骨件，也偷工减料外，在做吊顶施工操作中，同样有着不按照工艺技术规定操作，而只是按照其个人我行我素地进行作业，还美其名曰："有保障，能安全，不出质量事故。"对于其中"奥秘"不妨也来亮一亮。

按照规范施工操作要求，安装吊顶龙骨架，是先在地面将整个龙骨架组装完成后，再在顶面做整体安装的。对于主龙骨的关键部位，即依靠垂直墙面预先钉牢固，再连接其他部位，有利于整体架的连接和牢靠。在基本安装稳妥后，再逐步地加固龙骨架的。而有的在安装了主龙骨后，便在顶部空间组装龙骨架。其规范和牢固性比较地面组装的龙骨架是没有质量和安全保障的。

对于木质主龙骨和次龙骨，在安装完成后，按照规定应当要涂刷防火涂料，以保障使用安全。如果在安装主、次龙骨木枋前，没有给木枋涂刷防火涂料，在组装好龙骨架后，就应当补刷防火涂料，即使在安装龙骨架时，防火涂料受到损失，还得补涂防火涂料，才是正确的和正规的吊顶施工操作做法。然而，似乎所有的家庭装饰装修吊顶施工操作，没有给木质材做防火涂料的，显然是不正确的做法。给木质材料涂刷防火涂料，为的是使用安全，以防万一，减少火灾危害，是业主及其家人的万幸。

在安装完成龙骨架后，便要铺钉面板。面板有着通石膏板和特殊石膏板，即有着防潮、防火、防裂和防塌等作用。应当依据业主及其家人的意愿设计选用和铺钉。也有铺钉硅钙板的。即石膏复合板，具有防火、防潮、隔音和隔热等性能，是比较高档型吊顶铺钉板材，价格比普通石膏要高出好几倍。铺钉吊顶面板，是依据不同需要，铺钉单层和双层板的。铺钉双层石膏板同对单层石膏板有些不同。铺钉双层石膏板，在铺钉第一层石膏板时，是依据板面对缝铺钉的，铺平钉牢。而第二层石膏板的铺钉，虽然也是按照板面对缝铺钉，却同第一层是错缝铺钉的，为的是防开裂不好批刮仿瓷。铺钉石膏板选用碳化螺钉紧固。其钉距应当控制在300毫米×300毫米之间，铺钉完成后，在批刮仿瓷前，应当给碳化螺钉帽面，点涂防锈漆；给板缝先批刮仿瓷填满缝，待干燥后，再补填仿瓷，加贴防开裂布质绷带。虽说碳化螺钉是不生锈的，但经过机械拧紧时，其碳化层遭到破坏，一旦遇水便会生锈。其锈点可透过仿瓷面，形成密密麻麻的锈点，给整个批刮仿瓷面破坏得锈点一片，影响到仿瓷面的美观效果。给石膏板缝加贴布质绷带，就是防止其开裂。凡批刮仿瓷面开裂见缝的，便是没有加贴布质绷带，也属马虎施工操作，偷工减料的行为。

11. 须知电视背景的奥秘

有不少家庭装饰装修做客厅电视背景墙，是采用钉木质龙骨架铺面做造型的。按照正规施工操作方式做龙骨架，应当选用32毫米×26毫米以上尺寸的木枋进行组装，才能保障其质量和安全的。若是有特别的要求，选用木枋尺寸还要更大一些。在应用膨胀螺栓安装好龙骨架后，要选用大芯板或实木板打底。实木板厚度尺寸必须在12毫米以上，再铺钉造型板，方能保证电视背景墙面造型的质量要求。如果是在背景墙下做吊式电视柜，则给其墙面安装要牢靠，选用ϕ12毫米以上的膨胀螺栓焊接钢筋进行紧固，以确保其安装稳妥，可用自身站上去踩踏不发生松动为标准，才是规范正确的施工操作。

然而，在实际中，却有做这样的电视背景墙龙骨架时，只选用20毫米×16毫米左右的木枋组装。在安装龙骨架中，以4寸圆纹钉钉固的施工操作方法，而不采用膨胀螺栓紧固方式。既不给木枋涂刷防火涂料，也不涂刷防潮涂料，给竣工使用留下不少的质量问题和安全隐患。更有甚者，对于电视背景墙底面板的施工操作，不是选用实木板或大芯板作底板，而是选用五厘人造板和普通石膏板，糊弄业主及其家人。这种选用小木枋做龙骨架和不选用大芯板或实木板做底板的施工操作，都是错误和偷工减料的做法。当然会引起纠纷的发生。

实施正确和规范的施工操作方式，不仅是做家庭装饰装修从业人员，需要严格按照设计图纸和工艺技术要求执行，而且是每一个委托做家庭装饰装修的业主及其家人，应当懂得的常识。对于居家客厅中的电视背景墙，是家装中最为重要和吸引人眼球的部位，称为亮点。在施工操作中，不但要求做得美观漂亮，而且要求实用，质量有保障，不能在使用3个月或半年时间，便发生质量和安全事故，显然是最让人烦恼的。

作为木制工序和工艺技术要求，是家庭装饰装修中，最为重要和关键性的施工操作。对于每一件木质装饰件和木制品，都必须严格地按照其工艺技术要求施工操作，不能在选材、选用配件和施工出现任何损人利己的行为。特别是涉及人身安全和使用率高的部位，其施工操作必须得保证质量，让业主及其家人放心，信得过。不然，只会让从业人员出现难堪，还要砸自己的饭碗。

12. 须知饰面施工的奥秘

由于天然木材资源的日益匮乏，人造饰面板材，特别是仿型的饰面木板材越来越多。所谓的饰面木板材，即是一种用于表面防护或装饰装修的面层材。对于家庭装饰装修做出特色带来了巨大的方便，既减除了天然木材料少的困苦，又增加了家庭装饰装修的美观效果。凡在显眼和亮点部位，都需要给木装饰装修件表面和木制品面部铺贴饰面板。

饰面板有利用美观自然木纹理加工成就的，也有依据木纹理形状进行仿造加工成功的，其纹理美观性已达到以假乱真的程度。其饰面外表形状的漂亮美观效果得到越来越多业主的喜爱，从而得到广泛的应用。

针对饰面板铺贴的施工操作，是应用胶粘剂将其胶粘在木装饰装修件或木制品组装好的基层板面上，便成为漂亮美观的装饰件或木制品。做这样的施工操作，必须是在平整洁净的基层面进行，而不是随意能作业的。其施工操作在清理干净的基层面上，刷涂一遍胶粘剂后，将清洁的，也施胶的饰面板平铺上去施压，再稍加汽钉加牢固。这样，胶粘出来的饰面质量是能让人放心的，还不会影响到观赏性。然而，有不少的家庭装饰装修铺贴饰面板，不是这样施工操作。在铺装完基层板后，不给基层板面上施胶，也不给板面板铺贴面刷涂胶粘剂，是直接将饰面板铺贴上去，应用汽钉钉固的做法，形成饰面板上密密麻麻的汽钉眼。从远处望去，便能观察到饰面板上的汽钉痕迹，为掩饰汽钉眼，以相近色泽的腻子补上去，再在面层涂饰一层透明清漆，显得更是难看，业主及其家人当然很不满意。这是不按照铺贴饰面板的工艺技术要求施工操作造成的，也是不能保障其质量。

针对饰面板铺贴的质量，必须要给双面铺贴面先刷涂胶粘剂，胶贴成型，表面不能留有太多的汽钉眼。特别是对于仿形的饰面板，大多是浅色的，其饰面既不能有脏点污垢，更不能有一点儿破损，即使有很小的汽钉眼，对饰面质量都是有影响，让人感觉很不舒服的。如果是为赶工而省去一些工艺技术的施工操作，其造成的后果是令人反感的，也就不是好的饰面板施工操作质量。

13. 须知石膏线条的奥秘

石膏线条材是一种特殊的装饰装修材料，主要用于家庭装饰装修楼顶面的顶角线，围绕房顶面边缘一周，或特殊部位的表面装饰装修等，有着多种花纹图案，其装饰装修效果，可增强室内的美观性，起到豪华性效果。同时，也有着防火、防潮、保温、隔音和隔热的功能。

做石膏线条的装饰，大多是在房顶面批刮仿瓷修整一新，平整光滑的状况进行的。如果是在旧有楼顶面上施工操作，需要给予楼顶面进行整理平实，无污染和油渍，有着洁净光滑的面，再按照图纸要求进行施工操作。其工艺技术要求是，先给予铺贴面弹好线，再选用专门的聚合物胶粘剂，按照弹好线条涂刷上去。然后，将事先拼接好的石膏线条粘贴上去定好位，并压紧凑。涂刷胶粘剂是涂刷一段，安装一段。而且是在调整好后，再应用螺钉固定好，每固定一段（块），往前推一段（块）。在每一块与块接线缝时，其接缝不得大于3毫米，粘接（结）缝，应当是随粘贴粘接（结）。每个接缝的胶粘剂要求饱满，不得有凹凸的痕迹，看上去与石膏线条面无异样，均以填缝胶粘剂高出0.5毫米，留有水气挥发的高度为好。如果出现不平的状态，则给凹状补满胶粘剂；凸状便要打磨平整光滑；保障接缝处的施工操作细致美观。安装紧固钉，是先冲钻孔，再选用不易生锈的碳化螺钉拧紧。如果是安装有花纹图案石膏线条，在每安装一段（块）前，先将角线里的雕花滑块截出一个完整的花型，刨去滑边，最后在钉固完成后，粘结复合其花的外型，并保证安装看不出破绽，达到美观的效果。

安装石膏线条必须要按照其工艺技术标准，认真严格的施工操作，才能达到安装整齐美观漂亮的目的。如果一味地为赶工而安装，不仅达不到石膏线条安装美观，起到装饰豪华的目的，而且还会造成“画蛇添足”的影响。给平整光滑的楼顶面安装石膏线条，其用意是给居室装饰装修增添豪华气派和美观的效果，仅因施工操作上的差错，出现事与愿违的结果。特别是做简欧式装饰装修风格特色，在做石膏线条的配装施工操作上出了问题，不但是影响石膏线条装饰的豪华效果，而且还会破坏到整个装饰装修的风格特色，更是得不偿失。

在做家庭装饰装修中，就因为有着施工操作的不到位，给整个家装效果造成难堪的状况，实在不见少。安装石膏线条，不按照其工艺技术规定施工操作，只依据施工操作者个人的情况作业，造成安装的石膏线条出现许多漏洞，线条安装不直，接缝粗糙，对角既不平整，又不对称，紧固螺钉帽显露在外，给人一个很不美观的印象。当然达不到施工操作好的要求，使整个装饰装修风格特色大打折扣。最后，不得不另请人重新安装石膏线条，才勉强完成简欧式装饰装修风格特色设计的施工操作，致使承担工程施工的家装公司（企业）的声誉受到极大的影响。

14. 须知石膏板安装的奥秘

安装石膏板是家庭装饰装修必不可少。无论是吊顶配装石膏板，还是墙面装配石膏板，在批刮仿瓷一定时间后，总是出现开裂有缝的质量问题，让还没有使用多长时间家庭装饰装修，失去其美观的效果，致使业主及其家人心里很不是滋味，还不好向施工操作者说太多。其实，出现这种现象的原因，显然是石膏板装配没有按照其工艺技术施工操作引起的。

针对石膏板的装配，一定要螺钉紧固到位，板与板配装平整。即使是配装单层石膏板也不能掉以轻心。特别是在配装接缝处石膏板，不是按照其工艺技术要求施工操作，却是随心所欲地作业，从底层到面层都是一刀切对缝配装。这样，尽管是缝隙内填满了仿瓷腻子，还是解决不了裂缝的状态。有的甚至将缝隙胶贴上防开裂的绷带，裂缝照显不误，让施工操作者自身感到束手无策，无可奈何的地步。出现这样一种情况，正如民间一句俗语："早知今日，何必当初。"其意思是说施工操作者，从做吊顶龙骨架到装配石膏板，都不按照施工工艺技术要求操作，图快省事，偷工减料，没有不出问题的。

本来，在中国黄河以南广大区域，每当春夏之交的梅雨季节，雨水比较重，用于安装吊顶的木龙骨木枋，含水率过大，不能用于施工选材，却为了赶工，不管三七二十一，一并安装上去，而在施工操作上，木龙骨又没有安装牢固，应当选用膨胀螺栓紧固的，却简单地选用圆纹钉钉固，对于个别部位，还需要铺以胶粘牢靠的方式，又省去不做，在石膏板对缝上也有松动情况，一旦到了夏季干燥时候，促使木枋和石膏板都有干燥。在第一次处理裂缝时，对于木质材湿胀干缩的处理把握不准确，裂缝还是随着木质材的变化，不断地发生变化，其裂缝性便一时很难解。只有当木质材干燥稳定后，裂缝变化才会停止。倘若，木质龙骨架紧固性做得并不好，还会出现松动的情况。一旦遇到震动或其他因素，仍会发生变化的。裂缝解决就不是由木质材料湿胀干缩的缘故能得到解决的。因此说，对于石膏板出现裂缝等问题，一定要从做好龙骨架和安装施工操作上，一步步地按照其工艺技术规定做好做扎实，不得马虎施工操作，需要从事家庭装饰装修的施工操作者高度重视和用心作业。

15. 须知石膏板缝的奥秘

出现石膏板缝，除了同组装的龙骨架正确铺钉石膏板有着密切关系外，还同批刮仿瓷有着千丝万缕的联系。铺钉的石膏板，不管是单层的，还是双层的，都不可避免地有着对缝的状态。即使是铺钉双层的石膏板，按照其工艺技术规定施工操作，也还是存在着对缝的。对于铺钉石膏板留下的对缝，是由批刮仿瓷来弥补除掉，必须得按照其施工工艺技术要求来操作，才能达到不见缝隙的目的。

按照批刮仿瓷的工艺操作规定，第一步是应用仿瓷填缝的方法，将每一个板缝隙填充分，待其干燥透彻后，见板缝隙填充未同石膏板平满的，接着填充满。若是高出石膏板面，则要打磨平板面。填充的仿瓷待其干燥后，正好同石膏板面平时，需要进行打磨并清理干净。接着给填充满的表面胶贴布质绷带。每一个缝隙面上，都要一丝不苟地胶贴牢固绷带。待胶贴的绷带干燥不发生脱落和空鼓后，才能给整个石膏板面批刮仿瓷。批刮的仿瓷必须搅拌均匀。有着生粉夹杂的仿瓷是会呈现起泡麻点的。每批刮一次完成，待其干燥透彻，要进行打磨，清理干净，再接着批刮第二层。如此施工操作，批刮三次以上，将整个面批刮平整和打磨干净光滑，没有不平整的状态。同时，还要注意到批刮面阴阳角的平直，棱角明显。对于新铺的石膏板表面，批刮仿瓷至少三遍，才能说是按照其工艺技术规定施工操作。

然而，在实际施工操作中，往往出现批刮仿瓷和处理板缝隙一次完成。即对板缝隙批刮仿瓷，就粘贴绷带，有的甚至绷带都不粘贴，就大面积地批刮仿瓷，也不给石膏板面紧固的螺钉帽面点涂防锈漆。这样一次到位，存在着螺钉生锈点外露，板缝隙填充不满开裂，即使胶贴绷带的，待干燥后，会连同绷带一起陷缩下去，出现明显的缝隙沟形。如果发生龙骨架微动变化，其板面发生裂缝的可能性还是存在的。若是没有胶贴绷带的，当待批刮的仿瓷干燥透彻后，缝隙便毫不留情地出现。假如是负责任的家装公司(企业)，会安排有经验的施工操作人员进行补救。若是“游击队”及游兵散勇的施工操作，会让这样的板缝永久性地存在，形成业主及其家人一块去不了的心病。显然是做家庭装饰装修最不允许看到的败笔行为。

如果在铺钉石膏板前，龙骨架不很稳定的状况已存在，对于石膏板的处理，则要从整体上做出补救性安排。特别是针对龙骨架纵向性或横向性变化的连累到，石膏板缝隙的处理，需要下更多的工夫，在填充好板的缝隙使其饱满后，给予缝隙面胶贴绷带是双层的，待第一次胶贴干燥打磨好后，再在其表面胶贴第二次绷带，以利于加强防开裂的保险性。如果能在批刮仿瓷这一道工序，认认真真和扎扎实实地做好其工艺技术规定的施工操作，石膏板缝发生的可能性会得到解决。

16. 须知仿瓷施工的奥秘

家装吊顶在完成龙骨架和石膏板的组装，给予紧固螺钉做了防锈处理，木质件涂刷了防火涂料，石膏板缝隙填充了腻子和胶贴了绷带，墙面也充分地给予了湿润。一切批刮仿瓷的前期工作准备就绪，便可以给予吊顶面和墙面批刮仿瓷这一道工序的施工操作。看似简单，但做起来，要按照其工艺技术施工操作好，却不是那么简单。

首先是将仿瓷搅拌均匀，不能出现夹杂材，胶是胶，水是水，粉是粉，一定要搅拌到位。胶和水及粉的兑和要逐步进行，不能给搅拌桶内一次倒粉太多，胶和水的比例适当，边倒粉边搅拌，搅拌好的仿瓷，批刮到石膏板面和墙面，没有干粉起泡状。仿瓷中的主要成分有双飞粉、灰钙粉、滑石粉和锌白粉等，搅拌成分好的胶材有水溶性甲基纤维素和乙基纤维素混合成胶体溶液及水。在搅拌时，可掺入适量的钛白粉，搅拌要达到无颗粒粉为止，才能符合批刮质量的要求。

按照批刮仿瓷的工艺技术要求，必须批刮 3 遍，打磨 3 遍，才能达到批刮质量标准。然而，做家庭装饰装修的正规公司（企业）的施工操作人员，却很少是按照规定要求做的。如果是针对毛坯墙面和石膏板面，能批刮2遍仿瓷和打磨2遍便很不错了。假若是做过简装房的墙面上，一般是按照基层面的实际情况，批刮一遍仿瓷，打磨一遍，便做滚涂或喷涂表面涂料层。如果是基层墙面或石膏板面出现凹凸不平的状态，则会将凹凸面填补平或铲除的方式做到整个面达到基本平整，保持光滑洁净的状态，阴阳角批刮平直，不能出现不平整和角不直的状态。做得好的批刮仿瓷面是很平整的。没有小凹形状，角、边平直，也不能有小弯。倘若，墙面的平整度太差，但批刮的仿瓷不能有小凹面，成大凹面还是允许的。如果业主及其家人不允许有大凹面，全靠批刮仿瓷是做不出来的。因为，批刮仿瓷不能像水泥粉饰一样，能够有半寸厚也没有关系，仿瓷批刮厚度应当控制在10毫米以内。太厚的仿瓷面会自动开裂脱落。原因在于仿瓷的胶黏性是不如水泥的。如果是批刮面太不平整，也只能先采用水泥浆将墙面粉饰平整后，再在其平整的面上批刮仿瓷。这是负责任和要求高及守信用的家装公司（企业），才会这样做的。不过，应用水泥浆粉饰墙面，一般的施工操作人员是不愿意义务做的，要求业主及其家人另加费用，才会乐意做的。他们认为是超出了其施工操作的范围。要不然，便会出现应付式的批刮仿瓷，简单地操作，致使批刮的仿瓷面，很难如人意。

17. 须知滚、喷涂饰的奥秘

针对批刮打磨平整光滑清洁的仿瓷面，现时做的家庭装饰装修中，大多数都要做保护性的涂饰，但也有不做保护性涂饰的。主要在于业主及其家人的意愿。从实践中感觉到，给予批刮仿瓷面，做上保护层的涂料，显然在使用效果上是有益处的。

墙面涂料分有内墙涂料和外墙涂料。而用于家庭装饰装修的是内墙涂料。其组织成分是由胶水和固形物搅拌而成。其特性是胶水比例为30%～40%，固形物的比例为70%～60%。所说的胶水，是由水、聚乙烯醇纤维素纳等，采用常规熬胶工艺制作而成；所说的固形物是由双飞粉、灰钙粉、膨胀土等构成的混合物。一般性涂料具有硬度高，附着力强，墙面光亮等特征，用湿布轻轻地擦洗，仍能保持原有光亮的优点。在高温和低温的气候环境下，不会发生开裂现象。

依据不同需求和不同环境，给批刮仿瓷表面滚涂或喷涂的涂料有很多品种。有依据需要滚涂或喷涂抗菌涂料，能对一般细菌起着抵抗和灭杀的效果；有依据现行状态讲究环保健康的涂料，给批刮的仿瓷面滚涂或喷涂环保健康的涂料，对人体和环境是无危害和无污染的。还有依据业主及其家人的需求，给批刮的仿瓷滚涂或喷涂彩色涂料，以增添家庭装饰装修的美观性。给批刮的仿瓷表面滚涂或喷涂的涂料，其组织成分是各不相同的，应当根据不同情况和环境，以及不同的需求，滚涂或喷涂相适宜的涂料为佳。

对于滚涂和喷涂的“奥秘”，滚涂比喷涂要好。滚涂能使表面形成厚实的涂料层，对批刮仿瓷保护要好。厚实的涂料眼见是成细丝形网状的；喷涂形成的涂料层会薄一些，成光滑状。如果能多喷涂一次，也会成为细丝形网状的。喷涂由于挥发等原因，浪费涂料达20%左右。施工操作容易一些，也快捷一些。只要将喷涂的室内清理干净，不存在灰尘，喷涂的效果还是比较好的。但是，对于滚涂或喷涂的施工操作，一定要按照其工艺技术规定，至少在两遍以上。但是，在实际中，遇到的情况大多是进行一遍的施工操作，是不符合规定要求的。有的喷涂后，看不到涂料层，是喷涂涂料太稀，喷涂太薄的原因。在保护仿瓷面上，其实际效果是不太理想的。

滚涂或喷涂的涂料，一般是成白色状的，比批刮仿瓷的色泽更纯白一些。如果呈其他色泽，则说明其涂料是有问题的，不是时间过长，便是变了质。变质的涂料，可以闻到有刺激性气味或酸性的感觉，其涂料就不是好涂料，实用效果也不好，还会对人体和环境产生副作用。

18. 须知饰面油漆的奥秘

无论是饰面板，还是装饰的木板面，都需要经过油漆的涂饰，才能使之达到装饰装修的效果。做木质面上的油漆涂饰，有着许多的方法。针对表面板材木质的不同，其涂饰是不一样，即使是一样的材质，由于做涂饰的要求不同，其做涂饰的工艺技术施工操作，也是有着区别的。像天然板材和人造板材做的装饰装修表面，在做涂饰时，从其工艺技术规定的差别是很大的。针对饰面板做的涂饰，又是不一样的。切不可应用一种方法做涂饰，显然是做不来的。

由于饰面板是做过特殊处理的，其涂饰的表面同天然材料纹理美观的，大多是做透明的涂饰。除了给很小的汽钉眼补上相近似色泽的腻子外，其饰面的透明涂饰，至少要求涂饰3遍。每次涂饰都不能太厚，要薄而均匀，每涂饰一遍，必须待前一遍干燥透彻，才能接着涂饰新一遍。但在现实中，这样的涂饰大多数不会超过3遍，以一遍涂饰的为多。由于涂饰层过厚，经常出现流挂的现象，给家庭装饰装修带来的效果便不是很好。

如果给木装饰装修件做不透明涂饰，必须给涂饰的基层面处理好。特别是给人造板材的表面处理要得当，需要做全基层面批刮全底的腻子，才能做好其涂饰。主要在于人造板材吸收油漆的状况不一样，有吸收多和吸收少给区别，还在于饰面的表面光滑程度也不一样，只有批刮全底腻子，致使整个面吸收油漆，才能达到一致。因此，对于批刮全底腻子的基层一定要打磨光滑平整。批刮基层面腻子至少是3遍。每批刮一次腻子要打磨一次，先采用干粗砂纸打磨，再采用水砂纸细磨，直到基层面打磨平整光滑和洁净，成为一个统一性的光洁表面，才能够确保饰面涂饰美观漂亮。假如对基层表面打磨不细致，不平整和不光滑，便达不到涂饰好的效果，还必须得返工。凡对于涂饰基层面打磨不好和草率施工操作的，会给予饰面涂饰带来很多的麻烦。好比是“麻布袋上绣花”是绣不出美丽好看的花纹图案来的。在实际中，也确实是这样，一些做油漆涂饰的施工操作，往往为赶工时，不把涂饰基层面打磨好，便急匆匆地做涂饰。这样的涂饰，不是返工，便要重来，其涂饰的结果，还是让业主及其家人感到不满意。做这样涂饰的施工操作，显然不是适合做这样的工艺技术的。

所以，针对家庭装饰装修中的涂饰，必须严格按照其工艺技术要求进行施工操作，一点儿也马虎不得。如果仅以赶工期而草率地做涂饰，得到的结果，必定是难以让人满意的。出现欲速则不达的状况，对于不按照规定施工操作者，倒是给予很好的教育，艺要学精，工要做细。不然，就不适宜做油漆涂饰工作。

19. 须知家具涂饰的奥秘

家具涂饰施工操作，在家庭装饰装修中占有很重要的成分。家具和装饰装修件的涂饰，理应做在墙面和吊顶面涂饰的前面，只有当家具和装饰装修件的涂饰完成之后，便不存在任何给室内环境造成影响的问题，也没有太多涂饰气味时，才做仿瓷面涂饰的。不然，家具和装饰装修件的涂饰，无论是做油性涂料的涂饰，还是做水性涂料的涂饰，或多或少地对仿瓷面的涂饰有着污染。特别是油性涂料的涂饰污染是很明显，能清楚地呈现出来。例如，给家具和装饰装修件表面涂饰透明的清漆或聚氨酯油漆等，便能在墙面仿瓷涂饰面上，很清楚地看到严重地污染，同涂饰的油性涂料色泽相近，还能渗透到仿瓷涂饰中去。

在家庭装饰装修中，家具的涂饰同装饰装修件的涂饰是有区别的。家具表面的涂饰，按照其装饰装修风格特色，分有透明和不透明，亮光和亚光等涂饰。即使是有着要求涂饰亚光与无光的，但比装饰装修件饰面的光泽，也要美观和亮堂得多，这才是给家具涂饰的正确施工操作。如果仅以装饰装修件的涂饰标准衡量，其家具的涂饰是不正确的且档次太低的。

为使家具涂饰能显示出光亮，或者是按照古典式风格特色涂饰，呈现出古色古香的特征，最关键的是给基层面处理细腻光滑，底漆涂饰与打磨得认真扎实，底色显示出亮光。家具涂饰按照其工艺技术规定，有着底漆和饰面涂饰的不同要求，其工艺技术的重点是给底漆涂饰和打磨得好，呈现出光亮效果，饰面涂饰才会得到好的效果。底漆涂饰和打磨至少在 3 遍以上。有的家具为提高其表面亮度，显得高雅美观一些，涂饰底漆和打磨更多遍。就是说，每涂饰一遍底漆干燥透彻后，便需要打磨一遍，而且，一遍比一遍打磨要细腻，显得更平整光滑一些，才能使饰面涂饰呈现出高雅亮光的效果。所以，每一次底漆的涂饰要做到全而薄，才会给打磨细腻光滑带来好的效果。

然而，在一般的家庭装饰装修中，给家具的涂饰却不能做到这样的施工操作，在勉强给底漆的涂饰和打磨后，便急于涂饰面漆。因而，其饰面涂饰只能达到一般的效果。问题出在底面涂饰施工操作，不愿打磨，或打磨少。或打磨不细腻，是不能提高家具档次的根本原因，也是使得家具品位显得很一般的原因所在。

20. 须知木门套装的奥秘

如今在家庭装饰装修中，现场加工木门和门套的日益减少，多以安装现成的木门套，俗称套装门。所谓套装门，即成品门，以实木作为主材，外贴中密度板为平衡层，以国产天然木皮或进口天然木皮作为饰面，经过高温热压后制成，再外喷高档环保木器漆的复合门。从内到外，都要求是木材。从严格角度和科学性上分析，套装门应当称之为实木复合门。从这个意义上说，套装门比现场组装的门，从质量到外观都有着优势。而且，对人体和环境的伤害及污染也小了许多。

虽然实木复合门有着其优势，也能给家庭装饰装修加速竣工提供了便利条件。然而，在现实中，却出现一些让人难以相信的情况，给予实木复合门的优势大打折扣。如果实木复合门是正规厂家出品的，其显现出来的优势是无可厚非的。往往是不少的实木复合门，不是正规厂家生产的，属于“三无”产品。从其外观到做工，或配装的门套等，都有着一般人不知道的问题。甚至运输到现场组装，还让人有些看不懂。只有使用一段时间，才显露出比现场制作加工的质量效果还要差。成为门是门，套是套，变形大，关合不配套，让业主及其家人感到苦恼万分，后悔莫及。

由于不少木门不是正规厂家出产，出现不是套装门应有的特征，在家庭装饰装修现场安装时，发生了不少意料之外的状态，不是门套和门页安装不配套，太紧太松是常有事，就是门页变形很大，关合不配套。按理说，套装门是由机械组装起来的，严格地按照其工序和工艺要求加工，不会出现太多问题，即使是运输途中放置不当，也不会出现太多的差错，不是门页一个面变形，便是整套门页同门套方正对不好，再加上现场安装也不按规范施工操作，门套同门洞间不能紧密配合，出现松松垮垮，关开门页都会引起门套的松动。即使是门页的安装少了配件，或是少了螺钉紧固，或是合页（铰链）太少，或是安装实木复合门的人员不很专业，也不至于出现太多的问题，这是值得关注的。尤其是安装套装门时，给沉重的门页配装质量不很好的合页时，不用十字螺丝起子拧紧螺钉，却是应用钉锤一锤钉到位。若是出现安装不妥，需要调整时，螺钉拧不出来，也拧不紧固，任由关、开门出现松动的状态，给使用者造成了诸多不便。门套与门洞的配装也不是很紧凑，门套内空洞洞的无处生根，给固定住门套形成很大的难处，显现出一个很不负责的状态。如果业主及其家人找安装套装门的经销商整改，也是呈现出很不乐意的态度，不是一拖再拖，便是纷争起来。这种状况是家庭装饰装修中，最让人担忧的事情。

针对套装门出品和安装出现的一系列问题，对于承担家庭装饰装修公司（企业），应当担当起相关的责任和义务，不能任凭这样的行为影响到行业的声誉和业主的权利及利益。而广大的业主及其家人，也应当警觉起来，也不能给予这一类损害自身利益的行为太多太大的宽容和容忍。要勇敢地同这种“奸商”之举抗争，让其没有太多的市场份额，是维护市场的正义之举。

21. 须知电路配装的奥秘

社会上有着买房别忘“电”的说法。同样，做家庭装饰装修时，对于电路配装的施工操作，也是需要特别重视的。从做家装的正常情况中看，水管电路都是先行做隐蔽工程预埋好的。不过，也有做明铺电线路的。无论是做隐蔽预埋水管电线，还是明铺明装水管电线，都是需要做好，不能够出现丁点问题的。

做家庭装饰装修配装水管电线，水管配装目的很明确，围绕着厨房和卫生间配装好就可以了。如果业主及其家人有要求，再增加配装到生活阳台，用于洗衣和洗拖把池。其他区域是不需要配装水管路的。然而，电线路的配装就不同。电线路配装分配得比较细致，涉及住宅居室每个区域，有的还配装到居室外。而且，是分有专用电线路的。做得比较好和全面的，有着灯饰专用、插座专用、厨房专用、卫生间专用、空调专用和设施专用等线路。每个专用电线路配装得好与不好，又是依据各业主及其家人的不同需求，对电线路配装是不一样，有多有少，严格地按照其工艺技术要求认真细致施工操作，不发生任何问题。

电线路的配装，家庭装饰装修的施工操作，同建筑配装是有区别的。建筑配装电线路可以45度的斜线走“捷径”地进行施工操作。而家庭装饰装修预埋或者明装，却不能走45度斜线的“捷径”，必须是横平竖直，规规矩矩的。在交叉点部位还必须得安装交叉盒，以利于连接和查找线路。为方便检修电线路，在交叉处和整个电线路，必须是穿进硬式PVC管里施工操作的。做家庭装饰装修配装电线路的要求，是非常严格的，不能有丁点儿马虎。否则，视为配装电线路是不合格的施工操作。

同时，家庭装饰装修配装电线路，严格和明确地分别出火线、零线和接地线的色泽。一般情况下，是按照红色为火线，蓝色为零线，黄绿间色为接地线，不能发生任何的混淆。在检查验收电线路配装和连接是否正确时，是应用电线路检测器或欧姆表。如果电线路连接正确，检测器便很明确地反映出来。假如接线马虎和不正确，也会很清楚地测试出来。在家庭装饰装修中，经常遇到不按照电线路规范连接的做法，虽然也通电能使用，却不能保证使用的安全性说不定出现短路或漏电等难以预测的情况，必须给予纠正，要求按照其工艺技术规定规范连接。

八、须知配饰标准奥秘篇

配饰，亦称软装。是相对于家庭装饰装修“硬装”而言。在中国兴起了家庭装饰装修以来，先从“硬装”上看，由不讲究到讲究，还分出各种不同风格特色。于是，随着讲究风格特色的开始，“重装饰，轻装修”的潮流也接踵而来。“重装饰”仅有“硬装”是很不够的，必须要有“软装”即配饰的加强，才能真正体现出来。如今，对“软装”还没有引起广泛重视，仅停留下“各自为政”的阶段，显然对做家装上档次、出品位和求规范是有影响的。甚至有着打折扣，降标准的可能。因而，将配饰向着规范和标准方向引导和发展，显得很有必要，使家庭装饰装修呈现出其应有的效果和体现出更好的品位来。

1. 须知配饰准确的奥秘

配饰，即软装，在家庭装饰装修中的重要地位，是谁也替代不了的。其涵盖的内容是多方面，既有着居室里顶面吊的、墙面挂的和地面摆的，也有着空间悬的和窗外观赏的等。对家庭装饰装修，还有着突出的实用内容，美化环境和有着软化“硬装”的功能，给业主及其家人带来了诸多的方便，造成喜悦氛围，制出美妙梦想。不过，配饰并不是一件容易做的事情，必须准确无误，才能达到其目标。

可以说，“硬装”给家庭装饰装修建筑起一个美好的“空壳”，创造出一个使用的“空间”，奠定了一个稳定的“空地”，但要达到业主及其家人憧景的美观实用的效果，还是有很大差距的。如果不能顺其自然，顺其规律，顺其风格和顺其特色，准确无误地适宜作出配饰，即“软装”，其“空壳、空间、空地”会依然存在，不会发生任何变化。俗话说：“红花还需绿叶配”，才会呈现出红花美丽的生机。如果“红花”只有白色，或黑色，或黄色，或蓝色等，虽能呈现出红花的色彩，却不能像绿叶配着的生机和美观。同样道理，家庭装饰装修的“硬装”后，只是随心所欲地做配饰，是不能得到满意的效果的。说不定还会给“硬装”造成适得其反的效果来。

虽然，人们还没有认识到配饰的重要，却已认识到其必要性，在完成家庭装饰装修后，都自觉或不自觉地做着配饰，以解决“硬装”不够实用和美观的问题。人们的配饰欲望和愿望是很强烈的，有时也能听到“知足常乐”的自我安慰。然而，这种“自我安慰”同做不做配饰，配饰做得好不好，做得准确、正确和精确似乎不太相干。因为，“硬装”之后做配饰是不可避免，必须得做的。关键在于如何才能做得准确、正确和精确是其核心。就是说，做出的配饰一定要同“硬装”风格特色相一致，还能给其增光添彩且实用。不然，便难以如愿。正如人们自己说的：“钱没少花，但效果不大。”出现这样的情况，便说明配饰做得并不好，同不准确、不正确和不精确相关。

无论是谁做配饰，要实现准确、正确和精确的要求，得从几个方面入手：一是要求同“硬装”风格特色相一致，尤其是色彩选用要精确，家具、灯具和其他固定的配饰，同“硬装”需求相一致；二是要求实用和美观相协调，不能给“硬装”带来累赘，尤其不能占活动空间太多，影响到使用效果；三是要求同业主及其家人喜爱相吻合，不能出现麻烦；四是要求同环境状态相匹配，不能太过铺张；五是要求同“硬装”空间大小相得益彰，不能物多为患；六是要求同观赏者的感觉相适应，能呈现出轻松愉快的状态，不能造成审美疲劳。配饰带给“硬装”的是实用、美观和轻松性，而不能变成失望，才能显现出配饰的效果。

2. 须知风格配饰的奥秘

风格，即品格。家庭装饰装修的风格。如今，在中国广泛流行的有现代式、自然（田园）式、和式、古典式、简欧式和综合式等。综合式风格特色，是广大业主依据自己的喜爱总结出来，促成家庭装饰装修创新，以满足人们的愿望。这样，给后期配饰也增添新的内容，增加更大的难度，增进行业的发展。例如，给综合式家庭装饰装修风格特色后期配饰，要想获得好的效果，不是凭单项风格配饰便能满足要求，达到目的的。而是需要依据其“硬装”风格特色，做相适宜的配饰，才能实现满意的配饰。

所谓风格配饰，即是依据“硬装”风格进行适宜的配饰。乱点鸳鸯，指鹿为马的配饰，显然不是风格配饰，也不能发挥配饰的作用，达不到预期效果。像现代式风格和自然（田园）式风格配饰，从表面看是很容易做的，只要选用现代布艺、家具和灯饰等，便能达到目的。显然是不准确和不精确的。从家庭装饰装修风格特色上看，现代式风格是以现代的功能性和个性化为主，自然式风格却以轻松、愉快、舒适和朝气为主的。在选用材料上，现代式风格多以现代复合材料为主，呈现灰色、白色和棕色等中间色为基本色调；自然式却以自然素材与柔和的色彩为基本色调。在后期配饰上，如果都选用现代仿型材家具，现代布艺和现代仿型材的艺术品等，不能说要不得，从视觉上体会到一种现代气息很浓的效果，从仿型上似乎也有着自然感觉，但从实质上的感觉就大不同了。尤其是不少业主越来越讲究个性化。这样，以假乱真的做法，便失去了配饰准确和精确的真正意义。

配饰讲究风格化，其目的在于让业主及其家人体会到真正的家庭装饰装修风格特色效果。现代式家装风格特色，给予其适宜的风格特色配饰，并不是一件简单的事情。配饰，分有高、中、低等多个档次，本是一个现代式家装风格特色，却配给中式风格的家具和布艺等配饰，以显示上了档次。其实是花了高价钱，做的不伦不类的配饰。这样的“软装”同“硬装”是不配套的。再就是做简欧式家装风格特色，配给现代式的配饰，尽管花费了较大的人力和财力，也是很不匹配的。这便是不适宜的配饰。

作为配饰，要求依据“硬装”风格特色来做，是最直接、最方便、最适宜和最好做的，只要在针对家装风格特征和其色彩上，贴近一点做配饰，便有着差不多的把握。再能够依据业主及其家人的喜好并且增加一点地方特色的内容，便会像模像样地给“硬装”风格特色增添效果。例如，给现代式和自然式的家装风格特色配置布艺，现代式的选用白底细条形，或细花式窗帘、布帘、床单，或桌布等；自然式风格特色选用风景、山水、农田，或花草式窗帘、布帘、壁挂及艺术品等，便能给人视觉上很清晰的、形象式的适宜配饰。尤其在家具和灯饰等配饰做很清晰的形象式安排，必然会给予“硬装”风格特色增光增辉。

3. 须知特色配饰的奥秘

特色，即格外突出的特点。从家庭装饰装修风格配饰上讲特色，却有着多个方面的含义。既有家装上的风格特色，又有人员上的个人特色，还有各个不同职业特色等。既然是给每个家庭装饰装修做配饰，应当为突出其特色为主。然而，社会是多样和复杂的。特别是现代人喜好事事处处突出个性特色，在家装配饰上，以突出家庭装饰装修风格特色为主外，不妨掺点个性、职业和喜好等特色，必然会给居家形式和配饰增添更多内容，实在是一个不错的“金点子”。

配饰，在任何一个家庭装饰装修风格特色中的内容和形式，是极其丰富的。如果仅以家装风格特色为限，就没有现代人居家的味道。其风格特色也不显得突出，还存在着千篇一律，风格一样，配饰相同，何谈特色。以主要风格特色做基调，能增添一些地方、人员、个性和职业等特色，不但会给相同家装风格增加特色，而且给配饰注入活力和内容，就是更好的。像给古典式“硬装”风格，做一成不变的配饰，便可能出现东、西、南、北、中一个样的状态，就有着将配饰做僵化的嫌疑。如果在配饰上，既增加点北京、沈阳、苏州、西安、长沙、新疆、广州、福州、南京等地方特色，又增添了一些汉族、回族、蒙古族、满族、藏族、苗族、壮族、土族、朝鲜族等民族特色，必然给古典式的“硬装”风格配饰注入更多活力和人情味特色。如果以现代人的仿型能力，又增加一些文化艺术特色，还有着每个业主的爱好等，会给古典式“硬装”配饰注入更加美妙的效果。例如，苏州地区给古典式家庭装饰装修配以“小桥流水”悬挂物及其家具造型，比长沙做岳麓书院似的配饰是大不一样的，给予现代人的感觉也会大不同。

给古典式家装风格配饰上地方古典特色，使得其“硬装”古典特色更突出。于是，给予现代式风格家装配饰增加一些现代人个性，职业和气息味，必定会给现代式家庭装饰装修风格营造出现代特色，增添个性特色和人情味特色，使现代式家装风格，会呈现出更加丰富多彩的特色，也使得业主及其家人的居家生活更加有质量和情调。

每一个家庭装饰装修配饰，都有着业主及其家人喜爱自家特色，显然会给配饰创造出更加广泛和更加多的路子来。如果仅以“硬装”风格特色加以局限，不仅不能把特色配饰做好做丰富和增加成功率，而且有可能造成配饰风格特色不突出，或者不成为特色。因此，只有在“突出特色”上，广找门路，广求方法，广创渠道，尤其能从新颖上找到特色来，必然会给配饰带来生气勃勃的局面，让现代人的生活越过越有滋味。

4. 须知“暗室”配饰的奥秘

所谓“暗室”，即指阳光不能直射到，看不到阳光，却间接地有光线反射进来的房间。主要是塔楼中，住宅居室朝北或朝南方位，又被其他墙面阻挡住，形成居室里光线较弱，大部分时间需要人造光来照明。针对这一类居室的配饰，显然不能像一般性的室内一样，要有着其特殊的做法。

“暗室”只是没有直射阳光，却还是有着光线射入的，并不是那种四面墙壁，没有窗户，只有进出门，是有着门窗的房间。在给这种“暗室”作配饰时，选用的窗帘、床上用品、台布、坐垫、沙发外罩、壁挂、字画、工艺品、衣柜、电视机柜等物件及家具等。应当同“硬装”的墙面、顶面和地面一样，都是浅色的。例如墙面、顶面和地面的“硬装”色泽是乳白色，家具便以浅色为主，同“硬装”色泽和布艺色调形成立体感。布艺配以白底大浅色杂纹或浅色大形花为好。即使是购买电器产品的外形色泽和悬挂的工艺品、字画等也以浅色外形为佳，可增强“暗室”内的光感率。

还有的是灯具、锁具和把手等用具，也以选用浅色调为主，不能选用深色泽的，如黑色、蓝色、红色和棕色系列。像写字台、睡床和椅子等家具色泽需同“硬装”一样，以浅色调为主。“暗室”是以浅色调的现代式、简欧式和自然（田园）式等家庭装饰装修风格特色为佳，却不能选择古典式或和式风格特色，会给后期配饰选择带来不便。

由于“暗室”一年四季见不到太阳光的射入，给人的感觉是这样室内比其他居室显得潮冷。特别是在中国黄河以北广大区域的“暗室”，长期处于潮冷状态下，在选择家庭装饰装修风格和进行后期配饰中，如果选用深色调，尤其是黑色系列，会给人一种不寒而栗的感觉。只有选择浅色调的家庭装饰装修风格和后期配饰，才能给人一种“阳光”之气的温暖。假如配以橙色系列或黄色系列的灯饰光，会有着一种见着“阳光”的更好感觉。

5. 须知“亮室”配饰的奥秘

所谓“亮室”同“暗室”相反，是太阳光直接照射时间很长的居室。其住宅朝向坐西朝东或坐东朝西的板楼，从早到晚，都受到太阳光的直接照射，尤其西晒时间长，一日中有好几个小时。其选择的家庭装饰装修风格特色和后期配饰，也同“暗室”不一样，有着其特殊性，需要给居室内降一降“亮度”和温度，给人温馨、清静和凉爽的感觉。

针对这样的“亮室”，在夏季时间中，会给人一种很燥热的感觉。如果是这样的居室，处在中国黄河以南地域，又在楼的顶层，其受到阳光照射得让人有着喘不过气来的感觉。针对这样的状况，从家庭装饰装修选择风格到后期配饰，必然会围绕着如何遮阳降温来进行。其“硬装”是固定的，不好做太多的变化，还有所顾忌，遮挡阳光太多。而做配饰却不会顾及得太多，能把直接照射的阳光完全遮挡住，以给室内降一降温度成为目标。选用理想的配饰做法，遮挡住太阳光的直接射入室内，给予“高亮度”和“高温度”作一些改变，比由“硬装”的改变效果要好得多。毕竟配饰的作用是活动可调整的。而且，只要选用窗帘、布帘等，同时，在家具和用具上选择适宜的色调，是完全可以达到实用效果的。不过，对于配饰，既可以从选择色泽上做好文章，也可以从选择材质上把握准确。如果是配合“硬装”从色泽上选择，就更具有灵活性。

“亮室”的“硬装”风格选择，比“暗室”要好一些，既可做深色调风格的，又可以做平和色调风格。同样，在后期配饰上的色调和材质选择，能做平和色调和材质稍差，或材质微薄的选择，也能做深色调和材质高档，或材质很厚的选择，从布艺到家具及其壁挂等，都不受色泽和材质的局限。在配饰上，只是将其色调配备得更加协调，会令业主及其家人喜爱。例如，选择古典式或和式风格家庭装饰装修，在配饰上则可以大胆地按照其风格特色要求进行，而不必顾及对“亮室”起不起到遮挡光热的作用。这一类同“硬装”风格相近似的色泽配饰，本可以给室内遮光降温。如果是选用浅色调的家庭装饰装修风格特色，主要是能顾及布艺的配饰，以及家具和用具色调的选择。至于灯饰光的选用，是可以按照季节变化，调整灯饰光的色调。例如，在夏天季节里，白天太阳光直接照射时间长，给居室带来燥热的感觉，晚间照明的灯饰光以绿色或橙色的为主。会给人带来温馨感。

6. 须知配饰档次的奥秘

家庭装饰装修分有精装和简装。精装又分有高、中、低档。同样，给家装的配饰也是分有高、中、低档。档次，即按照一定的标准分类排列的次序。要配饰上，依据不同情况分出档次，人们才感觉到配饰的重要。配饰档次高、中、低的分别，主要体现在同“硬装”风格和色彩上的相匹配，做到风格和色调协调，又能体现出独有的特色，给人一个非常舒适实用和漂亮美观的感觉。而且，在选材上显得稀有和有价值。例如，配饰高档的家具是由贵重天然木材加工制作的。像红木家具，其材料价格便显很贵重。用其制作加工的家具,使用时间可长达百年,甚至数百年。主要体现在材质硬度大、韧性好、不开裂和不变形,能保持一种良好的状态。而且,这种木质家具,做工精良,造型美观,有着传统似结构牢靠和美好,大多数人很喜欢,却很少有,体现着物以稀为贵的价值。同古典式、简欧式等家庭装饰装修风格配合起来,才显现出其高贵性。配饰中,还有壁挂传统的古字画和稀有的艺术品摆放,以及选用的窗帘、布帘、床上用品和沙发等,都是市场上价格高档的,像真皮沙发包装的有真鳄鱼皮、羊皮和牛皮等,其做工和外观上都是很精致,而不是粗制滥造的。其人见人爱,感觉是精细精美,能呈现出高档性。不过,高档型的配饰,一定要呈现在高档的家庭装饰装修中,才能体现出其价值。

能给予家庭装饰装修进行高档型配饰的毕竟不多,大多数的是中档型配饰,符合现代人的生活水平。因为,大多数业主及其家人,花费自己辛苦挣来的钱,而且是一笔不少的费用。认为做家庭装饰装修,既然大费用都花了,便不要吝啬小花费。进行家装后期配饰时,按照自己的感觉来做,至于符合不符合装饰装修风格特色,达到一个档次,却考虑得不多,只要觉得顺意、舒服和满意,便是最好的。其配饰中,也有着一件、两件的高档物。家具也选择自己喜欢的式样。其中,不少是现代出品的人造材制品。应用于家庭装饰装修中作为配饰,虽然不是很配套,却还是很协调。但从质量上,只能视为中档物,为中档的配饰。

至于低档的配饰,则是随意性的配饰。虽然让人们看到的是新配饰,有不少是经过旧改新。其中,有的是业主不懂的原因,在改旧、修旧和换上旧货中,将不少传统的好木材家具和物品改头换面,将其价值变低了。虽然在式样上旧貌换新颜,也将其本来价值给变换了。例如,有的将祖传下来的家具或物品,改修成新家具或新物品,将其历史价值给抹去了。于是,从整体上观看配饰档次便处于一般和不高,或者给人有着不伦不类的感觉,便不是好的配饰了。

7. 须知配饰品位的奥秘

家庭装饰装修的后期配饰品位,同前期“硬装”品位是相辅相成的。“硬装”品位体现在“亮点”和“造型”上。其“亮点”能给人无穷无尽的品位。于是,在这种品位中,让人感觉到“硬装”的品位效果来。而配饰品位不是人为的评判得来的,而是经过配饰,让人有着品头论足式感觉和无限欣赏性感染,其品位也就自然而然地呈现出来。

品位,即品质、质量、档次,是形象的展示。内在气质的散发,人生价值的体现,道德修养的内涵,各种知识的综合和人生阅历的经验,既是儒雅的,又是崇高的。其原义是指矿石中,含有需要的某种金属量的多少,(常以百分数表示)称为这种金属的品位。从家庭装饰装修配饰这个角度谈品位,是说其质量和档次的高低,值得让人去欣赏、体会和品味，便是品位的效果。

人们对家庭装饰装修的后期配饰，很喜欢进行品味和欣赏，从中能获取很多兴奋和回味的价值。因此，在给家装做配饰时，就要充分地注意到这一点，做出配饰品位。也就是要做出质量和档次来。不然，则给有档次的家庭装饰装修造成影响，现代人很有生活和欣赏的水平。在做“硬装”时，便为着有品位效果努力进行。不然，就没有必要做住宅家庭精装饰装修，只要有个防晒躲雨，不受风刮的居室空间，将建筑的毛坯房做过简单装修，便能够居住使用，还按照什么风格特色，费时、费力和费钱财做精致装饰装修，这是现代人生活发展的趋势，在满足穿衣吃饭条件，再改善和提高居住环境，提升生活质量的需求。

既然对做家庭装饰装修有着高质量、高档次和高品位的要求，在给其后期配饰上，同样有着高质量、高档次和高品位标准。从现实情况中，能给后配饰做到有高品位的并不多。能呈现出一、二个品位“亮点”还是有不少的。有的从配饰布艺上做出特色和独到之处，让布艺能给人有品位性和欣赏的价值；也有从家具外形或选材上或色彩上，能给人一个值得品味和欣赏的；还有从壁挂或摆设上，体现出来值得玩味的，一见到其壁挂物或摆设品，便呈现出愉悦的眼光和欣赏的表情来，让其吸引住眼球，有着流连忘返的意味。

给家庭装饰装修配饰做出品位效果，并不是太难的事情，一般的只要按照设计人员的设计要求肯下功夫，便能体现出来。也有业主按照自己的阅历和经验抓住人们很欣赏和值得品味的一个方面做好文章，同样能给配饰做出品位；还有是针对客厅，或书房，或卧室，或活动室空间等，做出同“硬装”相匹配的配饰便给人有着品位感觉。做出配饰品位确实不很难，只要有心和认真去做，就能实现目标。难的是能够保持配饰品位。应用变化和新颖的做法，经常变化布艺布置，变动家具摆放位置，变着灯饰色彩，变换壁挂式样和变摆工艺品形式，也许使得家庭装饰装修后期配饰有着不断更新的品位效果。

8. 须知色彩配饰的奥秘

色彩，指颜色的光彩。色彩在家庭装饰装修中的作用是十分重要的。在一般情况下的家庭装饰装修，从“硬装”到“软装”，即配饰的色彩是不宜多。多了会显得杂，杂了则显得乱，给予视觉效果和居家使用，造成诸多不便。从实际中，总结出来的经验，一个家庭装饰装修的色彩，从“硬装”和“软装”总共选用的色彩，最多不超过 5 种，多了会呈现适得其反的结果。

做家庭装饰装修，选用的色彩越少越好，一般有一、二种色彩为宜。主要在于给“硬装”带来活力，解决“四白”朝地的窘态，呈现出美观感，让业主及其家人感受到装饰装修作用的美好。然而，真正感觉到装饰装修美观效果的，还体现在配饰好的效果上。配饰色彩，既有物件的色彩，又有灯饰的色彩，还有家具的色彩。家具的色彩是为着“硬装”风格特色相匹配的，不能够自成一套体系。否则，会给装饰装修风格特色造成“破坏”，反而降低家庭装饰装修的档次和品位，便得不偿失了。

要使色彩给家庭装饰装修增光添彩，就要以适宜、适应和适用的配饰为原则，达到添美和增辉的目的。适宜、适应和适用是要求配饰的色彩，包括家具、窗帘、床上用品、台布、沙发、壁挂和灯具等色彩，都要相匹配、相协调和相适合，形成一个相互适宜而有用的和谐体，给人的视觉效果不出现杂而乱的感觉，有着令人感觉舒服的效果。即使选用的配饰物色彩很鲜艳和很扎眼，但能让人很喜欢，给家庭装饰装修造成很美的状态。添美，是给居室使用有着美丽、美好和美妙的效果。尽管每一个业主及其家人，对于色彩的喜爱有所不同，有喜欢浅淡，有喜欢浓艳，有喜欢原色，也有喜欢调色和变色的。无论喜欢哪一种色彩，都是给家装添美，而不是添乱，那就是最好的。因为，家庭装饰装修的色彩配饰，主要还是业主及其家人自己喜欢的，这便是给予家装添美。增辉，是配饰物件色彩，能给居家增辉，让业主及其家人，感觉到选用色彩，不仅仅是喜欢，还给居家添美增辉，感到很满意，把一个经过家装配饰的居室空间，装扮成美伦无比的效果，这便是一个很成功的色彩配饰。

做家装的色彩配饰，是从“硬装”设计就已经开始，如果仅以美观来选用色彩，其意义是不大的。必须从全面和使用角度来看色彩配饰，而不能以“硬装”空旷的角度去欣赏，要给后期配饰留有一个色彩空间或“余地”。因为，所有的配饰不可能是一个色彩，必然出现多种色彩的状态。如果在做“硬装”时，就给居室空间一个多色彩的效果，再配饰色彩便会出现难堪，呈现杂乱局面，很没有必要。尽可能地给配饰留有色彩空间，才是一个明智的选择和做法。

9. 须知环境配饰的奥秘

如今的住宅家庭装饰装修，越来越远离城区中心，向着城郊接合部发展。在这样一个区域都有着各自不同的环境，而不是建筑连建筑，或是山水区域，或是绿化地带，或是依山傍水等。在这样一个美丽如画的环境中做家装配饰，不仅要同“硬装”风格相一致，而且还要适宜于室外周边环境，形成和谐协调的氛围，或者独立于环境中，形成特有的配饰效果，不失为一种好作为。

由于每一个业主及其家人的喜爱不同和生活习惯差异，选择家庭装饰装修风格特色是不同的。即使是选用同风格特色的家装，却有着选择造型、色泽和用材的不一样。仅由一个设计人员做设计，多个业主及其家人共同喜欢一个装饰装修风格，选同样式样、同样色彩、同样造型和选用同样材料，或会做出同样的家装。

然而，由于施工操作人员差别和住宅所处环境、朝向及光线照射的不一样，还是有着区别的。像在一个适宜环境、适宜朝向和适宜光线照射下，做出一个很适宜、很得体和很美观家庭装饰装修。正是这样一个家装效果，被另外一个业主及其家人看中，便要求生搬硬套地给自己的住宅做同样的家庭装饰装修。其结果却令该业主及其家人看自己家的效果，不如先前的好，仔细对照又找不出破绽。问题出在所处环境、朝向和光线照射的不一样。值得业主们注意。

同样，给家庭装饰装修做配饰，一定要注意到环境，懂得环境，适宜于环境，按照环境状态，才有可能做出好的配饰效果来。千万别生搬硬套，照本宣科地去做，会出现不理想的配饰。在现实中，经常见到做集成装饰装修，不少业主听从于设计人员一成不变的设计做配饰，甚至在灯饰选用也不发生变化，其结果，仅有一、二个家装配饰有着好的效果，大多数却呈现不出理想效果。因此，给“硬装”做配饰，一定要考虑到环境因素，才能做好配饰。

做好配饰，还要注意到其动态因素，既有环境变化的原因，又有配饰条件变化的因素。住宅室外环境，随着物业管理得好，下功夫，做出绿化和加强设施更新，使原来环境发生大的变化，其住宅居室的配饰，就需要有着变化。配饰的家具式样、色彩和材料不能发生变化，就经常性地将其布局和摆放做调整，有着不同的布局和摆放，布艺也经常地进行调换，灯饰光也经常地给予变化。这种随着环境变化而做活动性配饰，给人的心理感觉是不同的。

再则，面对在城市闹市区和城郊接合部地区做配饰，由于环境不同是要做出不一样的效果。在城市闹市区里做的配饰，特别是针对布艺的配饰，最基本的一点是要注意到防尘、防爆和防光的实用性。虽然在城区太阳光的照射，也许不很强烈，却有着夜间电灯光强烈照射，是不能不防备的。如果处于车水马龙的闹市区，不但有路灯光、街灯光、商店灯光和广告灯光，以及亮化灯光等，照射得夜间如同白昼。还有人声、车声和喧闹声都是需要通过配饰给防备的。同城郊接合部地区发生情况大不同，做好相适宜的配饰，便显得非常重要。否则，其配饰便是没做好，留下缺陷的。

10. 须知亮点配饰的奥秘

做家庭装饰装修需要“亮点”，同样做家装配饰也需要“亮点”。一个新做的家庭装饰装修只有固定的“亮点”是不够的，尤其是经常有客盈门的家装，更需要有配饰的“亮点”。这种“亮点”的优势，是有灵活性、多样性、简单性和独有特征。往往比家装“亮点”更有吸引人眼球的效果。例如，家中的壁挂物、字画和布艺，以及艺术品等。如果经常性的变动，其形成“亮点”给人的印象是深刻的。

每个家庭装饰装修做的“亮点”都是固定的。像客厅内的电视背景墙，或玄关部位，或客厅同餐厅的结合区域，或走廊的两端墙面做的“亮点”，在短时间内是不会发生变化，基本上固定在一个部位。人们便有着见惯不惊，习以为常的感觉。“亮点”久而久之，也就不成为夺目的“亮点”。而配饰的“亮点”则不同，有着灵活性和变动性的特征。即使一件壁挂物放在一个不怎么醒目的部位，可能成不了“亮点”。如果业主及其家人灵机一动，安装一盏射灯有意识地不断换个角度进行照射，这个不醒目的配饰立即会变成醒目的“亮点”，给人眼前一亮的感觉。一个家庭装饰装修，便很有必要做这样的配饰，会给居家生活带来无限喜悦和情趣的。

给家装做配饰“亮点”的内容是很多的。不仅有壁挂物、摆设品和布艺，而且还有着灯饰、锁具和家具等。任何一种配饰物做得好，都可以成为“亮点”。有不少的业主喜欢在走廊的两端墙面壁挂装饰件，或者配装壁灯。如果能不失时机地选用新式样、新色彩和新亮光的壁灯，便很容易成为“亮点”夺人眼球。走廊端头是很醒目的部位，如果能将其配挂物经常性地调换，而调换的物件有着特殊、时尚和新颖性，也就会成为“亮点”。还有是不少业主喜欢在其书房或活动室的桌面和柜台面上，摆上一个新鲜的玩意，或稀有物件，是很吸引人眼球会成为“亮点”的。

要使“亮点”不仅成为业主及其家人欣赏的“亮点”，还成为众人喜欢观赏的“亮点”，选择玄关部位，作为悬挂或摆放有着新颖、新鲜和新艳的配饰物件，同样，能给人一种惊喜的“亮点”感觉。应用配饰做“亮点”是一个长久性和不过时的好方法。只要业主及其家人常有兴趣和激情，便可以不分时间，不分季节、不分部位和不受限制地做出“亮点”，给自己的居家生活增添乐趣，给自己身体安康带来无穷益处。

家庭装饰装修竣工后，利用配饰做“亮点”是一件很有意义事情。不但能调节家庭生活氛围，提高家庭人员无限兴趣，为增进身心健康，调节和睦气氛，都有着很大帮助，而且给亲朋好友和四方来客提升观赏兴致，因此，也有着益处。充分地运用配饰有利条件制造“亮点”，为新的装饰装修居家生活提高质量创造条件，而又是提供无穷无尽的用武之处。

11. 须知精巧配饰奥秘

对于家庭装饰装修的配饰，既要有“亮点”要求，还要有精致巧妙配饰，这一点很重要。由于不少业主过去很长一段时间受到住宅面积的局限，曾在很拥挤的空间里生活习惯后，突然间有大的空间，又是新的装饰装修，对于居家配饰物，既不知道从何做起和如何做，又不知道计划着空间大小做配饰，往往会贪大求全，一股脑儿地购买家具、沙发、电器和灯具等，结果把有限的空间堆得满满的，使得客厅、卧室和厨房，甚至餐厅及卫生间都感到拥挤不堪，对业主及其家人的活动空间造成很大的不便，显然是配饰不精巧的原因。

因而，针对新家装饰装修的配饰，还是要有计划，量力而行，把装饰装修的每个空间仔细地测量和记录清楚作出详细的安排。然后，再依据实际状态做适宜的配饰。不能出现购进的储藏柜、写字台、沙发和餐桌等，甚至电器占据空间的物件，把整个居室内全部占领去。到了这时，才感觉到配饰物件没有细心地把握尺寸，有着过大过高的状况，配饰效果不理想。这是在实际中经常遇到的事情。例如，客厅面积并不大，只有 10 多平方米，而且面对电视背景墙摆放沙发仅 3 米多一点的距离，侧面便是进门通道，只能摆放一张 2 米长的沙发，是正好的。业主没有考虑到这些，只为摆放沙发方便，定做一套真皮沙发，花费好几万元。家庭装饰装修竣工还没有经过验收，便摆入客厅内，不但占去出入通道，还有些摆不下的感觉，只得将原有设计摆放方法改一改，还得往客厅中心挪一挪，把整个空间挤得满满的，连配套茶几都无法摆放在中间部位，只能摆放到角落去。

配饰做得不精巧和不适宜，还有选用灯具式样。本来只有 2.8 米的层高，配装一盏吸顶灯就很好，偏要选择配装一盏水晶似的大吊顶灯。安装上去后，伸手便能摸到灯具的吊珠。身高在 1.8 米左右的还会碰到头。灯具框架大得有点压抑的感觉。如此等等，便是存在配饰不精巧，不切实际的做法。给家庭居住带来这样或那样的不方便。因此，家庭装饰装修的配饰，必须做到精致和巧妙，既要实用，又要方便，还要美观，不是随意可做得好的。一般情况下，按照设计人员的设计方案进行配饰，尺寸、色彩和材质等，有着严格的规定，不能够乱来的。如果不按照设计人员的设计要求做，则要做有心和细心之人，有的放矢，精巧配饰，做出业主及其家人看得舒服，用得舒适的精巧配饰来。

12. 须知合理配饰的奥秘

合理配饰，似乎在人们心目中认为是多余和不在意的。合情合理地给予家庭装饰装修进行配饰，为的是居家生活方便，不花冤枉钱，把配饰做得恰到好处。

给家庭装饰装修做配饰，每个家庭有着不一样的情况，不一样的需求，不一样的习惯和不一样的爱好。同是给一个装饰装修配饰家具、壁挂和床上用品。却存在很多不一样，必须具体情况具体对待，依据不同的实际情况和居住面积大小，进行针对性地配饰，也许才能做到合情合理，不出现这样或那样的问题。例如，现代家庭书房或活动房，要配饰电脑桌或写字台，客厅和餐厅配饰茶几和餐桌等。然而，对于老年型业主，又不经常应用电脑和写字办公，便不一定非要置办电脑物件；有的家庭装饰装修面积并不大，摆上餐桌便无茶几的立足之地，则不必要配备茶几，也是合乎情理的。有的业主是做专业的，对欣赏字画没有兴趣，也不懂得欣赏，虽然书房有着书柜和书桌设施等，其书柜里全是专业书籍，还有同专业相关的物件，墙面上悬挂的，也是同专业相联系的物件，便没有必要钻天打洞地去寻找字画之类的物件悬挂来充文雅，也显得不太合情合理。

配饰做到合理，必须同业主及其家人的生活、工作、学习和习惯相关联，而不是毫不相关，或风马牛不相及的作配饰。如果仅是为着面子或虚荣心，硬作不相干的配饰，显然同合情合理背道而驰了。虽然有些配饰不很恰当，却从配饰的主观愿望上，要想着做到合情合理。合情，要求配饰要精当，是实际情况上允许，也是生活、工作和学习上需要，才是合符实际情况的。合理，既在道理上说得过去，符合人之常情，又在实际上确实有着需要，但不是经常使用，却又很实用的配饰，业主及其家人做了这样的配饰，还是说得过去的。例如：走廊两端墙面上是可以做配饰的，为着“亮点”而配备醒目的壁挂物。虽然花了费用起不到很大的实用效果，却给家庭装饰装修起到“亮点”效果，给人带来了欣赏用途，便合乎情理了。然而，有的业主为实用将走廊一端的墙面上配装化妆镜，另一端墙面配饰悬挂装饰品，便是依据实际需要进行配饰，既显得合情合理，又有着实用效果，便是好的配饰。

13. 须知和谐配饰的奥秘

和谐配饰，即配饰得适宜和适当，给人一种很协调的感觉。家庭装饰装修配饰，必须做到配合适当和协调，才能达到满意的目的。眼观舒适，感觉良好，使用起来得心应手。要做到这一点，并不是那么容易的。配饰，既显示配饰物大小合适，又使得配饰物色调适宜，还同“硬装”色彩协调，便能呈现出和谐配饰的效果。

配饰是一个系统的工作，既涉及物件种类，又涉及方方面面。在很多人看来，配饰很简单，不复杂，只要能给空荡荡的空间配备上需要的物件，就有着家庭装饰装修居住和使用实际用途。假若真如这样一种简单情况，便用不着劳力费神，下功夫来做，应付了事。确实，在现实中，有不少业主及其家人对待家装后期配饰的做法很简单，按照自己的意愿做配饰，既不按照设计人员的设计方案去做，也不做精心谋划和计划实施，完全是一种随心所欲的行为。其结果出现了“家具市场”，连活动的空间也被占据，色彩上五花八门，深色浅色，大图案小花样，混成一片，没有一个章法，显得非常的紊乱，根本谈不上和谐配饰，给业主及其家人一种狼藉的感觉。

其实，随着人们生活条件的提高，居住面积从小到大，本是一种生活质量提升的开始。住宅居室做了精致装饰装修之后，其居住质量提升便有基础，只要能“百尺竿头，更进一步”，为做好配饰，花一点功夫和精力，或者按照家装设计人员的设计方案，并结合自己的意愿做好配饰，必定比仅凭自己的一种热情盲目做的配饰要好得多，能呈现出和谐的状态。

做家庭装饰装修配饰，达到和谐的要求，给人一个良好和舒适的感觉，家具配备得体，留有足够的活动空间，色彩协调，有着美观和清秀感，其他配饰物显得适用，给人感觉良好，留下深刻美好的印象。其配饰效果，不但有着配饰和谐的舒畅性，而且还深刻感到配饰给予居住和使用带来好的效果。现代在中国是先解决温饱问题，觉得衣食无忧后，便是改良居住条件。如果有着良好的条件，不能充分地利用，却是人为地给予破坏，显然是不会或做不到提高生活质量的事情。

做不来和不会做出和谐配饰不要紧，要敢于放下虚荣的架子，虚心向内行学习，又肯下功夫钻研，是一定能见效果的。应用短时间做出家庭装饰装修的配饰，在长时间内享受着其中乐趣，让自己的居住条件，因为一时的虚心学习和下功夫，便能解决大问题，实在是值得且有着意义的事情。

14. 须知实用配饰的奥秘

做家庭装饰装修，首先要把握的是实用，其次是美观。仅为美观，而不实用，则是本末倒置，把好事做砸了，是得不偿失的。同样道理，做家装后期配饰，无论是做得和谐美观，做出“亮点”、档次和品位，还是做出风格、特色和精巧，都要为着实用服务，有着实实在在的用途。不实用的配饰是徒劳的。像选用硕大的家具，将使用空间挤得满满的，没有活动的余地，显然不实用；布艺美观，色彩迷人，却遮不了光线，挡不住噪声，也是不实用，壁挂物漂亮好看，神气活现，却给居室内造成严重的“煞气”，没有了和睦之感，同样是不实用；灯具配得不适宜，或大或小都不实用。过大给人一种压抑感，过小亮度不够，起不到应有的作用，甚至配装的吊灯具，还有点碰着头，出现安全隐患等。这样的配饰，当然不合适，更不实用。

家庭装饰装修的配饰，同做“硬装”一样，都是围绕着实用进行的。不实用，做得再好，其意义并不大。只有做到实用、美观、和谐、舒适的作用，也就自然而然显现出实际效果。配饰做得美观和有效果，是为实用服务的。例如，住宅居室中，配饰的家具，从其框架大小和色彩都很得体，便会呈现出实用和美观的效果来。窗帘的配饰，在城市闹市区能起到遮光降噪和防尘隔热的作用，便是实用的。像配备的茶几，架起来能摆放茶具品茗，抽掉中间一块板放在面上，又成为两人对弈的用具，做到一件物品多个用途，便是实用的。

实用，即有着实际的用处，不是虚有的，而是有着很好作用。做家庭装饰装修配饰好不好，便在于能不能实用。做的每一个、每一件和每一项配饰，必须想着有实用价值。有的配饰是很有现实价值的。如果没有其配饰，家庭装饰装修的实用就有缺陷。像配饰一张写字桌，是为学习、写字和家庭办公使用的，配饰一张长形沙发，是为着给人休息或睡眠使用的。如果没有配备写字桌，便没有学习、写字和办公的地方；没有配备床铺，便没有睡眠的地方；没有配备灯具，夜间就没有照明，造成行动很不方便，或者无法行动；不配备窗帘，便无法遮光防噪、防尘和隐藏物品等。每做一样配饰，都为着其有实用价值。为着实用能得到好的价值和效果，便要在配饰上做出好文章，致使其有着档次、品位、适宜和美观，以及和谐。因而，做家装后期配饰，要围绕着实用，舍得下功夫，费精力，花钱财。不然，便可能出现不方便，不实用和很难堪的状态，就不好了。

做好家庭装饰装修和后期配饰，都为着一个实用的目的，为着提升现代人的生活质量。配饰做得好不好，能否达到实用的效果，是给予做家庭装饰装修最实际的检验。为此，一切配饰都为着提升家装实用来进行。如果做到实用，又能体现出美观、适宜、和谐、档次和品位，其配饰便实现了应有的目的。

15. 须知文化配饰的奥秘

现时社会家庭装饰装修，越来越重视文化成分。文化，即指人类社会历史过程中所创造的物质财富和精神财富的总和。尤其显示出精神财富的内涵。以往，在给家装做配饰，只有少部分业主重视文化的配饰，显现出同一般人不一样，体现出自己是一个文化人，比他人有着多样财富。到二十一世纪来，想进入文化行列的人越来越多。重视文化也就成为家装配饰必不可少的成分。

文化配饰，不仅仅是在墙面上悬挂古字画一类藏品，已经发展到“硬装”材料和配饰物上。在铺贴地面或墙面，以及胶贴饰面板材上，都有着浓厚的文化色彩。在配饰物上，选用的家具、灯具和布艺等物品上，都显现出文化的标志。有这样标志的配饰物，很明显地向人们展示出很浓的文化氛围，让人有着不同的感觉。

一个家庭装饰装修配饰，能增加文化色彩，显然不同于一般。这一类业主日益增多，给人一个强烈的信号：中国社会在进步，经济在发展，生活在提高。中华民族的光荣传统在得到继承，中国人的文化观念在增强，并且向着文明和民主在发展等。本来，中国是有着历史悠久的文明古国，有着光辉灿烂文化的伟大民族。从古代流传下来的文化遗产需要继承。如今，随着经济增长和生活的提高，越来越多的业主追求精神财富的愿望日益强烈，将中国丰富多彩的文化精髓挖掘出来，展现在家庭装饰装修中，又从另一个角度深刻体现出中国人是热爱文化，中华民族是崇尚文明和文化发展的。有着浓厚的文化基础，科学发展会更加日新月异。

在文化配饰上更明显体现出来的是每一家庭装饰装修中，都有书房配饰的不再是物质财富，而是精神财富和用于产生精神财富的工具。像电脑、钢琴、电子琴、二胡和小提琴等，以及各类的书籍。这是过去家庭配饰不多见到的。只有那些文化人才有的物件，现在已成为“平常人家”家庭装饰装修配饰中普遍能见到的。呈现出的是浓浓的文化色彩。在将来的家庭装饰装修配饰上，其文化配饰成份，会越来越多，是业主回避不了，也少不了的重要配饰。

做好文化配饰和增强家庭装饰装修中的文化氛围，一定要引起广泛的重视。特别是作为家庭装饰装修和其后期配饰的谋划设计及施工，是从事家装职业人员关注的重点。以往，设计人员在做家庭装饰装修"硬装"和"软装"即配饰的设计时，很少对文化成分作考虑，大多从造型和色彩上肯下功夫，如何使家庭装饰装修做得实用和美观，而从文化上多体现出其作用和展示出功能，却很少做谋划和设计，显然是难同步于现代家装和配饰要求的。同样，作为广大的业主及其家人，在做家装和配饰时，也需要在增加文化色彩和氛围上多用些功夫，多花些精神，多费些钱财。不然，会落后于形势要求的。作为现代人，不管是从事家装职业者，还是业主及其家人，不要小看了文化配饰的潜力，其给予家装市场的作用力是巨大的，切不要因小失大，一定要把握好文化配饰的脉搏，获得主动权。

16. 须知时尚配饰的奥秘

如今，社会发展呈日新月异状态，尤其是中国社会改革开放以来，不仅发展中的新事物、新情况和新时尚，不断地向人们涌来，而且向前进步的新潮流、新趋势和新面貌也时刻向世界展现。因而，作为新家庭的装饰装修配饰是不能墨守成规，故步自封和以龟步形态来对待，必须有着赶潮流、赶时髦和赶时尚的方法进行。

时尚，即当时崇尚的风气、爱好。在现代社会中，不少业主很讲究时尚，尤其是年轻业主更加将涌现出来的新事物、新潮流和新时尚作为纪念性的东西承袭下来，应用于"硬装"和配饰中。一方面在当时情况下，很吸引人的眼球，博得广大业主及其家人的喜欢，有着激情似的体现；另一方面可作为一种标志性的纪念，反映出业主自身曾经历过社会中某个新事物或新事件。并向后人传承，给自己积累人生经验。显然给家庭装饰装修作时尚配饰，是一个很不错的主意。

本来，人天生便有着爱时髦，讲时新，弄时尚的秉性。为家庭装饰装修作时尚性配饰，不仅很容易迎合当时社会和业主自身的喜爱，而且在今后一段时间里，能呈现出独有风格特色，作津津有味的欣赏，还可以在很长的时间中，有着无限回味的意义。随着社会发展和时代的进步，时尚的事物会层出不穷地发生，时尚作为一种风气和爱好，不断地成为配饰内容，是一个无限乐趣，无穷变幻和无尽改变的难能可贵的好做法。

做时尚配饰，对于一般人在其特殊情况下，能抓住时尚特征，必然会呈现出独有特色来。许多的家庭装饰装修配饰，就是从个人喜爱中，能抓住某个特别的体现来做的。如果是真正抓住了时尚的东西，又能应用一种形象的物件表现出来，必定成为有着个性特征的独有配饰的。这种配饰，不但会让业主及其家人喜爱和感到自豪，而且还会获得不少人的称羡和无限向往的。做时尚配饰，关键是能抓住时尚特点。例如，某段时间里，社会上兴起某种物件，或流行某种色泽。做家庭装饰装修的设计人员，在其设计中，或多或少地会点缀出时尚的印迹。不过，这种点缀给人们的印象是很模糊的。作为业主及其家人有着时尚的爱好，便可以顺其自然地从配饰上明显地体现出来，一方面可以同“硬装”风格特色统一或协调起来，另一方面又为做出特色“硬装”和配饰创立条件，是再好不过的。

时尚，有着即现即逝的特色，呈现的时间并不长，需要善抓善用，能在短时间内应用和体现在家庭装饰装修配饰上，并不是一件很容易做和做得好的事情，不但要有着敏感性和做有心人，而且要有善于抓住和善于体现的能力。如果不能抓住其特色，是做不好的。那样，便不能表现出时尚特征，让自身无所适从就不好了。假若做不好或做不出，还不如不做。时尚，有时候反映其特征是很明显的，只要业主及其家人有心和早有准备，又充分地发挥自身主观能动性和创造力，行动迅速，做出时尚配饰是完全有可能的。要做就做好，把时尚配饰真正呈现在家装中，便是一件很难得的好事情。

17. 须知新颖配饰的奥秘

新颖，即新奇而别致。给家庭装饰装修做配饰，无论是按照“硬装”风格特色做统一或协调性的，还是以业主及其家人喜爱做出的效果，都必须要显现出新颖来。同时，给予一样的装饰装修风格特色做出的配饰，不是另辟蹊径，另找门路和另有创新，都以“拿来”的做法，人云亦云，显然是做不出新颖配饰的。只有大胆地应用新观念、新格调和新材料，按照超潮流、超意识和超特色的方法做配饰，必然会创造性地发掘出新颖的效果来。

想要得到配饰新颖的效果，关键是要有所创新，不能简单地“拿来”，必须要有着新激情、新点子和新做法，随着时代进步和科技发展，人们对于配饰像做家庭装饰装修一样，时时出新，期盼升高，对新颖情趣有着更加广阔和更深层次的扩展，其标准越来越高，才会体会到新颖性的。例如，在广大业主及其家人提出环保健康的新理念时，不仅要求“硬装”做到，而且要求配饰也应当做到。给家庭装饰装修的配饰呈现无毒、无害和无污染标准，在外形上给人一个新鲜、新艳和新意的感觉，出现让人眼前一亮和无限的兴趣来。而且，要求配饰能出现新颖的观赏性，使业主及其家人充分体会到这样的配饰，才是有着真正质量的生活基础，有着舒适、健康和情趣的居住生活，实现以人为本，改善民生，改进民意，改变民情更高标准推进的家装好配饰。

做出新颖配饰，应当要求做家庭装饰装修设计人员思维和观念有突破，在做新颖性家装设计时，对配饰设计也要紧紧跟进，不能停留在应付的态度上，认为“硬装”设计是自己义不容辞的责任和义务，配饰则是业主自身的事情。必须有着配套似的设计理念，还要有着突破性的思维，才能出现更多新颖的配饰来。仅凭业主及其家人来做配饰，能出现新颖性效果还是有限的。因为，业主及其家人受到专业性局限，发挥潜力也有限。如果设计人员能主动地给业主当“军师”和做“参谋”，出现新颖配饰的成功率会大得多。因而，作为家庭装饰装修设计人员理应当有着积极主动的态度，在配饰上多下一些功夫，多费一点精力，不能以一种不负责任和保守性态度，做配饰设计，却要全身心投入。毕竟家装设计人员做配饰设计，不会像业主及其家人的不懂“行”，有着盲目性，或是脱离着家装做配饰，犯下张冠李戴的错误。这样，有着设计人员的设计基准，也使业主及其家人有着选择的“余地”，做出新颖性配饰。其实，提出这样做的要求，也是在检验家庭装饰装修设计人员的专业功底、用心态度和责任心。凡是有着专业能力强和责任心强，以及愿意在配饰上多出新颖效果有大建树者，是会尽其所能和创造性地发挥作用，做出更多使业主及其家人欢迎的新颖配饰的。

18. 须知个性配饰的奥秘

做家庭装饰装修配饰，是很强调和看重个性的。针对不同的家装配饰应当从表现个性做出效果，而不应该放弃突出个性。有个性的配饰是有着吸引力的。个性，是指一事物区别于其他事物的个别的特殊性质，有着单独性。其实，在表现家庭装饰装修的配饰上，能够达到业主特别喜爱和其个人习惯要求，便能出现个性配饰效果。

给家庭装饰装修配饰，面临的对象和出现的情况是多种多样的，或多或少都有着不同。除了个别业主喜欢按照别人的式样、色彩和风格特色做以外，大多数是要求依据自己的意愿进行的。特别是依据设计人员的设计要求，做选择性的配饰，必然能做出个性配饰来。一般情况下，设计人员在做“硬装”设计时，便会依据业主及其家人意愿和住宅实际情况，以及周边环境，尽可能地做出个性特征的设计，给予配套的配饰设计，也是依据不同业主意愿、居室装饰和其他情况来做的，必然会出现许多与别人的不同，便产生出个性特征，这种个性特征虽然掺着设计人员的“共性”，却还是以业主及其家人的意愿为主，其个性还是很鲜明的。如果是有主见的业主，只是对设计人员的设计方案作为基本参考，大多数是依据自己的意志进行的。从选材、选色和选样等方面，严格地依据自己的喜欢爱好和习俗习惯，以及对家庭装饰装修的认识理解做配饰，其个性特征必然会呈现出来。例如，年轻型业主这一群体，由于经历、职业和素质结构不同，对家庭装饰装修的理解和认识也不同，在给家装做配饰时，出现的情况显然是有着很大区别的，这些区别便是个性配饰的体现。而个性配饰的最大特征，就是个人喜欢和值得自身欣赏，独有其成的。还有是以职业标志做配饰，也能体现出个性特征。不过，这种个性特征，必须是以自己的创意来做的，而不是简单的“拿来”，才能呈现出个性。若是简单地将职业标志呈现在配饰中，不能融入个人的独特创意，不但形成不了个性特征，还有着雷同感觉，便不是个性配饰，更不是好的配饰。

社会人员千千万，职业万千行，业主万千个。作为从事家装职业的设计人员，不可能对行行都了解和懂得，对于有的行业甚至根本不知道。然而，各个行业的业主都要做家装和配饰。以职业标志做个性配饰设计，还是很有限的。因而，家装设计人员要善于学习和善于抓住不同职业特征，针对不同业主个性和其职业特征，从中能体会和体现个中精髓，才有可能为做出其个性配饰创造条件，做出好的个性配饰。

按理说做出个性配饰并不难，只要从各个不同业主及其家人的习俗、习惯和爱好下一些功夫，就会容易得多。然而，往往这种“容易”会出现相同之处。只有在设计人员的配饰设计中，让各个业主及其家人从其配饰设计的认识和理解，又善于按照自己感觉去做。同时，还能有着大胆的创新作为。这样，出现个性配饰的可能性会大得多。还有是在选择配饰物品时，又能冲破“市场”的局限，不在一个式样，一种色彩和一样物品上做选择，却能按照自己意愿选材料、做式样和换色彩，其做出个性配饰便有着更多的把握。

19. 须知环保配饰的奥秘

环保是近年来国际社会依据自然情况变化，对自然环境提出新的要求，为的是让人们生活在一个美好健康的环境里。从给家庭装饰装修到居住生活，要求将其污染控制在人体允许的范围内，达到国家或国际规定的标准。自从国际社会倡导的“低碳减排，绿色生态”生活条件后，中国社会在家装中，积极参与到这一要求中去，提出了“低碳装饰”的理念。于是，在整个行业里，大力倡导按照环保健康的标准实施，从而也得到广大业主及其家人的热烈响应。

在做了环保健康的家庭装饰装修之后，后期配饰也应同步地进行环保的。因为，后期配饰涉及的范围很广很多，难免出现污染物混入其中。最大隐患是用于加工家具的材料，大多是人造材料。如果在用材上选用的是劣质材料和非正规厂家生产的。其中含有的有害物质是超量苯和甲醛等，会对人体和环境有着危害及污染。因为，购买配饰的家具由厂家加工出品。其用材、胶粘和涂饰是否为正规厂家生产的，很难从表面上看得出，只有通过相关部门检验才能知道。正规厂家出品的家具，其选用的主材和应用的辅材，是由有关部门检验和控制的。如果没有得到检验和控制的家具，其环保性也不是完全靠得住，必须慎之又慎。如今，运用机械设备生产的家具，其外表是相当好看的。由小枋木拼接起的大木枋和板材，比过去用人工相拼的要好得多，关键是应用的胶粘剂是否是正规厂家出品的。如果胶粘剂及其辅助材料发生问题，对于家具环保性是达不到国家规定标准要求，将其作为家庭装饰装修的配饰物品，显然同环保配饰背道而驰。

同样，其他的配饰物品，其环保性达不到国际或国家规定的标准范围，也是选用主材和辅材出现的问题。像布艺和地毯等加工，都需要采用正规厂家出品的。还有复合材料加工出品的沙发、坐凳和坐垫等，都必须是环保的配饰品，要严格把关，不能出现任何污染问题。人们对市场上有些家装配饰物品告诫道："外表冠冕堂皇，实际败絮其中。"在做家庭装饰装修配饰选购时，要特别注意避免发生这一类问题。

做家庭装饰装修配饰，要求做到环保健康，其中，还有一个很重要的方面，却又常被人们忽视和发生误解的，便是做配饰能起到防尘防噪通风采光好的作用。一说防尘防噪，便将居室内封闭得严严实实。这样，虽然能防止粉尘和噪声的侵入，却也降低和减弱了室内的自然采光和通风条件，是不能长期下去的。必须有着妥善的解决方案和方法，使得自然采光和通风保持好的状态，才能给予业主及其家人建立一个舒适、舒服和舒坦的居家使用环境，符合环保配饰的标准。

20. 须知动态配饰的奥秘

所谓动态，即事物发展变化的情况。为使家庭装饰装修配饰保持良好的状态，除了依据现有的条件做好配饰，能呈现出特有的效果外，应用动态配饰方法，给予其配饰不断持新和良好状况以无限的优势。

按照人们生活习惯，在做新家装配饰时，大多是依据居室面积大小，将储藏柜、沙发和茶几等家具的摆放在墙面的一角，或靠一面墙的中间，或合围着，使用起来出现不如人意的情况，便按照另外一种方式做改变性摆放。这样，一方面可达到功能使用要求，保证不出大的差错，另一方面又给予业主及其家人一种新鲜感觉。提升居住和使用配饰的兴趣。同样，对于其他配饰物的布置，也是先按照业主及其家人情趣爱好和欣赏习惯进行布局或布置的。时间长了，便不会注意到这些配饰物品布局或布置状态，其情趣和欣赏也随着降低。为此，能提高对配饰物品长时间性欣赏力和兴趣性，便有必要做动态性配饰，有意识地将习以为常家具摆放和配饰物品布置做动态性变化，或增加，或减少，或调换，或添新等。例如，像家具购置和摆放，要针对居室空间面积，有的放矢地进行一些变化。如果原有摆放为的是分出活动区和休息区，在经过一段时间后，觉得不怎么适合个人生活习惯要求，便毫不犹豫地进行方向性或功能性摆放，成为分出明亮区和安静区，便要适合个人生理感觉了。还有针对老年型业主，觉得家具摆放有碍于夜间起解不方便，或者家具面角阻挡其行动，便要变换一个摆放位置，或者更换方便用的家具，就是很好地利用动态配饰做法，有益于业主及其家人的居住生活。

还有是对于布艺的配饰，对客厅、餐厅、主卧、次卧、书房，以及活动房等，都是很齐全的。但花色式样，会有些不一样。在使用一段时间后，会有着不以为然的感觉。于是，便有意识地将各居室熟悉的配饰进行相互间的调换使用，将客厅的同书房，或活动房，或主卧进行互换，或交叉换着使用，无论是窗帘、门帘和其他配饰物品，还是壁挂物和摆饰品及欣赏物等。如果有条件的业主家庭，则可以不时地添置新的壁挂物，或字画等配饰品，做动态性配饰。这样，做动态性配饰和经常性的变动，必然会使住宅居室气氛发生情趣变化，给业主及其家人增添不少兴趣和新鲜感来，以提升观赏性效果和居住趣味，也会给来访宾客增加欣赏情趣，增强家装配饰的生命力，延伸其使用效果。

九、须知环保健康奥秘篇

环保发展和健康生活及和睦家庭，是当代中国社会发展的主旋律。实现环保健康的家庭装饰装修，则是广大业主及其家人，积极向往和热切期盼的居住使用效果，也是提升人们生活质量的基本条件，有益于社会发展和时代进步。如何实现这一美好愿望，达到环保健康的家装效果，其中必然有着不少的“奥秘”需要去揭示，去挖掘，去了解和去懂得，只有懂得和清楚其中原委就好办了。要做到和实现环保健康的家庭装饰装修，涉及设计、选材施工和配饰等多个环节，也涉及人们的意识和行动，广大业主及其家人要以自己的一言一行、一举一动，创造出自己感到满意的居住使用环境，实现美好的愿望。

1. 须知环保家装的奥秘

环保家庭装饰装修，已成为广大业主及其家人最关注的事情。所谓环保家装是要求做的家庭装饰装修，不要给自然和社会环境造成人为的污染，而是要合理地利用资源，即自然资源和社会资源，防止环境遭到破坏，给家庭居住环境造成污染，以求自然环境同人文环境、经济环境和家庭环境得到改善和获得好的效果。

具体到家装，就是要求做家庭装饰装修时，节约资源，减少污染，做到以自然、安全、实用、美观、清洁和舒适为目标，进行有利于健康、环保和生态，以及有利于居住条件的事情。而不是给自然环境和社会环境造成污染和破坏。要做到这一点，很重要的是进行科学设计、科学选材和科学施工，以求达到最好的家装效果。不过，这种环保家庭装饰装修是相对而言的，不是绝对的。例如选材方面，虽然每个家装业主都极盼选用环保绿色材料，在现时的装饰装修用材市场上，为迎合业主及其家人的心理，到处打着“绿色环保”的招牌。而能够真正达到标准的却不多。像国家油漆中，通过环境保护标志认证的产品不超过10%，瓷砖和实木地板通过环境保护标志认证的产品不超过30%等。大多数材料，都是有害的物质控制在国家标准允许范围的。不少冒牌的环保产品，其含有的有害物质必定是超过标准。因而要求做到环保家装，只能是相对而言，不能绝对。

从现时用材条件和施工方法来看，要实现环保家庭装饰装修，是难以做到的。只能从防止和减少装饰装修污染对人体和环境危害，多下一些功夫。从设计上尽量做得好一些，多应用自然通风和采光条件，尽可能地选用符合环保要求的材料，降低住宅居室内空气中有害物质的含量，多给室内空气自由流通的空间，有着良好的自然通风、采光和安全条件。在施工操作上，不要造成破坏性的装饰装修，随意增加楼地面的荷载。尤其是堆砌装饰装修材料，便是增多有害物质的污染成分，给室内自然流通增加了障碍，都是不利于环保家庭装饰装修建立的。家庭装饰装修利在简约而不繁琐，不适宜过多使用各种材料。而且，通过设计和施工能建立室内一个安静、洁净和文静的条件，达到生态环境功能、休闲活动功能和景观文化功能于一体的生态环境住宅，形成身心健康、精神愉快和环境优雅的状态，便有着环保家装的意味。

2. 须知生态住宅的奥秘

生态，从简单意义上指一切生物的生存状态，以及它们之间与环境之间环环相扣的关系。如今，人们常用"生态"来定义美好的事物。生态住宅，便是说的健康、环保、美好及和谐居住场所。要想达到这样一个目标，必须要求在做家庭装饰装修时，尽可能地为其创造条件，致使装饰装修后的家庭居住和使用环境是环保健康和美好安全的。

对于住宅达到"生态"标准，针对做过的家庭装饰装修，无论使用何种检测方法，都能得出其检测结果是居室内无污染、无公害和无噪声等，是一个安全、安静和安保的环境效果。给人一个美好和谐的生存环境，有着健康无伤害人体的保障；有着良好的通风和采光条件，在居住和使用中，不存在任何不利于人体健康的隐患，没有任何不舒适、舒服和舒畅的危害。例如，家庭居室中垃圾都是密封式存放；到室外有着良好的物业管理，废弃物有着处置系统，环境显得干干净净，清清爽爽，处处是鸟语花香，空气清新，给予人的是愉悦快乐，无忧无虑和自由自在的生活条件。

同时，自然条件相对要好，居住使用的住宅环境能够做到冬暖夏凉，不要人为地创造条件驱热保暖。而且，能将生活用水和雨水进行循环处理可再利用，形成一个节能保健的生存环境。使得一个家庭在其中居住和使用，不但觉得实用，而且感觉舒适。做家庭装饰装修，在中国是以实用为主。实用不仅是在"硬装"上，而且还在"软装"上。其实，"软装"比"硬装"的实用更重要。生态居室就是将"软装"的实用放在第一位，有着健康环保的居住和使用条件。要做到很不容易，一定尽可能地去实现，才能达到现代人做家庭装饰装修的愿望。

做到舒适，是给人一个美好的精神休息港湾，才能真正体现出家庭的意义。如果家庭装饰装修连这一基本的条件都做不到，何谈生态居室？因而，对于做过家装的住宅居住和使用，能达到环保健康和舒适好用的标准，除了居室内有着好的自然通风和采光条件，还可以进一步地将"大自然"引入家庭中。在条件允许的情况下，给住宅居室中和阳台上，摆放植物和奇石等盆景，帮助居室内调节空气和气氛，让"生气勃勃"进入住宅中，便有着生态的意味。不过，对于住宅里引进的植物，应当是有的放矢的来做，而不是盲目做的，才会使生态在住宅居室中发挥更有效的作用。

如今，人们不再是受文化教育很少的群体，大多数业主有着高等教育的经历，特别是年轻业主更是如此。因此，针对生态住宅居室的条件，不要少了文化氛围。

在居室中的空间和墙面布置和陈设摆放，都要体现出文化品位特色。一方面是体现出当今时代的业主接受文化教育多是高等的，另一方面是体现出业主们的文化内涵是丰富的。有着文化品位和氛围的住宅居室，更能反映出生态性。千万不要将现代业主们最重要的一面，在生态住宅中给掩盖。业主们很看重“人创造环境，环境会影响人”的做法。创造出一个生态住宅，一定在把好“硬装”关的同时，把握好“软装”关，让自己和他人都深刻感受到有形的生态住宅景象。

3. 须知低碳家装的奥秘

低碳家装，是以减少住宅居室气体排放为目标，以低能耗、低污染为基础，注重家庭装饰装修中的绿色环保设计，可利用资源的再次回收装饰产品的环保节能等，从而减少住宅居室生活中的二氧化碳排放量。是以适应社会发展和时代进步提出来新的家庭装饰装修理念和目标，是值得提倡和实施的。是利于当代，功在千秋的伟大事业。

提倡和实施低碳家庭装饰装修，要求实现环境保护，就得先走这一步。其工作和作用便需要从做家庭装饰装修设计开始，把住设计关。再从选材到施工操作，以及质量保障，都是围绕着低能耗，低污染和低排放为目标进行的。例如，住宅空间设计，是要有效地利用自然资源，多用自然采光和自然通风，减少照明设施和空调的使用，便有利于降低二氧化碳的排放，也可以运用红外线感应灯光开关系统节约电能。同时，作为好的设计，在选用材料上，多采用环保、易再生和可回收的，少用或不用原木材，多用复合材料，以减少自然原材料的浪费，有利于保护自然资源，减少施工工地带给自然和社会的污染。由此，要促进环保材料的生产，不再乱用和滥用有害材料，使家庭装饰装修危害自然环境和人体健康。

由于实施“低碳家装”，必然会促进科技的发展和进步。运用高科技低碳系统，充分地利用可再生能源，减少和降低对自然资源的浪费，实现低碳家庭装饰装修的可持续发展，创建广大业主及其家人能使用的太阳能采光系统、家庭净水系统、软水系统、雨水收集系统、空调地源热泵系统和新风换气系统等，使家庭装饰装修后的居住和使用得到环保和舒适。

随着高科技和低碳系统的发展，又会促进家庭装饰装修行业及其产业的进步，形成产业配套标准，从而建立健全家装基地化生产。集成化装配，物流化配送，以产业化集成技术为支撑，不断创新，不停开拓，不断发掘，逐步整合家庭装饰装修的产业链和配套，改变工地现场零散制作，实现工厂化集成制作的转变。尤其要实现一站式集成家居，帮助业主及其家人解决设计、选材、施工和家具，以及配饰等所有问题，真正实现家装一步到位的全程化服务。这样，不但可以大幅度地减少材料浪费，缩短工期，节约劳动力，而且致使施工操作不再出现大动土木，造成多方面污染，形成良性循环，保护生态环境。

4. 须知简约家装的奥秘

简约家装是实现环保装饰装修，一个不可或缺的方式。简约家装同简单家装是大不同的。简约家庭装饰装修是精致家装的一种形式，是力求简洁扼要的装饰装修风格特色。呈现出简洁，单纯明快，形少意多的特征。体现的是简洁而不简单的品位。

人们对简单家装有着印象，而对简约家装不了解。简单家装，主要指给住宅内部做了简单的装修，客厅和卧室地面、墙面和顶面是建筑装修的原样，不再刮仿瓷和做面层涂饰。厨房和卫生间的地面、墙面和顶面做了建筑装修。卫生间有内门和蹲便器、水龙头及简单的照明灯具。其灯具是日光灯或灯泡等。厨房内有料理台、水龙头和洗涤盆，以及简单的灯具照明。阳台是建筑装修的式样。简装是能够做居住和使用的。但比较简约装饰装修是没有那么实用和美观。却比毛坯房好多了，至少能居住和使用。

简约型家庭装饰装修，是精致装饰装修的一种式样。比高档型和豪华型家装，在外观上要欠缺一些，却不失为有着其特征。实用方面没有多大区别。主要体现在使用功能齐全，把实用摆在第一位。一个家庭装饰装修，不管是三居室、四居室，还是二居室，很注意使用方便和舒适，把精致装饰特点都应用到位。尤其在储藏功能方面,尽可能依据业主及其家人的实际情况做得很好。从表面看其“硬装”不是很繁琐，显现出简洁明快的特征，繁简很恰当。对有重点和亮点的部位做得很齐全，该繁则繁，该简则简，不罗列和堆砌材料，有着干练扼要的装饰装修风格特征，给自然采光和通风带来很大方便。不像有的家装为着所谓的高档型和豪华型去堆砌材料，反而给自然采光和通风造成诸多不便，有形无形地阻碍了自然采光和通风。

简约型家庭装饰装修，是从设计开始，把握着简洁和实用的特征，尽可能地少用材，使整个居室为着多能利用自然成分创造条件。用材不多，施工不繁，有着标准温馨型的优势，必定能令业主及其家人居住和使用感到很满意。

其装饰装修有着标准型特征，温馨型效果，把住宅居室环境改善达到精致装饰标准。其最大的优势是给后期配饰带来诸多方便，好比在一张白纸上，任由业主及其家人做配饰，能精心配饰成高档型和豪华型的家庭装饰装修效果。

5. 须知健康家装的奥秘

健康的住宅，是由优质的家庭装饰装修创造的。在现时代人们普遍追求高质量生活中，健康环保的居住和使用住宅，理所当然地成为追求的目标。因此，想要获得理想的高质量的生活条件，把握好健康的家庭装饰装修，是不可缺少的重要条件之一。

把握好健康家庭装饰装修，其目的是给人们创造一个环保适宜的住宅居室环境。做健康的家装不会引起致人过敏症状和不适应状况，更不要说留下后遗症的化学成分，长期地散发在室内空气中，对选用材料和不好的施工操作方法，形成的一类有害物质能在很短的时间挥发出去，不给业主及其家人的人体造成伤害，也不给室内外环境造成影响。在做家庭装饰装修中，能依据具体情况，对那些自然采光和通风条件不是很好的居室，创造条件，增加太阳能光照和换气性能良好的换气设施，提高居室内的采光和通风效果，致使室内不良气味，或有着污染性的气体，及时地排出室外，散发殆尽。特别是针对高气密性和高隔热性的状况，更有着专用的设施，给住宅居室内带来环保健康的生活条件。

健康家庭装饰装修，能为整个住宅居室，含有客厅、餐厅、走廊、卧室、书房和活动室等，全天候的温度和湿度都保持在良好的状态。特别是厨房在工作时间内，造成的有害气体能得到及时地排除干净，不能让残留的有害气味流入或滞留在住宅居室内，给人一种难受的感觉。居室内的二氧化碳要求低于1000PPM；室内飘浮的粉尘浓度必须低于0.15mg/平方米，家装给予密封性，能防止噪声的进入，隔音防尘性良好，致使室内的噪声影响小于50分贝（A），即使室内因某种因素产生出大于50分贝（A）的噪声，也能很快地被吸收，不能对人体带来不舒服的感觉。特别是对小孩和老人的噪声影响能起到很好的消音效果。

在家庭装饰装修后，对于业主及其家人在居室内的日照能保持在3小时以上，即使是对于“暗室”的光照，虽然没有直接的阳光射入，也有着间接的光线给予照射，其自然通风状况是非常好的，不会受到家装的影响而阻碍，只会给予增强和提升，既给予人为光照的保障，又给予充分的通风，住宅居室生活、工作和学习等不受到任何影响，也不会对人体造成强光刺激或气温增高，应该是一个和谐适宜的光照和通风条件。针对老人和小孩，以及行动不很方便者，能创造一些条件，给予其使用上的便利和实用，让其也很深刻地感受到装饰装修是很有人性化的。

做健康家庭装饰装修，不管是处在一种什么环境下，能给业主及其家人的居住和使用带来方便和健康的帮助，而不会造成这样或那样的影响，才是有益于提高和改善生活质量的健康家装。

6. 须知家装选材的奥秘

做家庭装饰装修要达到环保健康的目标，关键是选好材，用好材。可以说，家装发生的问题，存在危害物质伤害人体健康，污染危害环境，主要原因是选材不精，用材不准造成的。环保健康的家庭装饰装修，能使人在身体上、精神上和生活上，完全进入一个良好的状态。如果在选择材料上出现问题，或是由施工操作人员在用材上偷梁换柱，应用劣质材料替换优质材料，便会使得家装出现业主及其家人意想不到的情景，引发出各式各样不良症状。人们曾对不良家装总结出10种不适宜。即：清晨起床，感到憋闷恶心，甚至头晕目眩；过去很少感冒的家人，变得容易感冒；虽然不吸烟，却经常感到咽喉不舒服，呼吸不畅；家里小孩常咳嗽，免疫力下降；家人常有皮肤过敏等毛病；住进新装的住宅，全家人得一种说不清道不明病，离开一段时间，其疾病症状消除；新婚夫妇长期不孕，又查不出原因，或是怀上孕胎儿也不正常；放进室内的植物叶子容易发黄、枯萎；新装修的房屋中的宠物莫名其妙地死亡；走进新居室有着刺鼻或刺眼的异味等。其症状同家庭装饰装修选材有关，显然不是环保健康的家庭装饰装修。

从选材原则上，要求选择正规厂家出品，有着国家相关部门检测认证，有害物质控制在允许标准规定范围内，不会对人体健康和环境污染造成影响。有条件的区域，如能选用全环保的材料则更好。其实，全环保材料占有的份额并不高。每一种人造材料或多或少都有着排放物。即使是天然原木材的排放物，也有着水分和木材的气味，但对人体和环境是没有危害的。纯环保和无排放的材料是没有的。重要的是排放什么，对人体和环境有无影响和危害。例如，选用的木材有天然和人造的。如果选用的人造材料是正规厂家出品的，其排放物对人体和环境不会造成危害。正规厂家出品的材料尺寸也规范。像大芯板材是选用最多的。其材料就有着规范不规范之分。机拼板比手拼板要规范得多。手拼板一般是非正规厂家生产的，其含有的危害物质，便对人体和环境带来危害，不值得选用。还有瓷砖（片），按照正规厂家生产，有着严格的检测标准，其放射物的危害性都控制在国家或国际标准允许的范围内，是能够选用的。如果不是正规厂家出品的，就不要选用，其放射物构成的危害是很严重的。对于家庭装饰装修，无论何种原因，都不要选用天然石材。不管是进口的，还是国产的。想要使家装达到环保健康，则必须坚持不能选用。如果硬要选用石材给家庭装饰装修做装饰和使用，也只能选用人造真空大理石材。不然，便会使家装达不到环保标准，给业主及其家人带来的影响是防不胜防的，有时其危害是立竿见影，发生不好症状。其危害潜伏期在10年以上。作为一个业主选材做家庭装饰装修，是要美观、危害和辐射，还是要环保健康和实用？要求做环保的家装，就必须遵守选用环保材料的原则。

要做环保家庭装饰装修，一定要从选用环保健康材料做起，选用合格且环保，或少辐射性，以及没有危害人体和污染环境的材料是最关键的。同时，在做家装施工操作中，尽量少用材料，更不要堆砌材料，能尽可能地留出足够空间，给自然采光和通风创造出好的条件，便是为做出环保健康家装奠定基础。

7. 须知家装施工的奥秘

家庭装饰装修要做到环保，在做好选材的同时，便是把好施工操作关。家装施工操作看似简单，只要有着泥、木、油、水、电工技能的人，各按其工序和工艺技术要求施工操作就可完成作业。其实，并不那么简单。由于现在的家装公司（企业）体制和管理模式，显然造成了施工操作人员不是人们想象的那样，有着技能和经验，便能做出环保家装来。一般情况下，除了项目经理同家装公司（企业）有着直接关系外，其他施工操作者是没有关系的，是从劳务市场由项目经理临时召集来的。因而，造成施工操作人员素质高低不同，成分复杂，技能水平也不一样，从而造成施工操作质量有着很大差别。这样，对于家装环保健康就不是很可靠的。

在现有家庭装饰装修施工操作人员中，有相当多的是半路出家，并没有经过正规学徒和培训，能进行规范施工操作的人员，却是跟着干，又不是依规矩操作。像人们常说：木制者是“钉子木工”；铺贴瓷砖（片）是做土建的；涂饰工很少是从事家装专业者。而且，有的施工操作人员如自己所说：“是从家装施工操作中混出来的。”虽然这些人员的专业技能不高，操作不规范，却能吃苦耐劳，为了养家糊口干家装施工操作。因而，选用这样的人员做家装施工操作，不能做很好的组织和管理，要做出环保健康家装是很难的。必须从严格要求入手，包括其施工操作质量，其工艺技术规范，防止其偷工减料和应用劣质辅材现象。尤其防止其做破坏性施工操作和随意性乱施工操作。例如，破坏性施工操作，给地面铺贴瓷砖时，不找平地面，却随意地增加干铺层，增加楼地面的静荷载；或者任意刨凿地板和顶板，乱钻孔或切断预支件钢筋；不经穿管直接预埋电线或乱铺乱改电线路；破坏或拆改厨房和卫生间地面的防水层；对水、暖、电和煤气等住宅配套设施乱动乱改；对吊顶主木龙骨不应用膨胀螺栓紧固，随意钻孔使用木楔应用圆纹钉固定；铺贴瓷砖（片）不做选砖（片）和清洗，随意铺贴，造成大面积空鼓和不平整；批刮仿瓷不按照工艺要求做，几道工艺技术或工序，一次完成，形成批刮不平和开裂，无奈地反复做修补，造成有害气体多次污染等，显然不符合环保施工操作要求。

同时，不懂得季节气候变化，一味地按照一般常识施工操作，不能保证质量标准，出现这样或那样的问题。像雨季和春、冬季施工操作，同一般情况是不一样的。尤其针对容易变形和吸水的木材料，在码垛堆放时，不善于有序和架空式做“三叉形”码垛，防变形和开裂，却任意地堆放，造成大变形后，又不作整改就用于施工工件，致使其加工件不规范和变形，又不善于修理，甚至乱施胶整改，造成多余有害物质挥发污染环境。在不适宜的气候条件下，批刮仿瓷，不是按照其工艺技术要求施工操作，还借故赶工期，造成内湿外干的情况，致使整个批刮仿瓷开裂脱落，显然不适宜环保健康家装。

8. 须知家装方法的奥秘

进行环保健康的家庭装饰装修，没有正确方法和技巧，显然是行不通的。为要实现环保家装，必须选用好的施工操作方法。做每一道工序和工艺技术，要有着精湛的施工技术方法。如果没有精准和适宜的方法，是做不出环保健康的家庭装饰装修的。

像在中国黄河以南广大地区做家庭装饰装修，就需要有好的和正确的施工操作方法，适宜于春、夏、秋、冬不同季节气候的施工操作。特别是中国长江中下游区域，有着梅雨季节。在这段时间内，空气中的含水量是比较高的，对于人造木材和天然木材，以及加工出的木制品，经受着受潮、膨胀和变形的动态变化。阴雨天气，家装材料出现不宜用于施工工件因素增加。因而，在做家装木制件和木制品及家具时，要特别讲究施工操作方法，把吸水率高木材料做到适宜使用，不出现干缩湿胀加工变形，而造成加工质量差的问题。做家庭装饰装修施工操作，对加工件应注意防水防潮，适时打开门窗，保持良好的通风条件，有助于室内潮气减少。在铺设木地板时，要留出一定间隙，有利于干缩湿胀和热胀冷缩，保持好铺设质量。不过，最好的方法是，不要在雨季湿气更重的时间里，铺设木地板或强化木地板。而在中国黄河以北区域，气候干燥一些且气温低，应注意在冬季里，就不要做混凝土、干铺瓷砖、湿贴瓷片、批刮墙面或顶面仿瓷的施工操作。因为，在气温 5℃以下，做这些工序的施工操作，是不能保证质量的，更不要说能达到环保家装标准。虽然以中国黄河为界的南北区域，铺贴瓷砖（片）施工操作方法有些不一样，但质量标准是一样的，不能出现空鼓和脱落问题，必定要保证工程质量，是最重要的，必须依据不同情况，不同环境和不同气候等条件，实行适宜的方法，才有益于做出环保和高质量的家庭装饰装修。

要做出环保和高标准的家庭装饰装修，从设计到选材，以及施工操作，必须做到一次性保质保量地完成工程，不能出现返工和质量问题，是有益于家装环保质量达到标准要求的。要做到这样标准，不讲究方法且随着不同情况、环境以及气候条件，改变施工操作策略，显然是不能达到做环保健康家装要求的。其方法和技巧是多方面的，每道工序和工艺技术并不是一成不变便可以做到的。必然要讲究方法和善于总结经验，不断地提高技能和做适应的施工操作，把承担的工序质量做好，让业主及其家人满意，才是值得称道的家庭装饰装修方法。

9. 须知科技家装的奥秘

环保家庭装饰装修，仅仅依靠设计、选材和施工操作实现，还是有些“心有余，而力不足”的尴尬状况出现，主要在于受其条件的局限。由此，人们便想方设法地拓展渠道，寻找到运用科技手段打开局面，致使科技家装成为现实和推广普遍，做得越来越好，日益如人愿。

虽然说，天然原木材做家庭装饰装修件和木制品，很符合人们环保健康的心意，却因天然原木材资源的日益匮乏，让有着这种心意者或多或少地感到为难。于是，在制造木制品的同时，不断地利用科技手段，致使人造木制品更符合环保健康的要求。像纳米抗菌地板就是一种运用科技的家装用材。该地板运用了现代的纳米技术，在普通强化地板中，加入广谱、高效、长纹和安全的抗菌防霉剂，致使这样的强化地板能对大肝杆菌、金黄色葡萄球菌的抗菌率达到95%以上，防霉等级也上升达到了一级。同时，其物化性能指标完全符合人们居住使用的“国家标准”。这种强化地板的抗菌抗霉的性能用途不是短期的，而是长期性的，同地板的使用寿命同步，并对人体安全无危害，有着极好的环保健康用途。

还有出现的“水装修”，也是运用科技方法，在供应水管路的适当位置，设计配装一个相关的水处理设备，以提升新居生活用水的质量。谁都清楚，业主及其家人居住在环保健康的住宅居室中，就要有着环保健康的“软装”条件。水的配置要有高质量和环保的，涉及人的身体健康和用水安全。在一个良好的居住和使用环境中，能给业主及其家人配置上环保健康的水源条件，必定为新居生活带来“锦上添花”的效果。运用科技方法进行配置，将饮食用水和普通用水分质和分流，形成低质普用，优质饮用，又运用科技方法将使用水进行处理后，进行再利用，以此，给人们新居生活增添了环保健康筹码。

然而，体现科技家庭装饰装修，更明显的是智能式家居。智能式能使居家生活中的电器设施做到集中控制，无线遥控，场景遥控，背景音乐控制，智能开关，智能插座和智能安防等。具体到产品单元的不同组合，将构成不同的功能系统。在现代家装中，运用得最多的是智能照明控制、智能家具和智能性安防等，给新居家庭生活和使用增添环保健康的因素。

这种体现科技家装效果，主要是通过多个方面的作用形成。家装使用的电器设施，能做到随心所欲地控制，一个遥控器控制多种电器和灯光，一键控制多种电器或多个灯饰光亮度等，满足设定条件自行启动预先设定的设施，还可以电话和网络方式远距离地控制家中电器和灯饰光的强弱等，致使新居生活变得简便，为人体健康和环境清新带来更多的方便。

特别是科技家装上造成的人性化安防条件，比“鸟笼式”的安防方式进了一大步，给新居家庭生活带来了诸多方便和安全保障。同时，给人身和心理造成无法比较的优越感。至少能实现人和大自然的直接靠近，不再受人为的防范，实现人性化和实用效果。才能让业主及其家人有着真正舒适、方便、实用和高效的新居生活和使用环境。

10. 须知绿色家装的奥秘

绿色是生命的象征。绿色家庭装饰装修是指有利于人身健康和有益于环境，给予的不利影响最小的装饰装修。有利于人身健康表现和对环境影响的是，准确选用“绿色建材”，即严格选用环保安全型材料，有不含甲醛的胶粘剂和大芯板及贴面板等，不含苯的稀释剂和石膏板，可提高家庭装饰装修的空气质量；尽可能选用资源利用率高的复合材料；选用可再生利用的材料，像玻璃、铝合金系列材料；选用低资源消耗的塑料、密度板等，致使环境空气很少出现放射性和挥发性污染。现在，人们对于家庭装饰装修存在着不放心和诸多质疑的，便是放射性和挥发性污染环境，以及危害人体健康的用材。而有着放射性危害的装饰装修材料有混凝土、石膏板、花岗岩和大理石等。其放射出有害物质是通过人的呼吸道进入肺部，形成体内辐射，逐步地破坏人体内部的细胞组织，引发出各种怪病来。挥发性有机危害物质，主要来自于油漆、胶粘剂和合成纤维等，对人体粘膜有很大的刺激性，能引起各种炎症的发生，显然不利于人体健康。因而，在选用材料时，尽可能地避免这类情况的发生。不选用放射性和挥发性大的材料，才为绿色家庭装饰装修把好一道关。

要坚持着绿色家庭装饰装修的理念，保护环境，就是保护业主及其家人自己。在做家装时，除了不选用放射性和挥发性大的材料外，也要在生产工序和施工工艺技术操作上，尽量地选用无毒、无污染、少毒、少污染的作业，以减少和降低施工操作中的粉尘、噪声、废气和废水等破坏和危害环境，即对家装垃圾这一类“小问题”进行及时处理，不随意地造成环境和人体污染及危害。

为达到“绿色家装”目标，一定要以有利于环境保护和人体健康为主体地开展活动。尤其要形成以人为本，健康人体和优化环境为目标，有益于“绿色家装”的是材料和工艺技术。同时，不能忘却和紧紧地把握住设计这一关键。其实，能不能做出和做好“绿色家装”，没有“绿色家装”设计是不行的。设计是把关的关键性行为。既要设计出家庭居室空间自然采光和自然通风的最佳效果，又要对厨房和卫生间等有着不利情况发生的空间，设计有着强制性的排风换气装置。要求对整个住宅居室布局设计合理适宜，色彩搭配有益于心理感觉。因为，人的心理对“绿色家装”是一把检验的尺子。心理感觉又是由人的视觉效果好坏形成的。如果一个家庭装饰装修设计显得不如人意和混乱不堪，是怎么也不能形成“绿色家装”基本条件，更不要再做进一步的工作。同时，设计对于后期配饰形成的效果，也对“绿色家装”关系极大。如果设计的配饰家具、物件和色彩效果，不符合业主及其家人的意愿，使住宅居室间拥挤不堪，或显得紊乱和不整洁，是怎么也形成不了“绿色家装”的。往往只有精明的设计人员在做家庭装饰装修设计时，善于在居室最恰当的部位，设计“室内绿园”，尽显绿色、美色和姿色效果，给业主及其家人一个身临绿色丛中，轻松地感受，陶冶生活情趣，呈现喜悦新居氛围，更显“绿色家装”的独有特色。

11. 须知植物家装的奥秘

植物，生物的一大类，同动物、微生物共同组成生物界。其种类约有30余万种，遍布于自然界，是人类极为喜欢和依托的。在做家庭装饰装修中，明显地出现了运用植物装扮住宅居室，有着“植物家装”的意味，体现出“绿色环保家装”最明显的特征，给业主及其家人一个生机盎然和回归自然的亲切感觉，是实现环保家装最好的方法，是任何形式的家装不可比的。

其主要做法是充分地利用“硬装”或“软装”不显重要和不便操作的空间进行植物栽培和配饰，既能增加住宅居室中生机气氛，又有益于身心健康，还能提升家庭装饰装修的审美情趣。不过，“植物家装”不是一件很好做的“装饰装修”，必须有着“慧眼识物”和专业技能，才有可能做好的。不然，会出现事与愿违的状况，不仅做不好“植物家装”，还会发生费力不讨好，享受不到最好绿色环保的家庭装饰装修成果。

运用植物做配饰家装，其用意在于帮助业主及其家人将“硬装”中察觉不到的放射性和挥发性有害物质，以及在住宅居室使用时，产生的二氧化碳等有害物质给予过滤和静化。这样是很利于环境净化和人体健康的。然而，不是所有的植物都适宜于“植物家装”，像人们熟悉的兰花、夜来香、紫荆花、郁金香、黄花杜鹃、百合花和松柏类等，便不适宜于家装配饰，存在着人们难以防止的负面影响。这些植物只适宜于室外和大自然的生长作用。

而适宜于“植物家装”的植物是很多的。却要因人适宜，因地适宜，因景适宜，才能做出利于人体健康的效果来。但是，最主要是懂得“植物家装”科学建成，给予不同植物生长的温度、光照、湿度、肥料、水分和通风、防风，以及防病虫等管理培植，才能实现业主及其家人感到理想的“植物家装”，达到环保健康目标。针对不同的情况在“硬装”中配饰植物，做出“植物家装”。人们常运用和培植的有仙人掌（仙人球）。这种植物的应用很广泛，几乎在中国广大区域都有着适宜性。其内茎细孔在夜间呈张开状态，能释放氧气，吸收居室中的有害气体，输送到其根部吸收，来促进其自身生长。仙人掌（仙人球）是最利于和适合“植物家装”的。

还有像吊兰这种植物，适宜“植物家装”环境区域也很广泛，几乎可以遍布九州家装中。其特征是黄绿相间的叶子会神奇地将二氧化碳和其他有害气体吸收化掉，将它输送到根部，经土壤和微生物分解成无害物质，作为自身生长养料吸收。像月季花这种植物，一年四季开花不断，香气四溢，给人以自然香的享受，陶冶情操。

在月季花生长和开花中，能吸收“硬装”中苯、苯酚、乙醚和流化氢等有害气体，是抗击居室空气污染理想的花卉。紫罗兰植物能分泌出一种植物菌素，可在短时间内，把室内空气中的有害病菌杀死。还有不少植物也是能给予“硬装”挥发的有害气体消化的，是理想做“植物家装”的品种，只要利用好，是环保家装不可缺少的。

12. 须知点缀家装的奥秘

所谓点缀，即在事物上加以装饰。点缀在家庭装饰装修中，有着多方面的用途。既有整体造型装饰效果，又有重点亮饰效果。在这里说的“点缀”，主要是针对环保健康的家庭装饰装修中，运用绿色植物给予其一个生机勃勃氛围，致使家装在业主及其家人居住和使用上更有保障。

运用绿色植物点缀家庭装饰装修，并不是一件简单容易的事情。一方面要求给予家装美观和生动活泼的感觉，另一方面要求能对环境保护和人体健康有着好的作用，而不是负面性影响。绿色植物点缀一定要有针对性地进行，选用植物品种应适宜。由于居室内的光照和通风条件局限，有诸多植物不适应，因而，要有选择地培植。像彩虹铁树、仙人掌、万年青、兰草和君子兰等植物，均是喜阴耐阴习性的种类。业主及其家人选择自己喜爱的种类作出培植，并能培植好的情况下，也不能说在家装中，有了绿色植物，便能达到点缀和发挥出植物保健及环保的作用，还必须得讲究配置合理和适宜。选择摆放在最佳视觉位置上，即在任何一个角度上都能观看得到，才能给予住宅居室一定的装饰点缀用途。而最能体现出植物点缀性的，则是排列组合方式，实行前低后高，前小叶后大叶的摆放，给人一个醒目和印象深刻的感觉。不过，也有集中在一个角落部位，采用密集或集中式布置，给人一种绿色装饰美观的效果。往往是布置得当和摆放适宜，同随意摆放对家庭装饰装修点缀的效果是大不一样的。所以，针对植物的布置摆放，应当多做一些比较。特别是针对大叶植物和小叶植物合理搭配摆放要适宜，不能出现有美观适宜植物，而体现不出点缀装饰的效果，也算不上应用植物点缀家庭装饰装修。

要想实现应用植物点缀家装的效果，除了做到精布局，巧安排，摆放适宜外，还需要做到宜少不宜多，恰到好处。本来一个家装空间经过配饰后不是很宽裕，面积有限，能做植物点缀就很不错了。况且是给家装环境保护和为业主及其家人调节情趣。如果培植太多，摆放不当，造成居室使用不便，有着碍手碍脚拥挤不堪的状态，不仅给业主及其家人生活秩序打乱，显得不实用，而且还会让人感到多余和厌烦。特别是针对那些不为环保，只为点缀而选用仿型植物，其意义便不大了。

选用植物点缀家庭装饰装修，最好要由有培植花草植物爱好和经验的业主及其家人来做。没有爱好和经验者是做不好的，也很难实现点缀家庭装饰装修目标，更不要说能改善环境面貌，健康人体。因为，应用植物做点缀家装的配饰，还需要有着好的艺术知识和造型理念，培植的植物，不但有着绿色，而且还要有红色、黄色和其他多种色彩。不然，便很难体现出点缀效果来。例如，选择的植物叶子色彩，应当同家庭装饰装修的“硬装”及配饰色彩相协调，便能给住宅居室带来很好的效果。如果选择不适当，就有可能出现不很协调的状态。像给“硬装”茶色配饰绿色，则需要配置浅绿色植物。否则，便出现居室内气闷阴冷的感觉。还有是针对不同功能的居室要选用不同叶色植物。像卧室内选用淡绿色为主植物，以增添轻松感；书房便选择深绿色植物，给人一种生机活泼的感觉，以利激发头脑活跃，挥毫泼墨。奋笔作文，呈现出激情来。

13. 须知抗击噪声的奥秘

噪声，即杂乱、烦扰的声音，噪声是危害环境保护和影响人体健康的又一大污染源。针对现时代的住宅居住环境，是不应该有噪声或噪声太高。超过 50 分贝（A），便会对环境和人体带来危害。人们很期盼有一个清静、宁静和安静的环境生活。特别是老人和孩子有着好的环境，有益于他们休息睡眠和学习生活。而不少的新家庭装饰装修住宅，地处繁华热闹和车水马龙的环境中，显然是噪声繁杂，人声鼎沸，不利于居住使用的。为此，在做家庭装饰装修时，要给这样的环境，运用适应和适宜方法抗击住噪声的危害，致使深居闹市的住宅能得到静谧的环境，这是再好不过的。

抗击噪声，创造一个静谧宜人居住使用的环境，是家庭装饰装修重要的“功课”，必须做好的。做家装设计时，便有好的谋划设计方案，有针对性对热闹区域，或海啸声浪的环境下，一些胸有成竹的抗击和防范措施及方法，让选择这样一个环境的业主及其家人居住生活不会受到噪声的干扰和危害，既是对家装能否做得好的基本条件，也是为创造一个好的环境和保护人体健康奠定基础。不但从设计上有方法和针对性措施，而且从施工操作上做得好，见成效。针对噪声方法，在中国黄河以北广大区域有着很好的方法，安装双层玻璃窗和厚门帘。通常玻璃窗的玻璃为 4 毫米至 5 毫米厚度。安装双层玻璃窗等于窗户有 8 毫米至 10 毫米厚度的抗噪声效果。不过，在安装双层窗户时，内外窗户间还留有一定的空间，让抗击噪声有一个缓冲层，其安装双层窗户还可用于抗寒，而在中国黄河以南地区，普遍没有安装双层玻璃的习俗，便要针对具体情况选用适宜方法解决抗噪声问题。有配饰绒布做窗帘，有安装抗噪材料等。如果达不到目的，还是安装双层玻璃窗，也不失为一种好方法。

除了在窗户安装上做出隔声抗噪效果外，还可从进出门做出抗击噪声的家装。如今，不少做家装的住宅业主，将进户门安装上隔音防盗门，其密封隔音效果是比较好的。不但防盗门的隔音效果比较好，而且是套装门，涂饰美观，受到广大业主的青睐。

给门窗做好抗噪装饰装修后，其实，还可以依据不同的实际需求，在居室内的墙面、顶面和地面做抗噪的工序。有给墙面和顶面安装隔音材料的，先应用木材料做出装饰框架，接着在框架内配装上隔音板，再做外装饰装修，致使室内墙面和顶面呈现出错落有序的隔音或吸音效果，进入室内的噪声在很短时间里消除去，居住者没有噪声的干扰和影响。此外，还有是给墙面和顶面做隔音绒布或吸音装饰装修，给地面配装木地板，选择业主及其家人喜欢的色调，使室内达到一个统一和谐的装饰装修效果，又能实现抗噪隔音的目标。

14. 须知家具环保的奥秘

业主及其家人企盼家庭装饰装修，能呈现环保健康型，对配置的家具是否环保健康，却不是很关注，更谈不上有强烈愿望，显然不利于新居生活和使用。其实，要获得环保健康的家庭装饰装修效果，必须既有环保的家庭“硬装”，又有环保的家庭“软装”即配饰。家具是家庭装饰装修配饰最重要的组成部分。家具配饰环保健康，其家装便可基本达到“环保”要求。

环保健康家具，大多体现在以自然原木材加工制造的。这一类家具外表保持着原木材色泽，不加任何油漆涂饰，更没有人造材料的成分，仅应用天然蜡抛光。这样的家具，既保持了原木材的色泽和纹理，有着木香气，又富有浓厚的青山自然味，受到广泛欢迎。通过具有乡土气息的原木家具配饰，人们感受到家具的环保健康。然而，由于受到木材资源的局限。这样的家具恐怕越来越少，其市场购买会呈疯涨的趋势，一般的业主在保证家庭“硬装”环保的基本条件的同时，应当要量力而行，量入而出，不可盲目追求。因为，环保健康型家具，还有着多种类型，供选购应用。

另一类呈现环保健康的配饰家具，既有自然风味很浓的藤制和竹材型，又有现代风味很强的复合材料型。这些家具都有自身特征，虽然不像天然木材加工的家具整个性很强，却在环保健康家居生活使用中，有着其独有的地位。其特征以清新自然、朴素典雅、田园气息很浓和古色古香的情趣，给现代人带来温馨的感觉。在装饰装修用材和家具市场上，除了很少见到藤制和竹制综合柜外，藤制床、椅、箱、沙发、竹制桌、凳、茶几和用具等，都是使用很不错的家庭装饰装修配饰品。特别是随着科技进步，其发展前景和潜力是很大的，会给家装环保增色，市场占有的份额会越来越大。

还有是应用现代复合材料制作成的家具。像应用不锈钢架和玻璃，以及人造合成制作加工的家具，如茶几、沙发等，以PVC材料（塑料）制作成椅子、凳子；

以人造板材制作组装成的柜子、桌子和坐凳等，都能给环保家装有着很好的配套效果。由于是运用现代复合材料制作加工出的家具，在价格上决不会很高，只要在购买时，以货比三家的方式来做，既不会花很高的价格，便能给环保家装进行配饰，又能得到环保健康的效果，是普遍家装应当考虑的事情。

至于不少业主及其家人，挑选购买用细木材拼装成的所谓“红木”家具，从外表上看其造型、制作和色泽上，比复合材料制作家具要好，却在环保健康上是没有多少优势的，一方面其材料都是由小木条拼装而成，其应用的胶粘剂较多，是否为正规厂家出品？含苯是否超标？其外表面涂饰材料，含的甲醛也是否超过国家允许规定范围？另一方面其是否为正规家具厂出品，制作质量是否有检测标准，能做多长时间保证，还有是价格能否合理等，需要谨慎。同时能否给环保家庭配饰，不造成污染，是建成环保健康住宅居室必须注意和防备的事情。

15. 须知环保配饰的奥秘

作为家庭装饰装修配饰能否环保健康，既有家具环保性问题，又有所有配饰件环保性问题，既要确保家具配饰环保健康可靠，又要保证所有配饰物品环保健康可靠，才有可能保障家庭住宅居住和使用的环保健康性。否则，便很难达到业主及其家人企盼的愿望。

家庭装饰装修配饰，除了家具以外，还有包括窗帘、布帘、壁挂物、工艺品、灯具、床上用品和地毯等多个方面，主要给家庭“硬装”进行“软化”改造和美化。不仅是给实用和美观的“硬装”细致化和具体化，达到居住和使用的真正效果，而且也给环保健康家装有着检验的用途。像给家装住宅居室内配饰绿色植物，便能或多或少地检验出“硬装”的环保性是否过得硬。凡是环保健康的“硬装”居室，配饰的植物能茂盛地生长，既不枯叶，也不枯死。同样，其他配饰，也可以检验出“硬装”的环保健康问题。假若出现配饰品污染危害，则会影响到整体性环保健康家装的。

由于配饰种类很多，从而涉及用材的广泛。像工艺品便关系到根雕、木雕、玉雕、石雕、骨雕和泥塑等；器皿有陶瓷、不锈钢、玻璃、木质和竹质等。在给家庭装饰装修做配饰时，除了从色调和式样上要求达到协调和谐，便存在着环保健康的严格性。如果在材质上选用不当，就会给整个住宅的环保性造成影响，让居住和使用的业主及其家人身体健康形成一定的危害。像布艺的配饰，在家装中是最多的，有着帘幕、床上用品和套垫等。其中帘幕品种有窗帘、墙帘、门帘、隔断帘和天花帘等。这些帘幕都是垂直悬挂的，面积较大。尤其是落地帘幕，占据一个墙面的面积，其影响面是较大的。如果在选用材质上存在问题，便会给予悬挂的居室环保性带来影响。

还有套垫和床上用品，其种类也很多。仅套垫，就有沙发垫套、椅子垫套、靠背垫套和抱枕等，其垫中包藏的材料和垫套材料，便有着环保性的状况。其配饰，不但有着风格特色配饰作用，而且存在着环保性影响。如果选择的材质存在污染，便会给家装环境造成污染，给人体健康带来危害。像家庭装饰装修的居室中配饰毛毯，便有着材质上的很大区别。假若选用材质不合格产品，必定会出现不环保问题，给住宅居室造成意想不到的影响，还伤害人体健康。

总而言之，对于家装配饰，不但要注意到同整个风格特色及其品位效果相协调，而且一定要注意到其材质的环保性。假如发生配饰材质的问题，是会给整个家装环保健康带来极大影响。所以，想要实现家庭装饰装修的环保健康，切不可小看了所有配饰物的作用，值得重视和谨慎选用。

16. 须知家装检测的奥秘

实现环保家庭装饰装修，说起来容易，做起来却不容易。尤其是对竣工的家装，如何确定是环保健康的，仅凭口说，很难服人，必须经过检测。而给家装做检测，又是一个新建立起来的行业。如今，对家装检测是否确定环保，据相关业内人士透露，其做出的结论，还是受到局限的。对甲醛和氨之类的有害气体，在空气中的含量是否超标，是能够检测出来的。至于家装中其他有害气体或物质的检测，似乎还未得到普及，甚至没有做这些内容的检测，有待将来的发展，必须得引起广泛注意。

众所周知，目前做家庭装饰装修，发生对环境污染和人体危害的是“四大有害物”。其对环境污染和人体健康的伤害，有着看不见、摸不着、无气味和无感觉的特征。如果不应用相关设备做检测，便根本不知道是怎么回事。例如，氡存在于装饰装修应用的水泥、石材、石膏，以及矿渣砖中，主要是通过人的呼吸道进入肺部，形成体内辐射，逐步地破坏人体内部的细胞组织，引发出各种意想不到的怪病。由于室内氡气因装饰装修材料应用不当，而散发出来的，浓度并不是随着时间的久远而变少，有的挥发 10 多年后还存在。应当首先重视其防范性危害。国家规定标准是每立方米小于 100Bq 为安全性。

甲醛是一种很明显给予环境污染和人体危害的有害气体。其刺激性很明显。在其浓烈的环境中，简直让人承受不了。这种危害主要隐藏于油漆和人造板材等装饰装修材料中，有着让人不孕和胎儿畸形的危险。国家规定标准每立方米不能超过 0.08mg。不过，甲醛在家装检测中，能很明显地检测出来是否超标。其危害也不是三、五年能消失的，必须要有 10 余年时间。

还有是家装中的有害气体是苯和氨。苯主要是油漆、胶和涂料中的成分引起的。其属于芳香烃类，是一种使人不易警觉的毒害。如果人在密封的居室内，闻到有着浓的苯气味，能在很短的时间内出现头晕、胸闷、恶心、呕吐等症状，若不及时脱离现场，便会导致死亡和其他危害症状。国家规定标准每立方米应当小于 2.4mg。氡、甲醛和苯都有着致人得癌的可能。

其次是氨。目前国家还没有室内标准。对于人体危害方面，仅有着危害性中毒的可能。

由此，人们可从中粗略地知道家庭装饰装修中，主要影响和危害环境及人体健康的“四种气体”。然而，实际上远不止这些，据有关部门透露，还有挥发性和放射性有害物质及气体多达 10 余种，都是由各种家装材料引发的。于是，要实现家庭装饰装修的环保健康，还是要从选用材料上严格把好关，不要为图美观而不注意选择材料或堆砌材料。做精致家装，还是选用简约型，或标准型，或温馨型的风格特色为主最好。少用人造材为佳。重要是在“软装”，即配饰上，多做精品高档型和豪华型，不失为一种好的方法。

家装检测只能测检出结果，却不能改变状况。特别是由“游兵散勇”施工操作做的家装，其环保性更是难以保障。因而，把好选材用材关，是为做出环保健康家装最可靠的方法之一。

17. 须知环保关键的奥秘

做出环保健康的家庭装饰装修，不仅是业主及其家人的企盼，而且成为家装公司（企业）和社会的共识。然而，真正实现环保健康的家装目的，最关键的还是依靠业主自身和选准承担施工操作的正规家装公司（企业），才有可能得到保障。否则，便会存在疑虑。

由于做家庭装饰装修是一个新兴的行业。在现有市场环境还很不规范的状态下，必然成为各式各样人员跃跃欲试的行业。无论是从事装饰材料出品的，还是直接做家装施工操作的，都想从这个行业中闯出其生财之道来。

面临这样一个家庭装饰装修状况，而管理又不到位的情况下，要做出环保健康的家装，显然只有依靠业主自身和正规的、有着家装资质和真正为干好家装的公司（企业）。做家庭装饰装修，仅从人员工费中做出利润来，显然是不现实的。每个人员的工费在行业里是一个样，没有太大的区别，只有地区的差别。要做出利润，只有在材料上做文章。由于装饰装修用材市场不规范的原因，造成材料生产鱼龙混杂，从而形成材质差别和价格区别太大。于是便出现了“骗”或“应付”的状况，低门槛争做家装现象层出不穷。而不少业主能高价买房，却不能出合理价做装饰装修，认为收取合理的管理费的正规家装公司（企业）是设了“高门槛”，不找正规家装公司（企业）做家装，却找“游击队”做工程，表面上少花了管理费，实际上是花去高价钱，得到是污染重、危害大、有损健康的家装效果。因为，“游击队”的“管理费”是要从装饰装修材料中捞到的，只好选用劣质材料和做劣质工艺施工操作。为此，一些业主及其家人后期受伤害，花去的费用何止几千，而是几万，甚至更多，后悔是没有用的。

作为正规家庭装饰装修公司（企业），大部分是想着真正干好家装，最害怕的是损坏公司（企业）名誉，其行为都是按照规范标准来做。在做家装中，不敢也不会像“散兵游勇”那样，唯利是图，不择手段，干出损害业主及其家人的事来。有着规范和详细的施工图、全透明材料和管理预算等，也有环保家装的承诺，其环保结果是由检测证明的，同时还有着良好的服务跟踪，一切按照国家相关规定和行业管理落实到位，其做出的家装是环保健康可靠的，毋庸置疑。

十、须知管理要求奥秘篇

虽然，家庭装饰装修是一个新兴的行业，中国国家和地方政府及行业组织，对于这个利于当代，功在千秋的事业，是非常重视和关注的。为着提高人们的住宅居住条件，提升人们的生活质量考虑，不但，从法律和相关规定上，做出了一系列要求，确定依据，而且具体地从住宅室内做装饰装修提出了管理办法，并严格和严肃地提出，必须按照从业资质组建装饰装修公司（企业），从业人员持证上岗等。同时，行业组织对设计、选材和施工操作，以及质量标准验收等，都有着明确条文规定。其目的是以高标准、严要求，认认真真，实实在在地将这一利国利民的事业管理好，获得人们满意的效果。

1. 须知政策法规的奥秘

针对家庭装饰装修，虽然是一个新兴的行业，却在人们心目中似乎还没有引起关注。然而，作为关系人们切身利益和民族社会的事业，国家已是相当重视，制定出一系列的政策法规，做出明确规定和追究法律责任等高度来实施及执行的。

对从事装饰装修的企业和个人，必须有着资质并进行资质的审查。在确定无误后，方能做装饰装修。否则，是不允许做这项工作的。从中华人民共和国颁发的一系列政策法规中，就明确规定："建设单位不得将建筑装饰装修工程发包给无资质证书或不具备相应资质条件的企业。"这就很明确地告知人们，不仅仅是公共建筑装饰装修工程，而家庭装饰装修同样是这样一种要求。虽然家庭装饰装修是由业主及其家人自己控制的，也应当遵守这种规定，不能给无资质的公司（企业）或个人做家装。既然国家政策明确规定是不允许做的事情，作为一个国家好公民，应当服从国家规定，不要做与国家政策法规相违背的事。如果一个人偏要做国家政策法规不允许做的事情，便是需要自行负责。对于这一点，业主及其家人应当特别注意。

当业主及其家人找无资质公司（企业）或个人做家庭装饰装修不合格，发生污染环境和影响人体健康的事件，或是造成恶劣影响和危害等，国家或地方政府相关人员及行业组织，以及受害者，是要追究相关责任和经济及法律责任的。因此说，对于那些违反国家政策法规的事情，任何人都是不能做。做了必须有着担当责任的思想准备，准备着付出代价。

在国家颁布的相关法规上指出："建筑装饰装修工程发包方违反本规定有关条款，有下列行为之一的，由县级以上地方人民政府建设行政主管部门或其授权的部门给予警告、通报批评、限期改正、责令停止施工的处罚，并可处以装饰装修工程造价 3% 以下罚款；因责令停止施工而造成的经济损失，由发包方承担。"（摘文均出自中华人民共和国建设部令《建筑装饰装修管理规定》）。作为一个国家公民面对着国家政府的政令是不能视为儿戏的，更不能抱着侥幸的心理，而应当有着积极主动的态度，有着"有令则行，有禁则止"做法，才是可行和有利于自己利益的。同样，作为从事家庭装饰装修的公司（企业），也应当按照国家相关法规执行和落实好。做家庭装饰装修，就应当取得其行业组织规定的资质证书，才有资格从事家装事业，否则，便是有着违反规定且没有资格从事家装施工操作的。不然，就有欺骗业主及其家人的嫌疑。再则，没有从业资质，又怎么能从事家装专业很强的施工操作呢？不要小看了家装是好做的，说不定会出大事，再追究其责任，就不同一般的。

2. 须知职业道德的奥秘

装饰装修职业道德，是指从事装饰装修职业的人员，在其工作和劳动中，所应遵循与装饰装修职业紧密联系的道德原则和规范的总和。它既是对装饰装修行业从业人员在职业活动中的行为要求，又是行业对社会所负的道德责任和义务。装饰装修行为在特定的职业活动中，形成了特殊的职业关系、特殊的职业利益、特殊的职业义务和特殊的职业活动范围和方式，从而形成了特殊的职业行为规范和道德要求。装饰装修行业产业结构上属于第二产业，不仅关系到国民经济的宏观发展，而且与人民群众的生活密切相关。因此，职业道德显得尤为重要。

从装饰装修职业道德要求上，必须有着爱岗敬业，诚实守信，质量第一，用户至上的基本要求。做家庭装饰装修涉及千家万户，就要有着很好的职业道德，不能说空话糊弄人。如果一个家装公司（企业）和从事这一职业者，不能做到诚实守信，说一套，做一套，或者说话不算数，是不能长久于行业之中的。即使是一个很有势力和信誉的家装公司（企业），以往费了九牛二虎之力，将企业的形象树立起来，却只要有一、二次做出同职业信誉相违背的事，几十年努力树立起来的形象便会遭到破坏。也许这样的事情是个别从事具体施工操作者的不当行为引起的，便好比“一粒老鼠屎，打坏一锅汤”一样，使得整个家装公司（企业）好不容易建立起来的信誉能一落千丈，其损失是无法估量的。

树立好的职业道德是一个复杂的系统工程，既有信誉，又有道德；既有质量，又有安全；既有技术，又有业务；既有服务意识，又有服务态度等，方方面面都很重要，哪一方面都不能出现纰漏，一旦出现丁点问题，便会给人一种职业道德很不好的印象。再来开展工作，发展事业，做大做强就要花更大功夫。欺骗别人，便是欺骗自己，糊弄他人，便是糊弄自己，应当懂得这样的辩证关系。做家庭装饰装修是为着美化住宅和城镇环境工作，对于从事这一职业者，一定要清醒和清楚地看到，不要因自己个人的丑恶行为，而丑化职业、丑化企业和丑化行业，危害业主及其家人。无数事实证明，凡是不道德和不讲信誉的做法，到头来只会是搬起石头砸自己的脚，使自己无法行动，更不要说将家庭装饰装修职业做下去，只能是寸步难行，或让自己的这一职业走进“死胡同”。

3. 须知质量责任的奥秘

作为承担家庭装饰装修的公司（企业），都应当依法取得相应的等级资质证书，并在其资质等级许可的范围内承揽工程。同时，不允许做超越本公司（企业）资质等级许可的业务，或者以其他施工公司（企业）的名义承揽工程。禁止施工公司（企业）允许其他公司（企业）或个人以本公司（企业）的名义承揽工程。其主要原因是要承担相应的工程质量责任的。

中华人民共和国建设部在颁布的《家庭居室装饰装修管理试行办法》中强调："凡没有《建筑企业资质证书》或者建设行政管理部门发放的个体装饰装修从业者上岗证书的单位和个人不得承接家庭居室装饰装修工程。"其目的是防止没有从业资质证书的企业和没有上岗证书的个人，对承揽的家庭装饰装修工程不能保障质量。同时强调"居民对家庭居室装饰装修工程应当选择并委托具有《建筑企业资质证书》的施工单位，或者具有个体装饰从业者上岗证书的个人进行"。做出这些管理办法，主要在于需要懂得装饰装修的企业和人员施工，才能保证不出质量事故，甚至不出破坏建筑结构的原则问题。例如，有的装饰装修从业人员，随意破坏承重墙体；拆除连接阳台门窗的墙体，扩大门窗尺寸；增加地面静荷载，在居室内任何一个部位砌墙，或超负荷吊顶；安装大型灯具及吊扇；任意刨凿顶板；不经穿管，直接埋设电线或改线；破坏或拆改厨房、厕所地面防水层，以及水、暖、电、煤气等配套设施。出现和发生这一系列问题，就是由不懂得建筑装饰装修结构和质量要求者造成的。显然是不允许的。

有些家庭装饰装修公司（企业）和人员，还大言不惭地说："现行的建筑结构不易破坏，出现问题给予赔偿。"说这样话的人，只能说其不懂，也不知道造成破坏性带来恶果是什么状况，显然是一种不负责任的言行。因为出现严重的质量和安全问题，能用"赔偿"就能解决问题吗？国家和地方政府及行业组织严格规定，要有资质的企业和人员承揽家庭装饰装修，就是避免出大事故、做不合格工程和出现污染环境及危害人体健康的事件发生，是对社会环境和人们负责。

国家相关部门对家庭装饰装修的质量，提出很严格和明确规定，其根本既是对装饰装修行业管理要求是很严格的，对人们的生命财产负责任，又是对从事这一职业者是一个很好的提醒。说明这是一项特殊的职业，不是随意可以做和做好的，必须有着专业知识和技能，并得到行业资质和上岗证，具备了这方面的施工操作能力，才能做得好。否则，不但是让人担忧的事情，而且出了事故，赔偿和后悔是于事无补的。

4. 须知施工责任的奥秘

做家庭装饰装修职业，有些人看得很简单，只要能做出设计，找一些人员施工操作，便可大功告成，不存在风险和责任。而实际情况却不是这样。曾经多次发生无资质的家装公司（企业）开张做家庭装饰装修，就被业主及其家人告上法庭，或是由公安部门以经济诈骗进行刑拘，或是脚底抹油，溜之躲“祸”。

针对家庭装饰装修的施工操作责任，国家相关部门在颁发的《家庭居室装饰装修管理试行办法》中，有着明确规定：“从事家庭居室装饰装修的单位和个人应当遵循以下规定：一）采用的装饰材料不得以次充好，弄虚作假；二）施工应符合有关规定要求，不得偷工减料，粗制滥造；三）不得野蛮施工，危及建筑物自身的安全；四）不得欺行霸市，强迫交易；五）不得冒用其他企业名称和商标；六）不得损害居民和其他经营者权益；七）国家和地方规定的其他规定。”对于家庭装饰装修施工操作责任看似简单，却是一个很严厉的规定，要有着强烈的责任心和义务，才能够做得好的。

在现实的家庭装饰装修市场上，不按照国家和地方政府，以及行业组织规定要求施工操作的很普遍，损害业主及其家人利益，污染自然和社会环境的现象数不胜数，一方面是管理不严格，不到位，听之任之；另一方面是不少业主及其家人，对家装管理规定不了解，太过包容。随着人们对家庭装饰装修情况的逐步认识，执行国家和地方政府法规及加强行业管理，就会使不规范做家装事件越来越少，让违规作业和唯利是图行为没有市场。

如今，全国各地对家庭装饰装修的管理日益增强，尤其是对于以次充好，弄虚作假，偷工减料和粗制滥造的做法得到“口诛笔伐”，越来越得到扼制。例如，广大业主提出做环保健康的家庭装饰装修，就从客观条件上限制不规范施工操作行为。低碳装饰的提出，对现场施工便有着明确规定，业主和家人能从中受到启发后提出要求。现场出现情况明显有进步。如果国家和地方政府及行业组织更进一步地加强管理，监督力增强，家装从设计、选材到施工操作等，便会向着规范性方面发展，致使家装行业能走上健康发展的道路，让人们从中受到更多益处，真是民之福也。

5. 须知家装现场的奥秘

做家庭装饰装修大多是在城市里，或者新开发的城郊接合部区域，人口居住比较集中和交通方便之地，物业管理和卫生环境都有着严格要求，因而，要求做家庭装饰装修必须有着良好的工作秩序和现场管理，以适应现代文明和社会秩序，以及文明生产的要求。

国家相关部门在颁布《家庭居室装饰装修管理试行办法》中明确规定：“家庭居室装饰装修不论是自行进行，还是委托他人进行，都应当采取有效措施，减轻或者避免对相邻居民正常生活所造成的影响。”“承接家庭居室装饰装修工程的单位和个人应当采取必要的安全防护和消防措施，保障作业人员和相邻居民的安全。”同时，还具体地提出“家庭居室装饰装修所形成的各种废弃物，应当按照有关部门指定的位置、方式和时间进行堆放及清运。严禁从楼上向地面或者由垃圾道、下水道抛弃因装饰装修居室而产生的废弃物及其他物品”等，对于家庭装饰装修现场管理不能出现任何问题。

如果是正规家装公司（企业）管理做得好的，对家庭装饰装修施工操作现场，严格地按照国家、地方和行业，以及企业自身管理要求实行。尤其有的家装公司（企业）对现场管理，实行定期和不定期的检查行动，由专门负责现场管理的人员每天到现场督促，给现场安全和文明生产情况作评比，并同个人的经济利益挂钩。公司(企业)负责人也是定期和不定期地组织项目经理到施工操作现场作巡回检查，做出对现场实质性的评判。以此来提高各项目经理现场管理意识。并依据现场管理和文明生产情况，作季度、半年和年度评价和评比，致使其现场管理成制度化、经常化和合理化，不再被动地成为物业管理和行业管理督促和要求的事情。

而现场管理做得比较差且需要物业管理经常督促的，则是非正规公司（企业）和游兵散勇者，为着个人的利益而不顾业主及其家人和左右邻居，以及物业管理的要求，更不理睬国家相关部门的规定，我行我素，不做现场管理，也不管周边环境和他人的感受，随手乱堆乱扔，不仅使家装现场状态声名狼藉，而且给小区内环境造成杂乱无章，让物业管理不受欢迎，也让行业管理处于被动之中。因为，这些无装饰装修资质的挂名公司（企业）的游兵散勇，不听从任何管理，既不听从物业管理的要求，更不遵守行业管理规定，地方政府相关部门给其放任自流，致使其现场行为成“天马行空，独来独往”的角色。这种状态不是一、二个民间组织能纠正过来的，需要地方政府相关部门和社会力量综合治理，尤其不给其做家庭装饰装修的机会，才有可能改变的。否则，任其自由泛滥下去，对现场管理好转将是一个“老大难”；对装饰装修行业发展成为最大的障碍；对业主及其家人危害和自然环境影响将无穷无尽也。

6. 须知规定办法的奥秘

2002 年 3 月 5 日，中华人民共和国建设部正式颁布《住宅室内装饰装修管理办法》（下简称《办法》）有 8 章 48 条规定。进一步对家庭住宅室内装饰装修做了明确规定。这种规定的目的，是为着加强住宅室内装饰装修管理，保证装饰装修工程质量和安全，维护公共秩序和公众利益，根据有关法律、法规制定的。

这次颁布的《办法》，对于做家庭装饰装修做了详细的规定。其中重点有着开工申报与监督、委托和承接、室内环境质量、竣工验收和保修，以及法律责任等内容。尤其从法律和制度上，对家庭住宅室内装饰装修的规定，更加详细和明确。例如，对开工申报与监督中，就有着“装修人在住宅室内装饰装修工程开工前，应当向物业管理企业或者房屋管理机构（以下简称物业管理单位）申报登记”。申报登记应提交下列材料：“一）房屋所有权证（或者证明其合法权益的有效凭证）；二）申请人身份证件；三）装饰装修方案；四）变动建筑主体或者承重结构的，需提交原设计单位或者具有相应资质等级的设计单位提出设计方案；五）涉及本办法第六条行为的，需提交有关部门的批准文件；涉及本办法第七条、第八条行为的，需提交设计方案或者施工方案；六）委托装饰装修企业施工的，需要提供该企业相关资质证书的复印件”等。而《办法》中，第六、七、八条是涉及乱搭乱建和拆改管道设施、供暖管道，以及卫生间厨房防水层的，必须要经过相关管理单位批准，不得出现任何问题。

对家庭装饰装修竣工验收和保修也明确提出详细规定：“住宅室内装饰装修竣工之后，装修人应当按照工程设计合同约定和相应的质量标准进行验收。验收合格后，装饰装修企业出具住宅室内装饰装修质量保修书。”“在正常使用条件下，住宅室内装饰装修工程的最低保修期限为二年，有防水要求的厨房、卫生间和外墙面的防渗漏为五年。保修期自住宅室内装饰装修工程竣工验收合格之日起计算。”此外，对于装饰装修住宅室内环境质量也做了明确规定：“装饰装修企业从事住宅室内装饰装修活动，应当严格遵守规定的装饰装修施工时间，降低施工噪声，减少环境污染。”同时，“装修人可以委托有资格的检测单位对空气质量进行检测。检测不合格的，装饰装修企业应当返工，并由责任人承担相应损失。”规定是所有正规装饰装修公司（企业）和有着个体装饰从业者上岗证书的个人，必须认真执行的。只有这样，才能规范装饰装修市场，做出业主及其家人满意且不影响和危害自然环境及人体健康的合格家装。

7. 须知法律责任的奥秘

针对如何做好家庭装饰装修和保证不出现任何安全及其他问题，国家颁布的《住宅室内装饰装修管理办法》（以下简称《办法》）中，还特别有意识地作出追究法律责任的规定：“装修人因住宅室内装饰装修活动侵占公共空间，对公共部分和设施造成损害的，由城市房地产行政主管部门责令改正。造成损失的，依法承担赔偿责任。”“装修人违反本办法规定，将住宅室内装饰装修工程委托给不具有相应资质等级企业的，由城市房地产主管部门责令改正，处五百元以上一千元以下的罚款。”“装饰装修企业自行采购或者装修人推荐使用不符合国家标准的装饰装修材料，造成空气污染超标的，由城市房地产行政主管部门责令改正，造成损失的，依法承担赔偿责任。”等，都是可以按照相关规定追究法律责任。既然有着国家政府的要求，就得要认真执行和落实。然而，现实中出现许多不按照规定执行的，却没有严格地按照规定落实。主要是不少基层房地产行政主管部门存在着玩忽职守，不作为的现象。这种现象恐怕是不能长时间存在下去。

凡是有利于人们的政策法规，终究是要执行和落实下去的。尤其像住宅居室内的装饰装修涉及千千万万户业主及其家人利益和公共环境健康的大是大非问题。在管理和发展上出现不平衡是有的。然而，对于地方政府主管部门长时间对国家颁布的法规政策不执行和不落实下去，却是不允许存在的。

在《办法》中，对追究法律责任有着"十一条规定"。其中就有着"物业管理单位发现装修人或者装饰装修企业有违反本办法规定的行为不及时向有关部门报告的，由房地产行政主管部门给予警告，可处装饰装修管理服务协定约定的装饰装修管理服务费二至三倍的罚款。"而"有关部门的工作人员接到物业管理单位对装修人或者装饰装修企业违法行为报告的，未及时处理，玩忽职守的，依法给予行政处分。"从《办法》的规定中不难看出，国家对住宅室内装饰装修是非常重视，要求也是十分严格的。如今，出现在家庭装饰装修市场，许多不如人意的地方，主要在于地方政府相关管理部门管理不严，有着放任自流，或者有着许多不懂得管理和不去管理是有着很大关系的。不过，这种现象是不会长期允许存在下去的。有不少城市在有着行业管理的同时，相应地成立了装饰装修专业行政管理单位，加强了管理力度。应当相信，在不久的时间里，规范性管理将会实现，现状会得到改变。

8. 须知竣工验收的奥秘

家庭装饰装修竣工后，要不要作竣工验收？对于这样一个非常敏感和人们普遍关心的问题。国家颁布的《住宅室内装饰装修管理办法》（以下简称《办法》）也是作出明确详细规定的。其中有着"住宅室内装饰装修工程竣工后，装修人应当按照工程设计合同约定和相应质量标准进行验收。验收合格后，装饰装修企业应当出具住宅室内装饰装修质量保修书。""物业管理单位应当按照装饰装修管理服务协议进行现场检查，对违反法律、法规和装饰装修管理服务协议的，应当要求装修人和装饰装修企业纠正，并将检查记录存档。"为执行和落实这一规定，不少省、市和直辖市政府相关行政管理部门，对住宅室内装饰装修竣工验收，做了更详细的规定，致使装饰装修成为业主及其家人信得过，放得心的事情。如果有对环保不放心的，还可要求做空气检测，为进一步证明工程质量合格程度。

像北京市在给予颁布《家庭装饰工程验收规定》（试行）中，很详细地对卫生器具及管道安装、电气工程、吊顶工程、门窗、封阳台工程、细木制品工程、裱糊工程、饰面板（砖）工程和涂料（油漆）工程等，按照其工艺技术标准验收都提出要求。其中，对电气工程验收提出：1）电气产品材料必须是符合有关标准的合格产品，电气施工人员应持证上岗；2）电气布线宜采用暗管敷设，导线在管内不应有接头和扭结，禁止将电线直接埋入抹灰层内；3）火线进开关，零线进灯头，插座接线，面对插座时应符合‘左零右火，上接地’的规定；4）开关插座安装牢固，位置正确，盖板端正，表面清洁，紧贴墙面，四周无空隙，同一房间开关或插座高度一致；5）电气施工完成后，应进行必要的试验，如电器通电，灯具试亮和开关试控等；6）工程竣工时应向住户提供配线竣工图，标明导线规格及暗管走向”等。对于这样详细的验收标准，在验收时，给业主及其家人都是很明确和放心的交代，做到心知肚明，不会出现糊里糊涂被糊弄的感觉。像这样详细提出验收标准，一定要认真地贯彻执行和落实下去，才能够体现出明明白白做家装，清清楚楚来消费的状态。然而，这种状况在全国各地的执行落实是不平衡，必须将这一不利于业主及其家人消费的情况得到改变。

9. 须知家装保修的奥秘

家庭装饰装修竣工验收后，有没有保修，有没有保修期，显然是每一个业主及其家人十分关心的事情。然而，对于这样一个关乎民生的问题，从国家到地方政府，以及行业组织，都是非常关注和重视的。中华人民共和国建设部在颁布的《住宅室内装饰装修管理办法》（以下简称《办法》），有着很肯定和明确的规定要求："在正常使用条件下，住宅室内装饰装修工程的最低保修的期限为二年，有防水要求的厨房、卫生间和外墙面的防渗漏为五年。保修期自住宅室内装饰装修工程竣工验收合格之日起算起。"同时，《办法》还这样规定："住宅室内装饰装修工程竣工后，装饰装修企业负责采购装修材料及设备的，应当向业主提交说明书、保修单和环保说明书。"由此，各省市地方政府相关部门，对家庭装饰装修竣工验收合格后，对于保修时间和相关要求作出更为详细的规定。

这些关于家庭装饰装修竣工验收和保修的相关规定指出："装饰装修工程实行质量保修制度。装饰装修工程施工单位在向建设单位提交工程竣工验收报告时，应当向建设单位出具质量保修书。质量保修书中应当明确装饰装修工程的保修范围、保修期限和保修责任等。""在正常使用条件下，装饰装修工程的最低保修期为 2 年，屋面防水工程，有防水要求的卫生间、屋面和外墙的防渗漏为 5 年。电线、管线、给排水管道最低保修期限为 2 年，供冷供热系统为 2 个采冷期、采暖期。装饰装修工程的保修期，自竣工验收合格之日起计算。""质量安全监督机构应当按照有关规定和标准，对建筑装饰装修工程进行质量和安全监督，任何单位和个人不得拒绝接受质量安全监督机构的监督检查。"对于家庭装饰装修工程竣工验收后的保修规定，在正规家装公司（企业）是严格执行落实的。

但是，由于在现阶段相关行政管理部门，对家装市场管理不够重视，有着随之任之的行为，从而出现家装市场的不规范，发生无资质的非正规公司（企业）和游兵散勇抢业务、抢工程做的问题。同时，出现不按照国家和地方政府相关部门规定，在家装竣工后，不作验收，更没有保修期。让业主及其家人感到很难为情。其中，有着业主及其家人自身责任，不应当将家庭装饰装修委托不遵守信用的无资质家装公司（企业）和游兵散勇做工程。主要在于经不住“低门槛”的诱惑，自己一时犯糊涂，留下遗憾。这还只是从表面看到问题。而实质留下的遗憾和贻害，却是更严重的。其所做的装饰装修偷工减料，应用劣质材料，造成超标甲醛、苯和氡等危害，给业主及其家人的伤害和环境污染是不能估量的，其经济损害更无法计算。应当引起深层次的关注和重视。

10. 须知家装安全的奥秘

在从事家庭装饰装修职业的不少人和业主头脑中，都认为做家装不存在安全生产管理和安全事故问题。显然是一种错误的观念。然而，作为国家和地方政府，以及行业组织，对家装安全生产却非常重视和关注，并常抓不懈。

国家和地方政府将家庭装饰装修，作为建设工程安全生产管理的重要组成部分来执行的。随着家装行业的迅猛发展，各地方政府日益认识到其安全生产管理，不能像建筑工程一样笼统认识，应当作为专门性安全生产管理来抓。因为，家庭装饰装修施工操作中，安全生产和文明施工成为家装行业一个重要环节来抓。其目的使得家装现场管理更加规范化，为提高安全生产和文明施工水平，保障人们生命财产安全创造条件。

虽然家装行业发展很快，但出乎人们意料之外的是，出现安全事故不断。住宅室内施工操作，看似不会出现安全事故，2米以上作业、窗户和阳台临边作业等高空操作，就经常发生这样或那样的安全事故，引起不少的纠纷。特别是从事水、电等特种行业的人员，却没有《特种作业人员操作证》等情况，屡见不鲜；发生伤人、垮塌和高空掉物砸伤车、物，也是层出不穷；进入施工现场不佩带安全“三宝”即安全帽、安全带、安全网，更是习以为常，造成的安全隐患数不胜数。这样，既不利于安全，也不利于文明生产。因而，家装的安全生产已是刻不容缓，必须要天天抓，时时抓，紧绷这根弦。

针对这些情况，不少省、市地方政府将国家颁布的《建设施工安全生产管理条件》，具体细发到装饰装修安全生产管理上，提出很详细的规定，不仅对进行装饰装修施工操作人员进行安全教育，而且对安全生产和文明施工同个人经济利益挂上钩，作检查评比的重要内容。同时，对装饰装修设计结构安全和主要使用功能，作为重点检查考核内容。例如，检查设计人员是否具有规定的资质等级；设计图纸（方案）有无结构安全性核验；对设计选材能否作防火、防潮、防腐和防虫处理等。

装饰装修选材有害物质检查检测等。并且具体到门窗安装、饰面材料的铺贴和龙骨架的铺装，以及临时用电的规定等。像临时用电规定，就明确提出严格执行安全用电规范，电工必须持证上岗。凡属于电气维修，安装工作，必须由电工操作，严禁无电工操作证人员进行电工作业。配电箱、开关箱必配装漏电保护装置，施工机具电源入线连接牢固、整齐、无乱拉、扯和无压砸的现象，手持电动工具绝缘完好，电源线无接头破损等。文明施工，必须做到严禁穿拖鞋、光膀作业；对施工区域内产生的垃圾及时清运，时常保持场地清洁；材料摆放整齐；凡在居民稠密区进行强噪声作业的，严格控制作业时间，晚上作业不超过 22 时，早晨作业，不早于 6 时，做到不扰民，和睦相邻，安全生产和文明施工。

11. 须知家装技艺的奥秘

时下，不少对做家装职业技术看得很淡，不论是有无设计证和技术资质的人，还是有无技术上岗证的人，都在做家庭装饰装修职业。尤其是有的年轻人刚从学校出来，进入社会，邀上几个人便开始组建家装公司（企业）从事家装事业。对于青年这种敢闯敢干，热心创业的激情值得肯定。但是这些不重视家装专业技术，认为只要从社会上临时召集几个懂得泥、木、油操作人员，便可以把家庭装饰装修做好，安安心心获得利润的做法，没有几个是成功和做得好的。其根源就在于不重视家装专业技术。

从国家到地方政府和行业组织，都把提高家装专业技术和操作能力，放在重要管理层面上。为规范家装设计人员设计操作，明确家装设计人员的设计能力等级，从上到下，都组织家装设计人员设计技术培训认证。其组织培训的科目，是针对性学习建筑学，环境艺术设计、室内设计、城市规划设计、园林设计、家具设计和舞台美术设计等，要求既能从理论上深造，又是实际能力的提高，让每一个从事设计专业人员能力得到提升。家装设计能力分为高、中、初三个等级。分有高级室内设计师、中级室内设计师和助理室内设计师。对技术等级严格按照国家规定的条件进行考试评定。例如，对于有资格参加专业学习和考试的高级室内建筑师，必须是大学本科毕业，从事本专业设计工作 8 年以上，而大学研究生或者双学士学位毕业，也得从事本专业设计工作 5 年以上；即使是大学博士生毕业，也要从事本专业设计工作 2 年以上。对于有资格参加专业学习和考试的建筑师，必须是大学专科毕业，从事本专业设计工作 7 年以上；大学本科毕业，从事本专业设计工作 5 年以上；大学研究生（或双学士学位）毕业，从事本专业设计工作 2 年以上。对于其他技术职称有资格参加学习和考试的，也都有着严格的基本要求。因此，做家装不是很容易便能从事该技术工作的。

同时，对于从事家庭装饰装修实际施工操作人员，也是要有着上岗技术证书的。

对不符合上岗的人员，各地政府相关部门和行业组织，都不失时机地组织专业培训。对参加学习人员必须经过考试合格者，才能有资格从事家装专业技艺的施工操作工作。专业技艺施工操作人员应当持证上岗。其证书由劳动和社会保障部门颁发《职业资格证书》和住房和城乡建设部门颁发《建设职能技能岗位证书》。其装饰装修工种分为：装饰水电工、装饰镶贴工、装饰涂饰工、装饰金属工、幕墙制作工和装饰木工等。针对家庭装饰装修项目在办理质量、安全监督手续时，施工单位必须有着承担该项目的施工操作的各个技艺 2 人以上的上岗证书。否则，视为无资格承担家装施工操作。对于无证组织上岗的做法，是绝对不允许和需要追究责任的。

12. 须知持证操作的奥秘

持证上岗施工操作，除了家装公司（企业），有资质证书和有实际施工操作的各工种人员上岗操作证外，家装公司（企业）中，还要有着“五大员”和项目经理上岗资质证。“五大员”：即施工员、质量员、安全员、材料员和预算员。“五大员”和项目经理是做好家庭装饰装修不可缺少的重要人员。尤其是项目经理，是一个项目或者多个项目具体管理的“领导”，同项目做得好与不好有着非常密切关系。可以说是很“关键”的管理人员。其他“五大员”则是代表家装公司（企业）帮助项目经理管理好项目落实的把关人员。

从现时的家庭装饰装修的项目经理和“五大员”管理人员，从素质到数量上都很难满足其发展需求。一方面，各级地方政府相关部门和行业组织，都不失时机地为规范项目经理的施工管理行为，提高其业务和管理素质，确保工程质量和施工安全，抓紧给予培训，让更多合格的人员获得“装饰装修项目经理资格证”，以满足家装发展的要求。同时，对“五大员”也抓紧进行培训，使其专业素质和管理能力得到不断的提高，以适应其工作需要。

谁都明白，家装工程是干出来的。管理只是为着干好和规范家装起着督促和帮助作用。一个家庭装饰装修没有很好的组织、督促和管理，显然是难以达到合格标准和做得好的要求。特别是项目经理能善于组织做出合格家装的实际执行者和管理者，其管理能力和技艺水平及政治素质，必须具有一定的高度。不然，就做不好家庭装饰装修。这是正规家装公司（企业）同非正规家装公司（企业）及游兵散勇的明显区别。项目经理一、二年时间要参加地方政府相关部门或行业组织，组织进行的专业培训，保持其良好的管理素质和专业水平，适应其岗位工作的需求。因此，要求每一个项目经理必须持证上岗，不能搞“冒名顶替”，才能符合其管理标准。

“五大员”是专业很强的管理人员，有着各司其职，各负其责，帮助和督促项目经理完成每一个项目，达到合格或优质标准。“五大员”管理职责有着“双层性”，对于每一项家庭装饰装修，从工程施工到保证质量，再到统一用材，用好材到做工程到做好文明生产，安全有序，同业主保持好的关系，做到明明白白做工程，清清楚楚消费，是每一个正规家装公司（企业）必须做到的，以“五大员”的实际行为管理效果获得业主及其家人的信任。此外，“五大员”的职责还要对家装公司（企业）负责，其职责是针对每个项目经理组织和管理家装工程，从施工到用材和执行工艺技术情况进行督促检查，保证其工程质量和安全不出现纰漏，尤其确保文明生产，不发生任何问题。同时，既要保证业主的利益，又要确保企业信誉不受伤害，还要保障企业利益不受损害等。

13. 须知保障权益的奥秘

做家庭装饰装修是一项涉及千家万户，提高居住条件和提升生活质量的服务行业，有着健康发展行业和维护消费者权益，是各级地方政府和行业组织义不容辞的责任和义务。

由于家装是一个新兴的行业，有着规范和发展的过程。在现实中却存在着正规家装公司（企业）同非正规家装公司（企业）及游兵散勇竞争家装市场这一不正常问题，给行业发展和业主利益带来极大的影响。由此，作为国家和地方政府相关部门，以及行业组织，都要为着行业的健康发展和消费者的权益挺身而出，必须下功夫，费精力，尽职尽责，把这一工作做好，才不辜负国家和人民的期望。

虽然国家和地方政府颁布的“消费者权益保护条例”中，没有具体提到家庭装饰装修项目，如何保护业主及其家人的权益条款，但是从“消费者权益保护条例”中，却间接地体现到“消费者在购买、使用商品或者接受服务时，享受人身、财产安全不受损害权利。”“消费者有权要求经营者提供的商品或者服务符合国家标准、行业标准或者地方标准；没有国家标准、行业标准或者地方标准的，应当符合保障人身和财产安全的要求”等。由此可见，保障消费者权益是家装行业必须引起重视的事情。

家庭装饰装修从表面看似乎不是什么商品，却是完善“商品”的一项很重要的服务性行业，是广大业主及其家人很重要的消费，比一般的“商品”更是让业主及其家人牵肠挂肚的事情。因此，从维护国家稳定和社会和睦，以及人们和谐的大是大非的问题，就要千方百计地做好维护和保证工作。这种维护和保证有着直接和间接关系，不能以“商品”交易发生直接关系，却能从管理上发生间接关系，也就要求每做一个家庭装饰装修，必须得让消费者，即业主及其家人的满意，让其感觉到这种消费值得。

俗话说：“管理出效益。”“管理得满意。”对于做家庭装饰装修，要让每一个业主及其家人满意，必须从国家和地方政府，以及行业组织，都要加强管理力度，规范家装市场，逐步减少和杜绝非正规家装公司（企业）及“游兵散勇”的不正当行为，欺骗和坑害业主及其家人，让家装行业步入正轨，实现安全和有序的市场竞争中，让广大业主及其家人明明白白做消费，心甘情愿做家装，而不是让业主及其家人做一次家装，收获一堆教训，感觉做一次家装消费，便是一件被欺骗和玩弄的事情，显然不利于家装行业的健康发展，也不利于社会进步和提高人们居住环境改善，以及生活质量的提升。凡是关注家装的人们，一定要从维护和保障自身权益的角度出发，不能太过放松和过于宽容、包容和忍让家装行业中的不规范行为，让那些损害家装，破坏环境，伤害健康，侵占权益，唯利是图，损人利己的家装从业者，成为“过街老鼠”得到打击和扼制，才能更有益于家庭装饰装修行业的健康发展创造条件。

14. 须知行业管理的奥秘

家庭装饰装修管理，既有国家和地方政府的管理，又有着行业组织的管理。行业组织管理，虽然不能像政府那样做出规定、约束、强制和引导，却是将政府性管理具体化、行动化和实实在在地落到实处，不再是条理性和约束性的，却是有实有物和有理有据地上传下达，承上启下和指导性，将行业内企业引导到规范化和从业人员的正规性上来。

作为家庭装饰装修这个新兴行业，虽然建立时间很短，必然同其他行业一样，要有着自己的管理机制。家装行业必须有着行业规矩，必须要将国家和地方政府颁发的法律、法规和规定要求落实在行动中去，而不能让那些有损于国家和人民利益的不规范行为，长期性地成为“天马行空，独来独往”和无法无天，我行我素地存留下去，不能让广大业主及其家人无限制吃亏下去，指责家装行业的混乱和问题。行业管理要从自身专业上和组织行为上把好关，不能有着“以其昏昏，使人昭昭”管理现象存在。那样的管理是既管不住，也理不好，必须是“内行”的管理。如果行业管理还是外行，就不叫“行业组织管理”。行业组织管理，必定是内行的管理，才能让业内信服、诚服和佩服，致使外行人士放心，心悦诚服。

目前，无论是国家和地方政府组成的专门组织管理，还是行业里组成的组织管理，有相当多的还达不到“内行”管理。短时间内做“外行”管理还情有可原，但长期性，短则三、五年，长则七、八年，还是做“外行”，是不适宜于行业管理的。行业里出现问题，发生纠纷，需要行业内做协调，却像“外行”那样一问三不知，既对家装设计、用材和施工“一窍不通”，又对工序和工艺技术，以及纠纷原委糊里糊涂，或者是对整个家装不了解，怎么分辨出纠纷和矛盾根源，怎么做协调，怎么叫“行业管理”？

私下里，人们把行业管理，叫做“娘家管理”。“娘家管理”是要让“自家人”心悦诚服，让“外人”信得过，放得心的，才有益于行业的健康发展。

行业管理必须是“内行式”管理。建立在“懂行”和“内行”基础上的管理。

15. 须知行业自律的奥秘

最近，中央提出：“富强、民主、文明、和谐、自由、平等、公正、法治、爱国、敬业、诚信、友善”的社会主义核心价值观。是全国人民规范自己行动，努力践行和实现自身理想和目标的座右铭。作为家庭装饰装修这个新兴行业，理应自觉遵守，成为管理行业、指导行业和引导行业职业者，实现自身价值的指导思想。

如今，中国正处在社会主义初级阶段，中华民族正在向着复兴国家的伟业不懈奋斗。因而，各行各业不能忘记自己的使命，为着国家的富强，民族的希望努力。家庭装饰装修行业，是为这个目标奋斗里“沧海一粟”，有着自己的事业和目标，这个目标需要一步一步地去实现。现阶段，家庭装饰装修很重要的一点，必须建立起自己的诚信、文明、和谐与敬业等最基本的东西。如果没有这个基础，是很难促使行业进步和发展的。

在家庭装饰装修行业，坚守和坚持“诚信服务”的宗旨尤为重要。在行业管理上把这个宗旨贯穿于全体企业和从业者的思想和行动之中，保证所提供的服务、信息及效果，是真实准确和可靠的。恪守职业道德，坚持自己的所做所为经得起实践的检验，保证企业和职业者所从事的一切活动是合理、合法、合情，公正、公平、公开地从事家庭装饰装修工作，坚决杜绝和扼制蒙骗、欺诈、坑害和做假等不道德、不守信和不诚实的行为，不误导业主，严守承诺，严格履行自己的职责和义务，致使企业和个人行为得到广泛信任和真实可靠。

行业自律是行业管理中一种方法，要求每个从事家装的公司（企业）和从业者，必须把企业和个人的一言一行，一举一动投身到行业规范和约束中，是提高企业和个人信誉必须做到的事情。俗话说：“打铁需要自身硬。”做家庭装饰装修是一个服务于千家万户的行业，如果不能从自身建立“诚信服务”的理念和实际行动，便不能得到广大业主信任和信服，必然会失去业主，又怎么做得了服务。

建立健全行业自律，便是以此为方式来规范家庭装饰装修的企业和从业者的理念及行为，通过各企业和从业者扎扎实实落实到行动中，成为服务业主的广泛共识。建立健全和做到自律及诚信，便为各家庭装饰装修企业和从业者，打下了长期能从业的坚实基础。时下，由于各种原因，这种基础还没有完全建立健全和巩固起来，需要下很大的功夫，花费比较长的时间，才有可能实现这个目标，值得广大业主及其家人高度重视，做好必要的防备。

16. 须知企业管理的奥秘

企业管理是涉及家庭装饰装修企业生存和发展的大事。虽然做家装的企业规模大的不是很多，然而，每个企业却是“麻雀虽小，肝胆俱全。”作为新兴行业中发展起来企业，比老企业有许多不同，而且，属于第二产业中的服务业，必须要以“诚信服务”为根本宗旨，扎扎实实地落到实处，以此来提高自身企业的信誉度，才有可能使企业有着生存和发展的机遇，逐步地做大做强。

做好家庭装饰装修企业管理，必须按照国家和地方政府提出的相关法律法规和管理办法认真执行落实，以行业组织的管理制度规定，结合本企业的实际情况，开创性的进行管理，严格地要求企业和从业人员行为，热情、真实和诚信地为每位业主及其家人服务，不做蒙骗、欺诈、做假、偷工减料、偷梁换柱等损人利己，唯利是图的事情，诚心诚意地为业主服务，做好每一个家庭装饰装修，达到质量可靠，安全可信，环保可以，创立企业品牌。品牌是家装企业最具商业价值资源之一，也是企业生存和发展的根本。只有牢固树立品牌创建和维护意识，并将其落实到企业服务和施工操作中，企业才具有信誉和号召力，才有可能在家装竞争市场处于优势地位。

要使家装企业获得好的和长久的优势地位，还得抓住企业内部的凝聚力和从业人员的诚信力做出好文章，创造条件致使企业服务质量不断提高，能在家装市场上构建诚信体系，整合资源，扩大品牌，在管理体系和技术发展上，逐渐地呈现企业特征，增大和加快连锁经营步伐实现企业低成本扩展，争取形成一批又一批具有知名度和信誉好的企业品牌，并千方百计地扩大和发展，以此实现业务规模的快速扩张。

实现企业管理好和信誉好的目标，最让人担忧的是现有机制造成企业从业人员素质不齐。俗话说：“一粒老鼠屎，打坏一锅汤。”在增加和扩展连锁经营中，一定要不失时机地抓好每一个连锁经营企业的基础建设，以抓好企业管理为龙头，稳中求好，好中求发展，决不可以为发展而发展，必须坚持以“诚信求发展”，以“品牌求发展”，以“技术求发展”的理念，抓好企业管理，做到稳扎稳打，才有可能发展企业，越来越多地占有一定家装市场的份额，为企业发展创造出良好的前程。

17. 须知企业自查的奥秘

实行企业自查自纠，是增强和提高家装企业管理的一项重要举措。这种自查自纠，一方面是针对企业制度管理进行全面地查找漏洞、缺陷和不足等问题，做及时性补漏和补充及纠正，为的是适应于家庭装饰装修市场变化和发展要求；另一方面则是针对性地开展工作，不可一成不变，也不可偏颇，将这一制度认真、严格和长期性地坚持落实下去。

家庭装饰装修行业是建立在市场经济环境中，起点高，形势发展快，人们期望值也高的状态下，企业管理必须要适应这种状况，稍有差错和懈怠，就有可能出现失误，发生“失之毫厘，差之千里”的状态，致使家装企业处于一种危急之中，这不是危言耸听，这样的情况经常地发生在人们的身边。其根源便是家装市场是一个“活动性”的，其企业管理必须要“静观其变”，定好对策和有着随机应变的方略。因而，极需自查自纠，方能收到效果。不过，自查自纠的做法，却不能随便将自身卷入不正常的“小圈子”里，尤其不能在行业里搞“价格战”恶性循环中，那是不明智之举，必须客观地分析形势，注意动向，把握自己，才是明智作为。

另一种自查自纠比较前一种自查自纠要好做一些，却又是根本性的。前一种自查自纠，是要把握住企业生存的对策和发展出路。后一种自查自纠却是企业生存的基础，发展的本钱，是时时刻刻要坚持和不可放松的，便是对承担的家装质量、安全、文明、环保和服务态度等，从企业管理上不能出现纰漏和自我把好关。由于企业内部用人情况时常发生变化，服务对象也经常出现不同。松散管理不能使“五大员”和项目经理发挥出好的作用，容易出现“管理松一寸，工程差得很”“管理松一尺，工程做不成”，致使业主委托的家庭装饰装修出现诸多问题和产生矛盾纠纷，让企业声誉大受影响，占据家装市场份额大打折扣，还怎么谈生存和发展。这叫“基础不牢，企业难熬”，是企业最怕的事情。

这种针对家装现场自查自纠的管理，是给企业打基础维稳的管理，必须做得扎实牢固，由企业主要领导带头，以各项目经理和“五大员”管理人员为主体，按照企业制定出的施工、用材、质量和安全管理要求和规定，经常性地自查自纠和互查互纠，互相比较，查找不足，并同个人的经济利益挂上钩，才能有着督促作用和管理效果。针对这种基础性管理，一刻也不能放松，形成一种长期性管理模式并坚持下去。才能收到管理见效果，实现基础牢靠的目的。

自查自纠管理制度，贵在坚持，持之以恒，收到成效，不能时抓时放，更不能流于形式。对提高和维护企业信誉关系密切，不可视为儿戏。人是有惰性的，如果对于一种行之有效的管理措施，不能够坚持下去，或让其半途而废，制度一套，行动又一套，必然给企业的生存和发展造成不利。尤其是针对扩展的分支企业，一定要将企业中行之有效的管理模式坚持下去，更要善于抓住自查自纠的管理制度，以适应新情况，新环境和新形势要求，站稳脚跟，发展下去。对于这一点，必须时刻保持清醒头脑。

18. 须知社会监督的奥秘

社会监督是一味很好的“良药”，对促进家庭装饰装修企业管理很有帮助作用。社会监督有来自新闻舆论监督，网络媒体监督、左邻右舍的良言、业内人士的劝道和业主的忠告等方方面面。这种监督不能没有，也不能常有，需要家装企业很好地把握和善于处理，才有利于企业管理。

监督，即监察督促。社会监督大多是善意和有益于企业管理的。这种监督不能没有，同企业管理有着千丝万缕的关系。一个家装公司（企业）的每一项管理工作同业主和社会有着多多少少的联系，能够得到社会监督，说明有人在关注着企业，期盼企业能做得好，在家装市场能有着份额，给社会做出有益的事业来。对于社会监督，企业要有着正确的态度，善于处理，不能不理不睬，更不能有抵触，是很危险的，无益于企业的生存和发展。要有着“有则改之，无则加勉”的积极认真，热情严肃的态度来对待。最好是采用主动自觉，积极向上和不厌其烦的方式面向来自业主及其家人、左右邻居和社会媒体等方面的舆论监督，从中获得有利管理进步和提高的效果。

然而，对于社会监督是不能常有的，只能说明管理不到位，问题常发生，对待社会监督视而不见，充耳不闻和处理不善造成的。可以说，社会监督是广泛性、经常和每时每刻都有的。然而，具体到每一个家装公司（企业）的社会监督不能经常出现。如果是这样，只能说明企业管理、企业态度、企业声誉和企业工作很不好，时常出现这样或那样的问题，在小范围内得不到解决，引起了公愤，或者是企业在处理问题时出现的漏洞太大，或者是发生屡教不改的状态，必须引起广泛关注，而企业不是置若罔闻，便是处理问题不当，致使出现的问题得不到及时和很好的解决。社会对企业行为要以大声呼唤和“敲警钟”的方法要求解决。假若这样的情况经常发生，必定会引起广大业主及其家人的警觉，企业就有可能失去家装市场竞争的信誉，失去家装市场的份额，不利于企业生存和发展。

因此，对于任何家装公司（企业），千万不要小看了社会监督的用途，应当引起高度重视，采用很有效地处理方法，不能只顾眼前的利益，更不能让一些小事而影响到企业的长远发展目标，千万不能在管理上出现抓芝麻而丢掉西瓜的状况，是一种本末倒置的行为，会出大问题的。必须认真把住社会监督关，做到举一反三，既要把发生的问题解决好，更要把企业的事情做得好，防微杜渐，以积极热情和主动自觉的态度对待社会监督，促进企业管理，企业才有希望发展。否则，会出现故步自封，自我淘汰的结局。

19. 须知行业监管的奥秘

作为家庭装饰装修行业组织，既有着管理职能，又有着监督的职责。眼下，不少基层的行业组织似乎只履行管理职能，却没有担负起监督的职责，显然是不够全面，没有发挥好其作用。这种现象是不能长期存在下去的。

行业，多指按照其生产同类产品或者具有相同工艺过程或者提供同类劳动服务划分的经济活动类别。家庭装饰装修，主要是针对保护建筑物主体结构，完善建筑物理性能，使用功能和美化建筑物，采用装饰方式、装饰材料或装饰物件对建筑内外表面及空间进行的各种处理的过程。作为这样一个行业组织，需要按照其工作性质及特征调整好生产和业务之间的关系。以及所从事生产过程中的质量、安全和工艺技术等监督管理事物。

如果行业组织不能从事其生产监督管理工作，便没有履行好其职责，是不够全面，也是难以做到称职的。行业组织必须履行好监督职责。虽然不能像各企业表现得那么具体和细致，却也离不开具体的方面。例如，当家装公司（企业）在承担委托的家庭装饰装修中，遇到同委托方（即业主）发生生产中的矛盾或争论时，行业组织就需要给予其作出评判和协调。这种评判和协调，既不是企业自身做出的，也不是业主及其家人做出的，更不是行政管理部门作出的，而是行业组织做出的。这样的评判必须是“内行”的，既要让业主及其家人信服，又要让企业佩服。不然，这种矛盾和纠纷便不能得到解决。由此可见，行业的监督比社会监督有着专业技术和公平性，是很有说服力的。比政府管理监督有着具体性和专业性，比业主及其家人的监督，又有着行业管理和评判性。其职责是任何管理都不能取代的。

时下，出现家装市场不规范和比较混乱的状况，主要责任还在于行业组织和其相关的物业管理部门，履行职责没到位和不敢管理，或不会管理，或不懂管理造成的。物业管理这个在中国经济市场中出现的新事物，必然有着缺乏人才和需要摸索经验的过程。同样，家装行业也同样如此。不少进入行业组织管理人员，对家装专业一窍不通，有相当多的人员只能是“南郭先生式”人物，当然不能很好地履行其专业监督管理职责，让家装企业和业主及其家人感到难为情，又无可奈何，是不能长久下去的，会影响行业发展，也给社会和谐造成损害。

20. 须知家装监理的奥秘

自从有了家庭装饰装修后，便应运而生有了家装监理。顾名思义，家装监理便是对家庭装饰装修的监督管理。这是依据国家相关法规和相关文件，依照家装合同及需求，为维护和保障消费者合法权益和家装公司（企业）的声誉，对业主委托他人承担的每一个家庭装饰装修进行监督和管理。

这种家庭装饰装修监督管理，主要是技术、质量和材料上的，起着“三控、两管、一协调”的作用。“三控”即是控制投资、控制进度和控制质量；“两管”，即合同管理和信息管理；“一协调”，即协调关系。主要指协调家装公司（企业）同业主及其家人的关系。在实际中，却远不止这些，内容也多了许多。而且，还要依据实际情况做些变化。例如，“三控”，在实际中，主要是控制进度和质量，控制投资却很难做到，由业主及其家人自己控制为主，只有当发生矛盾和纠纷时，才依据合同及预算文件和实际发生情况进行对照检查，对该发生和不该发生的费用进行评判和协调，而不是控制。在监督管理上，却增加了查验材料质量、数量和真假；

查验设施真假和隐蔽工程和质量、工艺技术执行情况和把住质量、安全验收关。

在家庭装饰装修上的监督管理，既有专业监理公司（企业）履行职责的，也有由行业组织实行的。其目的便是从多个环节帮助业主及其家人把好质量和施工工艺技术，以及选材的关，既起到监督管理家装公司（企业）严格履行承接家装责任和义务状况，又从专业上帮助家装业主及其家人，把好各种关系。家装监理同家装公司（企业）以及业主是一种平等关系，只是有着监督管理和被监督管理的关系。如果由行业组织实行监理，则又是增加了监察督促的状况，是规范家庭装饰装修行为的一种举措。

作为家装监理制度，现阶段还没有普遍实行，只有一些行业组织管理做得好，才开始执行和落实这一规定。这是一项有益于规范行业组织和企业行为的好举措。因为利益关系，还有不少家装企业不愿意执行和落实国家这一规定，也有行业组织还没有认识到其作用，不善于运用这一举措，把行业组织职责担负起来。显然需要各地方政府相关部门进行检查督促，国家法规和相关文件的执行落实，才有可能在全行业得到普及。其实，也是给“无政府主义”行为一种扼制，进入有序的家装市场竞争。

不过，对于从事家庭装饰装修监理职业的人员，既是家装行业的专业人员，又是懂得国家和地方政府法规和政策执行的复合型人员。有着专业性，才能懂得家庭装饰装修用材、材质、工序、工艺、技术和质量等，对发生偷工减料和不按照工艺技术施工操作，以及造成质量安全隐患问题看得出来，尤其是对影响业主及其家人意愿，有着污染环境和危害人体健康的状况一目了然，让被监督者心悦诚服，不敢浑水摸鱼，做出违规事来，更不敢乱钻空子，坑害业主。复合型人员，则是能从法规和落实政府规定上把好关，做协调工作时，能使问题得到圆满解决。同时，要求监理人员有着良好素质、健康身体和充沛精力，以及能吃苦耐劳，工作有敬业精神。

21. 须知监理用途的奥秘

家庭装饰装修对于大多数家庭是非常看重的事情，花费比较大，同买房费用一起算起来，可以说是人生大半辈子的“血汗”。同时，对时下家装市场出现的状况很不放心，担心自己的“血汗钱”被人算计，还得不到一个理想的结果。既担心家装质量过不了关，还担心家装不环保，污染环境和伤害人体健康，卷入意想不到的矛盾纠纷之中。而地方政府相关部门和行业组织管理不到位。于是，极盼有着专业管理企业和专业人士帮助解决这一令人头痛的事情，不花冤枉钱和能得到好的装饰装修效果。

时下，在全国各地区，组建专门的家庭装饰装修监理公司（企业）的并不多，而把握质量和环保家装的，主要是依靠正规家装公司（企业）的质检人员和业主及其家人自己。一个家装公司（企业）一、两个质检人员要管理几十个，甚至几百个工程的质量及环保问题，很难面面俱到，出现漏洞也在所难免，依靠业主及其家人自身把关也有许多不现实。大部分业主及其家人既不懂得，也没有太多时间和精力，还容易发生矛盾和纠纷。尤其是对隐藏工程，稍有疏忽，没有把好关，就被糊弄过去，待家装竣工后使用再发现时，负责任的家装公司（企业），还能“亡羊补牢”，能及时给予解决，本是很麻烦的事情。若是遇上不很负责的家装公司（企业），便会找出很多理由进行搪塞。于是，对于家装市场现状的评判，就有了“教训一大堆，烦恼几箩筐”的说法。假如在家装行业，依据国家政府相关规定和要求，建立健全专门的家装监理企业，专业性从事家庭装饰装修监察督促该多好。于是，也应运而生出现了不少地区组建，为家装服务的监理公司（企业），也有着由行业组织建立的从事专业性监督检查用材、把关质量和进行验收等职能，名曰“第三方监管”，对于规范家装市场起到了很好的作用，让业主及其家人放心不少。

对于家装监理的用途是显而易见的。只是时下还没有稳定和普及这一项事宜，从而，致使家装市场出现较为混乱的局面，给人们存有许多疑虑，让诸多业主及其家人很不情愿地委托做家装，而又感到无可奈何。这种状况是不适宜任其发展下去的。因此，要大声地呼吁：家装市场何时才能走向正常轨道？何时才能正式有着让广大业主及其家人极盼的维权组织和专业人员为其服务？何时才能让家装行业组织和物业管理发挥真正的作用？只有让家装承接施工操作公司（企业）、同监察督促管理企业和行业组织，以及物业管理企业，真正地能认认真真、实实在在和名副其实执行落实了国家和地方政府颁发的法规和规定，家装市场就能成为自由、平等、公正、诚信和有序的环境，让广大业主及其家人放得下心，信得过，大胆放心地委托给家装企业做家庭装饰装修。人们翘首企盼着。

十一、须知合同签订奥秘篇

合同，又称契约，是平等的当事人之间设立、变更、终止民事权利义务关系的协议。合同作为一种民事法律行为，是当事人协商一致的产物，是两个人以上意思表示相一致的协议。只有当事人作出意思表示合法，合同才具有法律约束力。因而，业主及其家人在委托家装公司(企业)做家庭装饰装修时，必须需要签订合同。依据合同的性质，要求签订合同的双方以认真严肃和负责任的态度来做。尤其是业主及其家人对合同条文作仔细推敲和审查，细致把握，明确和理解其中内容，才慎重地签下名字，以免出现让自己后悔和不放心，或上当受骗的状况。合同一旦签下，就要发生作用的。还必须严格地按照签订合同执行和落实，不允许视为儿戏，才是签订合同意义。

1. 须知家装面积的奥秘

一些不知情和不懂行的业主及其家人，认为做家庭装饰装修的面积，便是住宅建筑面积，按照每平方米的单价简单地同建筑面积相乘计算，便是家装的总价，再增加做家具的费用。这种计算方法显然是不正确的。其实，家装面积是住宅使用面积内计算的“六个面”，即地面、顶面和四个墙面。由于房型结构、房屋朝向和阳台情况等不同，其预算计算出的家装面积是有不同的。还有建筑房型和结构的区别不一样，造成预算家装面积又不一样。以及家装顶面、墙面和地面有造型的，铺装材料不同，也有着家装面积的差别。例如，地面铺贴材料不同，有铺贴地砖、铺装地板，铺粘毛毯和铺镶软质材料地板等，同委托家装公司计算面积就有不同。像铺贴地砖的，就会有预算铺贴地砖面积、材料、工时和其他费用。若是铺装木地面板，其委托承接家装的公司（企业），便不会作预算地面面积。

同样，墙面的家庭装饰装修面积的预算，也依据不同施工操作要求有着区别的。普通型，即四周墙面没有柱子、拐角、尖角和楼梯等附设件，其家装面积的预算，是很直接和明显的。如果有不同情况，其面积预算便会出现差别。如果有墙面做装饰造型，其计算同普通装饰便有不同。因此说，家庭装饰装修面积的预算，绝不是建筑使用面积的简单加减，而是依据装饰装修具体情况作预算的。像有阳台的做家装面积，有着“内阳台”和“外阳台”面积预算的不同。如果是做简单的装饰，同做造型的装饰，面积大小便有很明显的差别。对于这一计算方式，都要做到心中清楚，不要轻易地被做家装预算者给忽悠。

所以，作为业主及其家人在做家庭装饰装修之前，自己要给居室内使用面积进行测量。应用一个卷尺，对住宅居室内每一个长、宽和高，以及拐角、尖角等地方，仔细地量一量、乘一乘、加一加。这样，自己就给做家装的面积弄清楚，心中有数。然后，对照做家装设计人员或预算人员，依据业主及其家人的意愿做设计和预算，是需要到现场作面积测量。其亮出的家装面积是否同自己计算的面积有很大出入。

如果两者相差太多，便说明其是不真实的。这样的家装公司（企业）是不可靠的，是不能同其签订委托做家装的合同。让自己掌握主动权，便会少许多不必要麻烦和少吃亏。

2. 须知家装要求的奥秘

做家庭装饰装修不是很难，但也不是很容易的事情。尤其委托给正规家装公司（企业）来做，更是轻车熟路，随手拈来的事情。重要的是业主必须明确提出自己做家庭装饰装修有什么意愿和要求，而家装公司（企业）负责接待，并与业主及其家人沟通的设计人员，则一定要了解清楚并做到心中有数。这样，才有利于顺利地做家装。不然，可能会出现反复和发生意想不到的麻烦。在实际中，就经常遇到因签订合同时，没有很好地明确家装业主的意图，造成一个工程更改多次，由先设计做现代式风格特色，到更改为做简欧式风格特色，再增加中式风格特色，成为综合式风格特色的家庭装饰装修。本来两个月能完成的工程，由于改来改去的原因，最后做了 6 个月时间，从当年 7 月份开工做到第二年元月份，在业主及其家人的催促下，冒着雪雨天气，匆匆忙忙地竣工，还来不及做竣工验收和空气质量检测，业主便搬进新居过春节。

因此，不要小看做家装要求这个问题。这个要求很希望家装公司（企业）相关人员主动问明白，让业主及其家人明确提出来。不过，要是由业主一个人提出的，必须是一家人的统一意见，而不是零星的意见和建议，确定一种家装风格特色。如果业主了解和懂得家装风格特色性质的，便没有必要做太多的“告之”。假若业主及其家人完全不清楚的，则要由负责接待的设计人员，将时下通行的每一个家装风格特色式样及其性质讲解清楚，并有着效果图或照片让业主及其家人留下深刻的印象，然后，再询问其选择何种家装风格特色。并在这样一个基础上，接着洽谈家装风格特色的重点、亮点和造型等事宜。只有让业主及其家人了解、明白且做到心中有数，才有可能不会出现：“秀才遇到兵，有理讲不清”的被动状况，能将合同顺利签订，将家庭装饰装修顺顺当当地承接做成功。

有人看来，签订家装合同，不必这样麻烦，只要简单地签个合同确定委托做家庭装饰装修，至于施工操作改来改去，很好解决，由业主“买单”，改多少次都不难。持这种观点者，显然是不懂得做家装，也不清楚随意改动家装设计和施工操作造成的麻烦，更不了解做家装引起矛盾和纠纷根源，不但影响到工程质量安全和工期，而且给施工操作者情绪带来很大危害，不利于家庭装饰装修的顺利完成，还涉及左邻右舍的安宁等，是万万不能出现的事情。

明确家庭装饰装修风格特色及其要求，有利于家装合同的签订和设计及施工操作的顺利进行，是一件必不可少的过程和要求。业主及其家人委托家装公司做家庭装饰装修是寄予厚望。作为其心目中的大事和好事，是希望做得好、做得满意和顺利的，不要出现任何麻烦，更不愿意使好事变成了麻烦事、烦恼事和操心事，致使业主和家装公司(企业)出现不欢而散的状况，是谁也不愿意遇到的事情。因此，作为家装公司（企业），受人之托，一定要想方设法将业主及其家人委托的好事和大事做好，做出满意，成人之事，才能做到家庭装饰装修应有要求，是创新自身事业应当作为的。

3. 须知家装价位的奥秘

做家庭装饰装修，就是做材料。用工和管理等价格，都是看得见和感觉得到的，明码标价，比较清楚。而针对家庭装饰装修不明确的价位高低和贵贱状况，让人们心存很多疑虑。其实，这些疑虑存在于家装选材和用材。只要懂得这一点，对于做家装签订合同是有很大关系的。因而，凡有着做家装并愿意委托给家装公司（企业）的业主及其家人，不妨先对装饰装修选材市场行情，做些调查了解，做到基本心中有数。

家庭装饰装修价位确定，重在用材上。因此，在签订家装合同前，作为业主及其家人应到多个装饰装修用材市场上走一走，看一看和问一问，对材料质量、规格和价格等做了解，再到新做的家庭装饰装修现场进行一些咨询。由此，至少让自己对做家装和用材情况，从一无所到一知半解，再来同做家装的公司（企业）洽谈家装价位，便不会显得太过被动和茫然，任人"宰割"，便有些太不应该。因而，要求每一个做家装的业主，一定要做到有备而来。即使对于有钱的业主也能这样做，为的是使自己的家庭装饰装修，做到物有所值。不然，有可能出现"不听他人言，吃亏在眼前。"这种"吃亏"不仅是"价位"上的事，而且更重要的是"环保健康"的事。

同样在对家庭装饰装修选材行情做到有备无患之后，对于家装公司（企业）也要做了解和走访，同多家公司（企业）接触，听听他们做家装的见解，以及自身做家装的愿望，做有针对性的交谈和沟通，以试探方式把握住主动，切不可糊里糊涂找一家装饰装修公司（企业）签订合同交上定金，便万事大吉，想着理想的家装效果。那是非上当不可。找委托的家装公司（企业），一定得找有着家庭装饰装修资质的，却不能找打着公司（企业）旗号，却无家庭装饰装修资质的，显然是做不好家装，说不定还有被算计的嫌疑。即使被算计，有着呼天不应，喊冤不灵，是谁也管不着的"挂名游击队"。对此，任何一个明智的业主要把握好这一关键点。

俗话说："货比三家不吃亏。"委托家装公司（企业）做家装，一定要选择声誉好，有着家装资质，进入家装行业管理，有着好的管理人员和施工操作队伍做了解。初次交谈，要有诚意、诚实和诚恳。不过，也要给自己留有"余地"，确定一个最低价位和质量标准，让自己有着回旋的空间。这同诚意、诚实和诚恳没有矛盾，只是一个策略问题，使业主更有着主动权和主动性，不要很快地卷入被动中，是签订家装合同的大忌。只有在对多家公司（企业）做了解后，才会给自身签订适宜的家装合同建立好的基础。而且，还会给业主及其家人选准家装方案和找到适宜的家装公司（企业）签订放心合同创造条件。

4. 须知委托企业的奥秘

依据洽谈和方案找到业主及其家人心仪的家装公司（企业）做出理想的家庭装饰装修，不失为一种好方法。针对同多个家装公司（企业）洽谈后，得到多个方案作比较后，便确定一家公司（企业）。在同其签订合同前，还需要对该公司（企业）情况，作进一步的详细了解，致使自己对其有一个全面的认识。这种了解和认识是不能仅凭其设计人员做一个心仪的设计方案，和听公司（企业）人员的一番说辞就够了的，必须做实地考察，有必要的还以“微服私访”的身份做进一步了解，为的是避免和减少矛盾纠纷产生，使家庭装饰装修做得更顺利一些。

须知委托企业真实情况，主要还是目前家装公司（企业）组成状况。尽管有的家装公司（企业）是正规的，不论其企业规模有多大和有多家连锁分公司（企业），却是实行经济独立核算，各负其责，只向总公司负责任的。其经营和技术及施工人员都有着其独立性，不到万不得已总公司是不会出面帮助解决矛盾纠纷问题，由担负委托的家装分公司（企业）自行解决。只有到了受委托的分公司（企业）对矛盾纠纷解决不了，或不予以解决“撂摊子”时，“官司”打到行业组织和地方政府相关管理部门，要求总公司出面解决。在影响到总公司声誉和关系到其扩展业务的状况下，总公司才会派人出面采取相应措施给予解决。一方面采用对分公司主要负责人拆换的措施；另一方面则委派相关人员到现场了解情况，判断矛盾纠纷责任，提出解决方案及措施。其实最后解决问题的还是受委托承接家装的公司（企业）。因此，为避免此类状况的发生，签订合同时，对其作出必要的提示。至于业主将自己的家装委托给无资质的公司（企业）或游兵散勇，其发生的矛盾和纠纷，只有由自己去解决。即使签订了合同，也同样如此。要想依靠行业组织和地方政府相关部门解决的可能性为零，因为这样的挂名公司不受行业组织管理，也管理不到，找地方政府相关部门管理，也不知从何开展，只有工商管理部门取消其执照，或由公安部门出面处理，到头来上当吃亏的还是业主自身。

对委托的家装公司（企业）做了解，一方面从其管理体制上做内部调查，有无项目经理和“五大员”的管理，其管理是否落到实处。特别是对设计人员的管理制度要了解得一清二楚，防止其假借公司（企业）名誉，同业主签订的合同，没有进入公司（企业）管理体系中。若是成为其个人行为，即“私单”，完全由其个人负责的。另一方从其施工操作现场做亲身体验，从选材到文明生产，及其施工人员素质、服务态度等实际调查，还可同委托做家装的业主交谈，听一听他们的评价，才会对委托企业做到心中有数的了解。

5. 须知家装确定的奥秘

以方案选择和确定委托做家庭装饰装修的公司（企业），便可以放心地同其签订合同，显然有些不适宜。方案毕竟是不很具体的，还需要做进一步的细化，完善设计图纸。图纸是做家庭装饰装修施工操作选材，确定工序和工艺技术，以及质量要求等依据，形成家装风格特色的根本，体现品位效果和实用性及美观性的保障。完善的设计图纸涵盖平面图、立面图、亮点造型图、家具设计图、水电图和工艺技术节点图等。图纸说明中，有着比例关系、施工要求、选材和工艺技术要求等，不能有一丝一毫的遗漏，让业主及其家人能从中了解到家装的基本情况。如果业主及其家人有什么不懂和疑虑的方面，负责设计的人员要讲解清楚，尽可能地让委托方明确家装效果。这样，才会让业主及其家人放得下心且信得过。

除了对家庭装饰装修设计图清晰和明了外，还需要对设计图纸中说明规定的用材、用工、管理和质量要求等，以及由图纸做出的工程预算，也是很明确清白的，其预算必须是一项一项计算得很详细和清楚的，成为业主及其家人明明白白消费的依据。作为标准的预算，以表格方式体现出来的。既不能缺漏项目，也不能重复计算，更不能做“跳跃式”计算，那样容易出现漏项和重复计算的可能，最好按房间排列方法，能让业主及其家人一目了然，清清楚楚地知道其委托的家庭装饰装修，在费用上是什么状况，显得很实在，没有不清楚的糊涂之处，做到心中有数。

每当业主及其家人同委托公司（企业）交往达到这个程度，便显得做家庭装饰装修已到了“瓜熟蒂落”或“水到渠成”的程度。业主必须同该家装公司（企业）签订合同。如果出现业主在这样一种状况下，还不确定签订合同，或者要求撤出同该家装公司（企业）的合作，是要受到一定的经济赔偿的。一般是从定金中按其付出的劳动时间给予计算。家装公司（企业）各方面的专业人员都不会做无偿劳动和赔本买卖的。因此，作为业主及其家人在期望和委托做家庭装饰装修前，一定要有一个很好的实施计划和工作步骤，不要盲目或匆忙行事，有着谨慎态度，打有准备之仗，更不能出现朝令夕改的状况。既不利于业主把家装做到如愿的效果，也不利于委托工作事宜的顺利进行，倒头来吃亏和不顺心的是业主自身。

6. 须知合同内容的奥秘

签订家装合同，要知道其基本内容，才能够把握好开展工作。作为家装合同的内容，主要涵盖各方的名称、工程概况、家庭业主的职责、受委托的家装公司（企业）职责、工期、质量和验收、工程造价、材料供给、违约责任、争议或纠纷处理、其他约定和合同附件等。其实，还有着安全和文明生产，以及防火防盗等。这些内容可以归纳到各方职责中。这样，便构成了合同的完整性。

对于业主及其家人签订合同，最为关注和关心的是装修质量、环保健康和工程造价，以及材料供给等。至于违约责任、争议或纠纷处理等，却不是值得其关注和重要的，只要受委托做家庭装饰装修的公司（企业），能够按照合同约定要求做工作，保证家装质量和环保，形成很顺利的状态。关键是担忧出现不按照正常要求做家装，却是千方百计地偷工减料，坑害业主，不按照设计图纸规定的工艺技术要求施工操作，做出家装质量不如人意，显然是业主及其家人不愿看到和遇到的事情。正常情况下,大多数的正规家装公司（企业）是不会这样违规做家装的。只有打着公司（企业）旗号做“私单”者，或非正规公司（企业)，便有着这样或那样坑害业主、糊弄业主和欺骗业主，致使业主及其家人在无法宽容、包容和容忍的情况下，才对那些违法、违规和违反合同的行为，产生争议和纠纷的。这是由“弱势方”在无可奈何下的抗争。

在知道合同内容时，还有一点是需要让业主及其家人千万注意的。签订合同中呈现出来的工程造价，有些家装公司（企业）为了揽活，以低价来引诱业主及其家人，其做法是在合同中故意漏掉一些项目不做预算，待揽到工程进行施工时，便明确提出“补项目”，要求“追加”项目费用。业主及其家人若以合同签订内容据理力争时，便以各种理由软硬兼施地达到目的，让业主及其家人在无可奈何的情况下,只有将“苦果”往肚里吞,后悔莫及。因此,对于过分低价签订合同的行为，一定要引起警觉，不要因“贪便宜”而上当受骗，自找苦吃和自寻烦恼。往往这样的家装公司（企业）是做不出好质量和有品位家装的。还有是施工用材和签订合同上的材质不一样，以次充好，以劣充优，在材料价格上糊弄业主及其家人。当业主及其家人发现报价材料和使用材料不一样，不能保障家装质量，尤其不能保障环保健康，要求按照合同规定用材，却又是说一套，做一套，或者厚颜无耻地称：“改材就要改价”，要求增加工程款额。每当这个时候，业主及其家人方知上当受骗，用钱买教训来安慰自己。

从签订合同上贪便宜，委托做家庭装饰装修的方式是很不可取的。只有在相对家装风格特色的式样、质量、用材和效果上，签订合同的工程造价同实际相差不很大，高不了多少，也低不了多少，与业主及其家人在调查了解的情况基本相符，便是比较真实的和合理的工程价位。对于不懂得家装情况，选用这样一种方式签订合同，并对委托的家装公司（企业）比较了解，以此方式签订合同，比其他方式签订合同要实在一些，也不会吃太多的亏，上太大的当。

7. 须知合同关系的奥秘

签订家庭装饰装修合同，主要是为确定业主同委托的家装公司（企业）关系和方便工作。作为两者的关系和工作责任及义务，都作了明确规定。两者分为不同的甲、乙方。甲方为家装发包方，即要求或委托做家庭装饰装修的一方，以户主的姓名称作甲方；承包方，即承担家庭装饰装修的公司（企业）为乙方，多以公司（企业）负责人的称谓，代表乙方签订合同。对于签订合同的任何一方，即甲方或乙方，都必须真实可靠，不能出现虚假。其关系是合作的，相互作用，相互关联和相互影响，如果缺失一方，便会发生矛盾，出现纠纷，致使家庭装饰装修成为“老大难”不能做和做不好，或在法规层面上也将成为说不清，道不明的事情，值得广泛关注。

在实际中，曾多次遇到合同关系不明不白的状态，需要引起人们重视和引以为教训的。按理说，做家庭装饰装修是一个明明白白的事情。业主将一个住宅居屋委托给家装公司（企业）做家装，签订了合同，并按照合同规定付了第一次工程款额，设计、购材和施工等，也都是依据合同规定执行的。然而，当工程施工进行到一定程度或者一定的时间，需要按照合同规定付第二次款额，承担家装施工方却得不到款额，施工难以进行下去。于是，查找原因，才发现甲方已不复存在，销声匿迹，不知去向。这样的合同关系便是虚假关系。后来查明，委托做家装的甲方是冒名，不是住宅的真正户主，是想趁户主外出，要求做家装为的是想“卖”个好价钱，结果被真正户主亲戚发现，其欺骗行为才没有得逞。这样的虚假合同关系，虽然不多，却是存在，需要警惕的。

同样，还有一种虚假合同关系，则是真正的户主委托家装公司（企业）做家装，双方签订合同，并按照合同规定甲方付给乙方第一次款额，甲方也见证乙方在合同规定的时间里开了工，并将做水电隐蔽工程的管材和水泥也已运抵现场，还进行了现场施工。可是，在半个月时间后，业主，即甲方再到施工现场看工程进度时，已无人施工，工程状况仍是半个月前的样子。于是，业主打电话询问原因，却无人接听，到签订合同的公司（企业）地址找乙方问个究竟，却是人去楼空，大门关上。无奈之下，十几个户主，即签订合同的甲方，联名到公安机关报案，一时也杳无音讯。这种以“低价位招揽客户”的无资质家装公司（企业）人员，已卷款潜逃。像这样的家装公司（企业）签订合同，其双方关系显然也是虚假的，典型的坑害业主，欺骗他人的行为。形成这种虚假签订合同关系，是打着家装公司（企业）名称为幌子，以低价位招揽做工程，让一些业主上当受骗，是害人害己。

8. 须知合同职责的奥秘

做家庭装饰装修签订合同，并不是不负责和没有职责的。作为签订合同的甲方和乙方，是有着各自的职责，需要认认真真和扎扎实实履行好，方能完成职责任务，实现愉快的合同关系。

甲方,即家庭装饰装修的业主,为住宅的户主和家装后的使用者。在做家装中,主要是向承担做家庭装饰装修的家装公司（企业），提供真实有效的房源和拆除施工障碍物及不实之物，办理好保证家装施工操作的各种手续，确定驻工地代表验收相关材料和做其他相关事宜，不给正常施工操作造成影响等。

乙方，即承接家庭装饰装修施工操作的家装公司（企业）。其主要职责是按照甲方，即业主的意愿确定承担家装施工图纸和施工方案及进度，严格按照工作规范、工艺技术、质量要求和安全文明生产等，以及选材规定等进行施工；按照合同规定或家装公司（企业）管理制度要求，做好质量检查，编制预、决算等。同时，严格遵守政府相关部门和行业组织对做好家庭装饰装修的管理及施工操作，处理好同社会管区、物业管理、邻里和环境的关系，保质、保量地按期完成家庭装饰装修，达到验收合格或优质标准。

在签订的家装合同，其条款很多，却也很明确涉及国家和地方政府颁发的不少法律法规和管理内容，以及相关的家装专业职责，不能详细地从合同中呈现出来，难免存有这样或那样的缺陷，也就容易产生漏洞。例如，合同主体不明晰。像甲方、乙方名称和联系方式便有空子可钻，存在职责模糊，有着用材品牌真伪、等级和优劣等职责的不明确，增减项目的职责和质量标准的职责，以及其他能保证合同切实执行的职责，都不能在签订的合同中，详细地反映出来，只能泛泛而谈和粗略地一笔带过。而且，对甲、乙双方的权利和义务不清不楚，也是很粗略地提到，没有做明确和详细规定，不能从签订的合同中体现出来。于是，便很容易地产生出漏洞和让人很从容地钻上空子。如果不是很规范的正规家装公司（企业），还很容易地给业主即甲方设下不少陷阱，形成因职责不明确而出现这样或那样的问题，往往是引起矛盾和产生纠纷的根源。在时下不很规范和管理不到位的家装市场，还是值得签订家装合同的各方要警觉和注意的。千万不要出现因为一点利益关系和职责不明确的原因，便出现推卸责任，不负责任和扰乱家装市场，给社会秩序和行业发展造成损害，显然是不允许的。

9. 须知家装选材的奥秘

由于签订合同内容和条款有着不明确和没有很详细的规定，便很容易产生这样或那样的问题。选材便是做家庭装饰装修中，最容易和最多的被人钻空子，以及出现问题很重要的一个方面。在现实中，签订合同和实际用材出现出入的情况有很多的。由于利益的驱使，成为一些缺乏职业道德从业人员和一些不规范公司（企业）弄虚作假，坑害业主的主要渠道。需要各方人士在这个方面下点功夫，不要让签订的家装合同形同虚设和成为“挡箭牌”。

在合同条款中，虽然有着家庭装饰装修选材的相关条款，有由业主，即甲方负责提供材料的，也有由承担家装施工操作公司（企业）及负责组织具体管理人员提供的。在签订的合同条文中规定提供的材料：“应是符合设计要求的合格产品。”还有着对提供材料保管责任的条文。然而，在实际中存有的诸多问题，同签订的合同条文，却不是一回事。可以说，由业主及其家人，即甲方选购提供的主要用材，或由承担施工的正规公司（企业）提供的主材，基本上是符合设计要求的合格产品，不会存在太大的出入。问题出在用于施工操作材料是不是提供的那些材料，这是很关键的。不少正规家装公司（企业）临时招聘来的施工操作人员，并不是受公司（企业）直接管理的人员，却是因现场施工需要从劳务市场召集来的。其中，有不少便是“游兵散勇”人员，他们自己也招揽家装直接做施工，每当自己没有家装可做时，便应聘到正规家装公司（企业）中做施工操作，故而形成家装施工操作人员成分复杂，素质参差不齐。由此，经常发生偷工减料，偷梁换柱，张冠李戴的问题，致使一些提供A项家装工程的材料用到B项家装上，而A项家装用的材料，由施工操作人员改用次质或劣质材进行替代。这类问题大多发生在做隐蔽工程上。饰面工程的用材是不易改换的。像发生这样一类问题，大部分业主即甲方是不易发现。实际上已造成提供材料业主即甲方，或承担家装的公司（企业）即乙方的损失。而受害的还是业主及其家人，即甲方。对于这一类现象，显然不是以签订合同便可以解决或预防的。只有规范家装市场，提高家装施工操作的职业素质，少用“游兵散勇”，做好管理。尤其是把好家装隐蔽工程的验收关，并以签订合同提出详细的严厉惩处条款，也许会有些作用。

选用好材是保障家装质量和环保的关键。应用什么等级的材料，便做成什么等级的家装效果。尤其对选用优质材料做出的家装，其质量效果同一般用材是不相同的。因而在签订家装合同上，针对选材是值得高度重视，切不可出现纰漏和发生差错，对于家装质量和品位高低至关重要。

10. 须知家装质验的奥秘

同样，签订的合同由于受篇幅的局限，对于家装质量的衡量和验收标准也不是很明确的。虽然，国家相关部门颁发的《家庭居室装饰工程质量验收标准》和各省市也都制定了关于住宅居室装饰装修施工管理规定，强调了质量验收标准。然而，在签订的合同中，却很少再做规定，便会出现多种情况。正规的家装公司（企业）在家装竣工后，或多或少地给予项目做了质量验收，却是自己说了算，没有由家装专业人员参与帮助业主把关，不少业主及其家人针对这种“老王卖瓜”的做法，显得很无奈，是今后签订家装合同需要特别注意的。不然，一旦出现质量问题和“后遗症”，给业主及其家人造成的伤害，便有着说不清，道不明状况。

针对家庭装饰装修的质量验收，按理说，在签订的合同中应当有着明确的规定和标准。这种规定和标准，不但是针对竣工验收的表面视觉效果，而且对每个隐蔽工程质量要求。如果仅以业主和施工方，即甲、乙双方到场，以乙方认同为主是很不够的。因为业主，即甲方，大多对于家装隐蔽工程的工艺技术和用材标准，以及施工要求都不懂，仅凭施工方，即乙方的一种说法，显然不是公平、公正和公开的。特别在选材上，即使出现偷工减料，偷梁换柱的情况，业主，即甲方也不清楚和不了解情况，尤其不是按照业主及其家人意愿应用环保材料，也是不知情的。如果在合同中没有明确规定和惩罚条文，任由施工方，即乙方口头说是合格的，也是容易发生纠纷和不利业主即甲方的情况，形成做假空间。

从现有的家装状况，要使家装质量达到合格和好的标准，需要从甲、乙双方签订的合同中，做出这样的规定：无论是甲方或乙方提供的材料，都要有着合格检验证；对于非标材料即辅助材料，也要有着商家出具的合格证明。不然，一旦出现空气检测不合格的状况，这种责任由谁承担，难免不发生矛盾和纠纷。如果出现问题，最终受伤害的还是业主及其家人。尤其是随着广大业主对生活质量和环保健康，以及做家装认识的提高，要求标准也会越来越严格，必须在签订的合同中有着明确和详细的规定，才能真正体现出以人为本的家装理念。

还有对于家庭装饰装修的质量保证，从现有状况也有很多的不公平和不合理性，既有质量验收由施工方说了算的不公平，又有由甲方没有发言权的不合理，即使发了言又说不准质量缺陷的关键所在，乙方以理由不充分而不予理睬的“霸王”行径，以自身做成的式样为标准确定为合格要求，也是不合理的。从现实中反映的情况也证明这一点，即使是一个家装公司（企业），由于组织做家装的项目经理个人技艺和管理方式的差别，以及公司（企业）对各个隐蔽工程的要求不同，很明显地出现家装质量上差别呈现表面视觉效果的感觉都不一样。因而，在签订的合同里，有着很明确和详细的质量标准要求，而这个要求不是由施工方，即乙方说了算数，必须由“第三方”，即由专业人员或专业部门组织作出评判。这个评判还要同“合同”规定条文相一致，才是实现家装质量合情合理和可信的目标要求。

11. 须知违约规定的奥秘

可以说，现时签订的家庭装饰装修合同中，都有着违约责任的规定。但在实际中，却没有按照合同规定严格执行和落实。其中，有着许多这样或那样的原因，显然是对执行合同的不严肃和不严格，是不利于签订合同落实效果的。这种状况能得到改观，才有益于签订合同的执行。

例如，做一个家庭装饰装修工程。一般情况下，都规定在 70 天以内时间竣工，最长时间也不会超过 3 个月。然而，在现实中，经常遇到做一项普通的家装超过 180 天时间，甚至更长时间的。其中，不少家庭装饰装修无故延期的，大多由承担施工方，即乙方组织管理不善，或是施工质量太差，或是出现这样或那样的矛盾和纠纷，承担家装施工方以“拖”的手段，致使家庭装饰装修久久不能竣工。即使业主方按照签订的合同相关规定据理力争或四处“上诉”讨说法，最后也是将家装完成，便不了了之。显然是不合理合情，对签订合同的渎职。

签订家装合同有着明确规定：“乙方对家庭装饰装修现场堆放的工程成品及甲方提供的材料保管不善造成的损失应照价赔偿。”这样的合同条文显然是对施工方，即签订合同的乙方管理工作的要求和促进，也是对现场文明生产安全的要求；对监守自盗者的严格规定。可是，对于这样违约责任的追求，不能只由业主即甲方来执行落实。事实往往成为乙方敷衍甲方即业主，以大事化小，小事化了的方式应付；或者是家装公司（企业）内部消化，不能给甲方，即业主一个圆满的结果，显然是不合情理的。同是对签订合同的不严肃。如果让这种状况长期发展下去，也就失去了签订家装合同的意义，让家装行业里的“弱方”即甲方永远“吃哑巴亏”，那样是不利于行业正常发展的。

出现和发生这样问题的根本原因，是现有家装市场不规范行为引起的，是一些家装公司（企业）利用业主即甲方的宽容和忍让的结果，肯定不能长此下去。按照国家规定的消费者应有的权利，规定是要逐步地得到改变的。家装对于业主及其家人来说，是一个很大的消费，得到行业组织和社会部门的很大关注，由此，将随着执法和落实国家法律法规及相关规定的增强，“消费者享有依法成立维护自身合法权益的社会团体的权利。”“消费者享有获得有关消费和消费者权益保护方面的知识的权利。”“消费者享有对商品和服务以及保护消费者权益工作进行监督的权利。”等。作为从事家装的公司（企业）和从事该职业的人员，总是依据旧有观念，停留在为着小团体或个人的蝇头小利，不按照签订的合同执行落实，违规违约，我行我素，最后受伤害的恐怕不只是业主即甲方，也许会轮到自己身上，将悔之晚矣！

12. 须知家装付款的奥秘

在委托家装公司（企业）做家庭装饰装修中，最容易发生矛盾和纠纷的，有着违约用材、质量太差和付款拖延等。由违规用材和质量太差等引发的矛盾纠纷，大多是承担家装的施工方，即乙方造成的。因付款拖延发生的矛盾纠纷，则由业主方，即甲方造成的。于是，对于付款拖延引发的矛盾及不愉快，除了个别“老赖”外，大多数还是由施工方，即乙方在做家装施工操作中，发生了让业主即甲方很不满意和违背其意愿的情况，业主即甲方也许在无可奈何的情况下，以此方式达到工程质量让其满意的要求，并以此“下下策”促进家装公司（企业）加强现场管理，不要让其施工人员干出违反职业道德的事。

在签订家装合同中，采用如何付款的方式是有着明确条文规定的。施工方即乙方是在业主即甲方付出足额款后，才开始开工的。一般情况下，业主即甲方是不敢，也不愿意因自身的原因造成停工和拖延工期的。如果出现不按时付款的状况，则说明发生了不正常的让业主即甲方的无奈之举，或是设计人员从中作梗；或是项目经理搞名堂；或是施工人员在玩“小动作”等。对于这些不光彩和上不了台面的行为，业主即甲方是可以据理力争的，或向公司（企业）负责人报告情况，或向行业组织和行政主管报告，还可以向新闻媒体单位反映，是能够得到妥善解决的，千万不要以息事宁人的方式去解决，显然是不正确的。特别是在向其企业负责人报告后，得不到圆满解决，便进一步采用自我保护措施。以息事宁人的方式，一方面会让业主自己吃了哑巴亏，既花了冤枉钱，还得不到一个合格的家装；另一方面则助长了家装行业的歪风邪气，让不正之风败坏行业风气，会让更多的业主跟着吃亏受害的。只要每一个业主及其家人大胆地维护自己的正当权益，同那些不良行为抗争，才能让家装市场步入正轨，带来风气正的环境。

同样，对于那种无缘无故不按照签订的合同规定，按期付款当“老赖”的业主即甲方，作为承担家装施工的公司（企业）即乙方，除进行据理力争外，还可以采用停工方式待其付款后再组织施工。也可以向行业组织和行政管理部门报告和投诉，或向新闻媒体单位披露，以求获得帮助。特别是针对那些“以权称霸”的“老赖”者，更应当要这样做，不能让那些“见不得阳光”的事情破坏家装市场的有序发展。

不过，对于绝大部分做家庭装饰装修业主，即签订合同的甲方，是能够按照签订合同规定的付款方式来做的。至于怎么使签订的家装合同体现出公平、公正和合乎情况，则是签订合同的甲、乙双方具体协商履行的。做家庭装饰装修，不像做公共建筑装饰装修和建筑房屋那样，需要留有质保金。这是从建立起家装行业开始，便没有形成这样的规定和做法，完全依靠建立诚信的家装市场。家装最后付款，即在家庭装饰装修圆满完成，验收合格达到业主即甲方的满意，尾款需要一次性付清结账的。针对结账后家装出现问题需要返修、保修或维修，却是按照国家相关规定执行，保修期不少于二年。发生的所有费用业主即甲方是不负责的，由负责组织施工的项目经理负责。对于这一点，正规的家装公司（企业）为维护自身信誉，是坚持要做好的。

13. 须知家装安防的奥秘

在不少从事家装职业的人员和家装公司（企业）里，把安全和文明生产分别开来，显然是一种偏颇的做法，不符合办公司，做企业的行为。任何一个公司创建，从事企业管理的人员都不能有着麻痹大意的思想，认为做家装不存在重大安全隐患，抓文明生产是为了让人心里舒服，给人留下美好印象，说公司（企业）管理工作做得好，给发展企业创造条件。如果对安全生产存有这样一种观念，不能绷紧“安全生产和安全责任这根弦”者，是要吃大亏方能醒悟。安全生产，不怕一万，就怕万一。

作为家庭装饰装修签订合同,无论是业主即甲方,还是承接家装的施工公司(企业),都不能忽视安全生产和安全责任。对于签订家装合同的甲方，即业主，在“提供或确认的施工图纸或做法说明，应符合国家消防条例和防火设计规范。如违反有关规定，发生安全或火灾事故，甲方应承担由此产生的一切经济损失。”而对签订合同的乙方即公司（企业）“在施工期间应严格遵守安全技术规程、安全操作规程、消防条例和其他相关的法规、规范，如违反操作，造成安全事故或火灾，乙方应承担由此引发的一切经济损失。”这样的安全要求条文虽然很笼统，却也作为签订合同给予甲、乙双方提个醒。如果能有更加详细的规定则更好。对于家装安全生产和安全责任是显得相当重要。一旦出现安全事故，签订合同的双方不只是产生纠纷，却是要担当责任的。

在现实中，对于从事家装工程，大多人心目中，存在着这样一种思维：不会出现很严重的安全事故。显然是对安全生产和安全责任观念树立不牢固的体现。愿望归愿望，实际是实际。国家和地方政府对家装安全却是非常重视的。在颁发相关装饰装修管理办法中，便明确提出：“装饰装修企业从事室内外装饰装修活动，应当遵守施工安全操作规程，按照规定采取必要的安全防护和消防措施，不得擅自动用明火和进行焊接作业，保证作业人员和周围建筑及财产的安全。”“建筑装饰装修企业必须采取措施做到文明施工，控制施工现场的和各种粉尘、废气、固体废弃物以及噪声、振动对环境的污染和危害,保护人们的正常生活、工作和人身安全。”等，对于家装的行政主管部门到行业组织和企业，都有着专门的安全监管和检查。其从事的安全管理远不止甲、乙双方签订的合同条款那么简单和无安全责任可言。

其实，从安全生产规定上，对于住宅室内安全生产隐患还是不少的。虽然说是室内，在现有高楼和电梯房的阳台临边作业，室内的顶部作业和楼梯间的边沿作业等，都属于高空作业。在国家颁布的相关安全生产文件的条款中，凡属于2米以上作业的都属于高空作业，存在着安全隐患，稍有不慎，就会发生安全事故。特别是文明生产的好坏，对安全生产的影响是很大的，不能掉以轻心。

14. 须知家装变更的奥秘

做家庭装饰装修在确定方案和有着设计图施工后，一般不要出现变更。如果随意变更会给签订合同的甲、乙双方带来麻烦。特别是对整个家装施工操作和工程质量造成影响，很有可能造成施工操作者的逆反情绪和抵触举动，还有可能造成财力、物力和人力的浪费，家装变更的原因是多方面的。有可能是业主，即甲方没有将自己的家装意愿说清楚，造成设计人员理解不透彻，做设计时发生漏项，或同业主本意不相符，细节上有出入，发生业主在施工中感觉做法很不符合自己的意愿，由此引发争议并要求变更，或是施工人员不懂得设计中提出的工艺技术，随意做出不符合图纸设计等，出现临时变更，或出现错误变更，都是经常发生的。

对于发生这样或那样的变更，所要求的一切财力、物力和人力的费用，大部分都是由业主即甲方负担，也有由双方共同负担的。例如，对某个方面，业主即甲方提出自己的要求，在洽谈时表达不很清楚，而负责洽谈者又没有理解清楚，或没当一回事，便按照自己的想法进行设计，在同业主即甲方交底时，又没有明确和详细地讲解清楚，便照图纸施工。当业主发现同自己的意愿不相符时，便要求变更，又有着文字记录。对于这样的变更，将所有责任推给业主即甲方，显然是不公平和不公正的。业主即甲方也不会服气。往往在处理这种矛盾纠纷时，是以协商方式，给甲、乙双方各打五十大板，即各承担 50% 责任了结的。至于在甲、乙双方都对设计方案和施工图纸清楚，业主即甲方同意设计人员按照自己意愿设计并进行施工。尔后，出现业主即甲方自己推翻原有的设计，要求做变更的，这种变更所发生的一切费用，理所当然地由业主即甲方负担。如果出现按照业主即甲方和设计人员共同协商设计出来的图纸，因施工人员不懂得工艺技术，随其心愿做出的装饰，引起业主即甲方不满意发生的变更，则由承担施工方，即乙方承担变更的一切。具体怎么承担，是乙方内部的事情，同业主即甲方就没有一点关系。

总而言之，针对做家庭装饰装修的变更，无论是处于哪种情况，最好都不要发生。重要的是业主即甲方在同乙方代表洽谈和作出设计后，双方都要很清楚施工效果，即使业主即甲方没有弄清楚，一定要问个明白，设计人员则要讲清楚，不要出现不清不白而发生矛盾纠纷，则是不好解决的麻烦。至于发生施工人员不懂得设计工艺技术的，最好不要擅自施工操作，其出现的变更是要由乱施工操作者负责解决的。

15. 须知纠纷处理的奥秘

业主同承担家装施工的公司（企业）签订合同，如果是正规家装公司（企业），都会按照合同规定条款执行落实的，大多不愿意因施工和违约等原因产生矛盾纠纷。而往往是那些没有资质的挂名公司，因为管理不力和组织施工太差，经常出现这样或那样的故事行为，发生很多的纠纷。针对纠纷的处理，一定要讲究方法，切不可意气用事，致使纠纷从小闹到大，便没有必要。

最重要的不要同现场施工人员发生纠纷和争执，却可以当面提出建议，对现场施工人员的行为转达给物业管理部门，同时向承担家装施工的公司（企业）管管理项目经理和其他管理人员，甚至可以向同自己签订合同的公司（企业）负责人通报情况，要求给予重视或解决。如果施工人员仍是我行我素，说明其管理人员没有引起重视，便可以向行业组织和行政主管部门反映情况。一般情况下，正规家装公司（企业）对业主即甲方反映的情况是重视和积极采取措施。而同其合作的施工人员大多懂得正规家装公司（企业）的管理要求。尤其是项目经理在召集施工人员时，对公司（企业）管理规定进行介绍，并提出要求。不然，是不会进行合作的。只有无资质的家装公司(企业)都是临时组建的,既没有健全的管理制度，更没有组织管理经验，对现场出现的问题或由其临时召集的施工人员产生的纠纷也不会很好地解决。针对其所持态度和事态扩大，业主即甲方向行业组织反映也于事无补，只有向新闻媒体单位反映，由其作监督比其他方式要见成效一些。

针对签订合同的甲、乙双方处理纠纷的方式，大多以协商解决为好。协商是双方本着互谅互让的原则进行。这是一种化解误会或认识偏差的好方法，将现场发生误会或认识偏差以座谈形式讲解清楚，其发生的纠纷也就得到化解。对一些涉及原则性，即签订合同上规定的事项，在甲、乙双方不能应用协商方式解决的，便找一个双方都信任的人或管理部门出面做调解，各方对自己的意见，要以无条件地听从调解来解决。如果对纠纷引起的问题，以协商和调解的方式还不能给予解决,便由签订合同的双方约定有着仲裁条款或协议的,可以通过仲裁机构来解决。它是以第三者身份,对双方当事人之间的纠纷,依法从中裁断。如果对仲裁不服的，还可以向法院进行投诉方式解决。如向法院投诉解决纠纷，则要按照法院的规定，有着证据。法院会以法律为依据，事实为准绳，进行纠纷解决，便不是一件简单的纠纷行为了。因此，对于家庭装饰装修中产生的纠纷，最好不要上升到法院投诉的方式解决。

16. 须知纠纷避免的奥秘

由于家庭装饰装修行业发展很快，行政相关部门和行业组织管理滞后，造成其管理上的不周或不善等原因，使得家装中产生的矛盾纠纷，显然对签订合同的业主即甲方是很不利的，也有损于行业的正常发展。作为经常受到伤害的业主即甲方,必须有着避免纠纷和自我保护的意识及方法,不要轻易地卷入矛盾纠纷的“泥坑”中，既要多费钱和精力，又使自己的家装质量难保，还要受着委屈，有着“花钱不讨好，好事给办砸”的状况，没有必要。

由于管理和执行落实国家法律法规及规定不力的原因，致使时下的家装市场很不规范,不少从事这一职业人员,不是以此为职业挣正当的钱,却是以欺诈、虚假、粗制滥造和偷工减料等不正当的手段赚缺德和黑心钱。有将工程款到手卷着走的；有以欺骗方式代买材料潜逃的；有以劣质材料充塞或合伙以介绍做家装为名骗钱的，等等。因而，作为要求做家装的业主及其家人要有自己的辨别能力，不要轻易相信“低门槛”和“花言巧语”，更不要相信少几千元管理费的诱惑，诱惑后面便是陷阱，到头来还要多花去几千或几万元钱，或得到一个污染环境，伤害人体健康，“危机四伏”的家装效果就太不值。所以，对时下的家装市场要有一个深刻认识和了解，切不可因做家装而卷入纠纷之中。

针对签订合同做家庭装饰装修的业主，不要认为自己懂得建筑常识，便可以对做家装施工指手划脚，无端指责，是不适宜的。做建筑和做家装从工序到工艺及选材是有很大区别的。作为签订合同的甲方即业主，更不要在施工现场同施工操作人员乱说一通，必须是有理有据很“内行”地提出意见和建议。同时，不能无理提出要求，显然是不明智或容易引起矛盾纠纷的。

还有是不要随便借理由拒付款。做家装先付款是有合同条款规定的。目前家装付款方式分有3次：首付60%；工期过半，也就是家装完成一半的工作量再付30%；家装竣工，经验收合格，将10%的余额即尾款全部付清，不存在留有质保金。如果业主很清楚付款方式，却故意借理由拖延付款时间，便容易引起矛盾发生，于业主即甲方是不利的。而应当将解决矛盾纠纷和付款理智地分开，要求解决问题用正当方式。

17. 须知危害造成的奥秘

在签订家装合同时，由于条款既多且杂，而且有不少专业性内容和涉及国家法律法规及规定，必须认真仔细地阅读，稍有不慎，就有可能出现差错，甚至陷入“故意的危害”之中，因而，要花时间和精力，弄清楚合同中的内容，以防不测，避免吃哑巴亏或上当受骗。

首先，应当弄清楚造成危害的是签订的合同主体不明确。在填写甲方、乙方名称和联系方式时，作为承担家装施工的公司（企业）只盖一个公司公章，而没有其他明确的填写，如公司法人名称或负责人等，便存有着让人疑惑的方面，一旦发生矛盾纠纷，就会带来不少麻烦或危害。同时，对承担家装施工的书面文件不齐全，像经双方认可的工程预算书、设计图纸、施工方案等，都没有责任人签名盖章，就有可能出现不认账问题，并推脱是业主即甲方弄来的。即使业主即甲方把所有文件和支付费用的收据保存齐全，也对“老赖”解决纠纷无多少用途。

其次，应当清晰明确签订合同的甲、乙双方的权利和义务。在签订合同的条文中，对于业主即甲方，要注意到随意拆动室内承重结构和发生安全事故的责任要体现明白；对施工方即乙方，施工质量、进度和偷工减料，以及粗制滥造等，有着制止、整改和其他权利要明确，以防止无端争议。对于增减项目和相关材料，都要有着条款明确甲、乙双方各自的权利和义务。尤其对一些随意设计漏项或施工漏项为由，作为要挟增加家装费用行为，或在预算中增加家装面积等不规及不轨行为有着防范和惩罚条件，不能让其随意作弊坑害业主即甲方。凡对于由签订合同上提施工方包工包料，业主方要特别在签订的合同上提出，必须对材料进行检验、点数和有检验合格证的条文，避免出现材料做假的情况发生。对于以次充好，以劣充优，以少冒多等有着惩罚的条文措施。因为，劣质材料不仅是影响家装质量的祸害，而且造成环境污染和伤害人体是长期的，次质材料会缩短家装使用寿命，必须在签订的合同中，有着严格规定，不能因为没有合同条款规定而被钻了空子，让业主即甲方受到更多更严重的伤害。

再次是对家装质量验收标准要明确，不能太过笼统和含糊。针对家庭装饰装修质量验收标准，国家相关部门和地方政府及行业组织，都有着明确的标准。于是，有不少家装公司（企业）以有规定为由，在签订的合同不提质量验收标准。同时，在竣工验收没有请第三方专业人士参与，以自己说了算，不能让甲方即业主有过多权利来维护自己的合法权益。显然是不合情合理，应当得到改变。家装质量不只是表面上的，主要是能符合环保健康的标准，才是业主即甲方要求的合格家庭装饰装修。

18. 须知附件情况的奥秘

签订一份规范、详细、完备和具有可操作性的家装合同，除了正文文本以外，还应具有施工图纸或施工说明及工程项目一览表、工程预算书、甲方或乙方提供的货物清单等必备的附件。对于经反复协商已达成相关协议的前期准备文件和一些设计变更也包括在内，为的是让签订的合同双方全面了解。甲、乙双方签订一份家庭装饰装修合同，并不是一件很简单的事情，做好和完成一项家装工程更是不容易的，需要有着充分的准备。同时，为防止发生不必要的矛盾纠纷，要有着文字证明，对于解决问题及矛盾纠纷，也能方便分清谁是谁非。

尤其是对于签订家装合同，乙方在承接甲方所委托的一切后，要给甲方一个文字记录性的依据，同合同文件相配套的设计图纸、预算书和其他与工程相关的文件，为的是给甲方即业主一个回复、承诺和保证，也是给自己做好家庭装饰装修一个动力基础。附上的设计图纸应当是全面的，有着平面图、立面图、水电图等。平面图主要体现出区域分割及使用功能；立面图主要展示效果并注明工艺技术说明。其主要用途是指导现场施工确保质量和不缺项等，也为甲方明确施工工艺要求，监督现场保质保量做好家装提供依据，还能为发生矛盾纠纷出具证明。对于设计图还有着用材说明和质量安全以及工艺技术标准等。同时，有着工程预算书和工程造价等，对于签订合同的甲、乙双方确保家装圆满完成都是很重要的。

如果附件里没有设计图纸和其他相关文件，或者提供的设计图纸过于简单。便是一种不规范做法，也为甲、乙双方产生矛盾纠纷埋下伏笔。因为设计图纸及其说明，是将做家装用材、用工、工艺要求和质量，以及管理要求等，都很清晰地告诉甲方即业主，不存在任何疑虑和隐情，显得很透明。例如，吊顶面批刮不是一次性完成工序，却是有着工艺技术要求，对于石膏板上的碳化螺钉面光涂饰防锈漆，接缝处先填满仿瓷，待填满仿瓷干燥后，如有不平板面，则继续填平，待干燥面平，再粘贴防开裂的布质绷带，待其完全干燥时，才能批刮石膏板面的仿瓷。每批刮一次，打磨一次，批刮仿瓷至少不能少于3遍，针对毛坯房墙面批刮仿瓷至少也不能少于3遍，致使整个批刮面平整光滑后，才能做表面涂料的涂饰。对于批刮仿瓷面最厚层不能超过8毫米。每次批刮仿瓷宜薄不宜厚。如果设计图纸对家装施工操作的每一道工序，没有工艺技术要求和标准，便给粗制滥造带来可乘之机，显然不是正规家装公司（企业）的规范行为。正规家装的设计图纸是有着详细和规范的工序工艺技术要求和标准的，对于偷工减料、偷梁换柱和粗制滥造等不规范行为要求返工等有着依据这才是做好家装的正确要求。

19. 须知保修坚持的奥秘

实行做家庭装饰装修竣工验收合格后，尾款一次性交付完，不得留有质保金的做法，是由国家和地方政府相关部门颁发的文件做出的规定，必须认真执行。同时，国家和地方政府相关部门在制定颁发的《住宅室内装饰装修管理办法》(2002年5月1日起实行）中规定："住宅室内装饰装修工程最低保修期为两年。""屋面防水工程，有防水要求的卫生间、屋面和外墙面的防渗漏为5年。电线管线、给排水管道最低保修期限为2年，供冷、供热系统为2个采冷期、采暖期。"装饰装修工程的保修期，自竣工验收合格之日起计算。在现实中对于家庭装饰装修竣工后保修，虽然没有质保金做担保，在执行和落实这一规定中，正规家装公司（企业）是做得比较好的。

针对做家庭装饰装修竣工验收合格后的保修，国家和地方政府相关部门作出的规定是很明确的。对于正规家装公司（企业）如果没有很好地执行且落到实处，从行政相关部门到行业组织都是不允许的。保修内容也是很清楚和充分的。主要是针对装饰装修期间出现的缺陷，如开裂露缝，铺贴空鼓和渗漏水等，都是由承接家装的公司（企业）做无偿的保修。有的正规家装公司（企业）为提高自身的信誉度，便主动将业主及其家人自行做的家装出现的问题承担做保修，得到广泛赞誉。

保修一般是有针对性地进行：第一次是住户入住一、二个月时间后进行保修，主要是针对业主在搬家时对墙角、墙面和地面等部位损坏，以及水、电管道和线路及开关出现的不适宜的小问题进行保养性地修理；第二次是在6个月左右时间，出现了墙面、顶面和地面出现铺贴瓷砖（片）出现空鼓，批刮仿瓷出现裂缝问题进行问题性修补。再就是在2年时间内或更长的时间，如果业主及其家人发现家装有看得见的质量问题，正规家装公司（企业）都会派有经验的相关施工操作人员到业主家中修理。而且是随叫随到，进行无偿的保修。不然，对于家装公司（企业）的诚信度会大打折扣。不过，有些保修是承接家装施工操作人员，在做家装时偷工减料造成后果。例如，对于吊顶石膏板缝开裂，就是在给予石膏板缝接口处没有胶贴连缝绷带造成的。在批刮仿瓷时，不是依据批刮仿瓷的工艺要求施工操作，而是将多次工艺（最少有3次）一次性完成，留下"后遗症"，需要后期修理，且一次性修理难达到质量要求。

在实际执行和落实国家和地方政府制定的家装竣工验收合格保修规定，凡是正规家装公司（企业）都是认真执行落实到位的，唯恐没有做好而影响到自身的诚信度。特别是有着一定知名度的家装公司（企业），为提高企业诚信率，获得广大业主及其家人的追捧，还尽可能帮助一些因找"游兵散勇"做家装，出现的质量问题给予保修，以此用自己的实际行动提高正规公司（企业）诚信率；有的正规家装公司（企业）为向业主证明其做家装质量是过得硬的，便同业主签订保修期的时间延长一倍，以得到业主的信任和放心。像水、电隐蔽工程，由规定的保修期时间5年，延长到10年。这样做的目的，既是向广大业主提高自身诚信率，也是向公司（企业）增加压力，提高管理确保选材和施工操作的质量。将压力变作动力，促进公司（企业）在家装市场的发展。

附　录
（家庭装饰装修工程合同文本）（参考本）

家庭装饰装修工程合同（参考本）

合同双方当事人：

发包方（以下简称甲方）

姓名（名称）________________ 工程代表姓名________________

住所（地址）____

工作单位____

联系电话____________________

承包方（以下简称乙方）

名称____

注册地址____

法人代表________________ 工程负责人________________

联系电话______________

营业执照号码（资质证）________________________________

根据《中华人民共和国经济合同法》及其他有关法律、法规之规定，结合家庭居室装饰的特点，甲、乙双方在平等自愿、协商一致的基础上，就乙方承接甲方发包的家庭居室装饰装修工程（以下简称工程）的有关事宜，达成如下协议：

第一条　工程概况

1. 工程地址____

2. 工程内容和做法（见附表一）

3. 工程承接方式：在乙方包工包料、乙方包工甲乙双方各自部分包料和乙方包工甲方负责全部供料的3种方式中，最终确定的方式为：______________。

其中：甲方供料（见附表二）；

乙方供料（见附表二）；

4. 工程期限___________天。

开工日期______年____月____日。

竣工日期______年____月____日。

第二条　甲方工作

1. 开工前_______天，为乙方入场施工创造条件。包括：清空室内家具、陈设或将室内不易搬动的家具、陈设归堆、遮盖，以不影响施工。

2. 负责提供水源、电源方便乙方使用。

3. 负责协调邻里关系。

4. 如确需拆改原建筑物结构（包括板、墙等）或设施管线，负责办理好相关审批手续。

5. 施工期间甲方仍需部分使用该居室的，负责做好施工现场的保卫和消防安全等项工作。

6. 负责工程质量和进度监督及竣工验收。

第三条　乙方工作

1. 施工严格执行相关安全操作规定、防火规定、施工工序和工艺规定，按期保质保量完成工程。

2. 严格执行省、市和县有关施工管理规定，不得扰民和污染环境。

3. 负责保护好被装饰居室内的家具和陈设及材料。

第四条　工程变更

工程项目及做法如需变更，双方必须协商解决，同时调整相关费用（见附表三）。

第五条　工程工期

1. 因甲方未按约定完成其应负责的工作而影响工期的，工期顺延。因甲方提供材料、设施质量不合格而影响工程质量的，返工费用由甲方承担，工期顺延。

2. 因乙方责任不能按期开工或无故中途停止而影响工期的，工期不顺延。因乙方原因造成工程质量存在问题的，返工费用由乙方承担，工期不顺延。

3. 因工程变更或非甲方原因造成停水、停电及其他不可抗拒因素而影响工期的，工期相应顺延。

第六条　工程验收和保修

1. 工程竣工后，乙方应通知甲方验收。甲方自接到验收通知后两天内组织验收，填写工程验收单（见附表四）。在工程款结清后，办理移交手续。

2. 本工程自验收合格双方签字之日起保修 2 年。双方应在验收合格签字后，即填写工程保修单（见附表七），并交给甲方。

第七条　工程价款及结算

1. 双方商定，本工程的价款为人民币（大写）______________元（见附表五）。

2. 本合同生效后，甲方按下表直接向乙方支付工程款额：

支付次数	支付时间	支付金额（元）	各次支付金额占总金额的%
第一次	开工后三日内		60%
第二次	工程进度过半		30%
第三次	工程竣工验收合格		10%
注：付款金额为人民币			

3. 工程验收合格后，乙方应向甲方提出工程结算，并交有关资料给甲方，甲方接到资料后 ______ 日内如未有异议，即视为同意，双方应填写工程结算单（见附表六）并签字。甲方应在签字后支付第三次工程余款，以结清工程全部款额。

第八条　违约责任

1. 凡因本合同双方当事人中的一方不履行合同或违反国家法律法规及本省、市、县有关规定，受到罚款或给对方造成损失的，均由责任方承担责任，并赔偿对方造成的损失。

2. 未办理验收手续，甲方提前使用或擅自动用工程成品而造成损失的，由甲方负责。

3. 因一方原因，造成合同无法履行时，该方应及时通知另一方，办理合同终止手续，并由责任方赔偿对方相应的损失。

第九条　几项具体规定

1. 因装饰居室而产生的垃圾，由乙方负责运出施工现场，甲方负责支付清运费用人民币（大写）______________ 元（此费用不在工程价款内）。

2. 施工期间，甲方将门钥匙 _____ 把交给乙方的 _________ 负责保管。工程竣工验收合格后，乙方如数归还（如另配钥匙，出现问题由乙方 ________ 负责）。

第十条　其他约定条款

1. ____

2. ____

3. ____

第十一条　附则

1. 本合同经甲、乙双方签字（盖章）后生效。

2. 本合同签订后不得转包。

3. 甲、乙双方直接签订合同。本合同一式两份，甲、乙双方各执一份；凡经过市场签订合同的，则合同是一式三份，甲、乙双方和市场管理机构各执一份。合同履行完成自动终止。

4. 凡通过市场签订合同者，可将合同文本提交驻家庭居室装饰市场的工商行政管理部门进行签订，以确保双方的合法权益和合同的顺利履行。

5. 本合同附件包括：

《工程内容及做法一览表》　　（见附表一）；

《甲乙方装饰材料供应明细表》（见附表二）；

《工程变更单》　　　　　　　（见附表三）；

《工程验收单》 （见附表四）；
《工程报价单》 （见附表五）；
《工程结算单》 （见附表六）；
《工程保修单》 （见附表七）。

上述附件均为本合同的组成部分，与合同正文具有同等效力。

甲方： 乙方：

姓名： 单位名称：

签字或盖章 签字盖公司章

代表人： 法人代表：

签字盖章 签字或盖私章

_______ 年 _____ 月 _____ 日 _______ 年 _____ 月 _____ 日

（附表一）

_____________ 家庭居室装饰工程内容和做法一览表

序号	工程项目及做法	计量单位	工程量

甲方意见及签字： 乙方意见及签字：
签字日期： 签字日期：

（附表二）

甲、乙方装饰材料供应明细表 金额单位（元）

材料名称	单位	品种	规格	数量	单价	金额	供应时间	送货地点

甲方意见及签字： 乙方意见及签字：
签字日期： 签字日期：

（附表三）

工程变更单

甲方：
乙方：

变更内容	原设计	新设计	增减费用（+、-）

详细说明

甲方代表：　　　　乙方代表：
签字日期：　　　　签字日期：

注：若变更内容过多请另附说明。

（附表四）

工程验收单

甲方：
乙方：

序号	不合格验收项目名称	验收结果
整体工程验收结果		

甲方代表：　　　　乙方代表：
签字日期：　　　　签字日期：

（附表五）

工程报价单

甲方：
乙方：

序号	装饰内容及装饰材料、规格、型号、品牌、等级	数量	单位	单价	合价

甲方代表（签字盖章）：　　　　乙方代表（签字盖章）：
签字日期：　　　　签字日期：

（附表六）

工程结算单

甲方：
乙方：

1	合同原金额	
2	变更增加值	
3	变更减少值	
4	甲方已付金额	
5	甲方结算应付金额	

甲方代表（签字盖章）：
签字日期：

乙方代表（签字盖章）：
签字日期：

（附表七）

保修卡

尊敬的 ________________

本保修卡自完工验收合格之日起，由我公司提供的材料及施工项目两年内免费维修。您自购材料和自理项目及人为损坏，不可抗拒力因素损坏属有偿维修。

保修项目 ____

____

____

保修须知：

免费保修期为工程验收合格之日起计算两年内。超过保修期属有偿维修。您的保修期是从　　年　月　日至　　年　月　日止。

报修受理专线 ____________________

本卡日期出现涂改无效。

年　月　日

保修卡盖章生效

注：保修卡一式二份（业主、公司（企业）各一份）。